JAVA FÜR KIDS

FÜR

JANNE, KATRIN, DANIEL UND JULIA

Hans-Georg Schumann

JAVA FÜR KIDS

EINFACHER EINSTIEG IN DIE PROGRAMMIERUNG

mitp

Bibliografische Information der Deutschen Nationalbibliothek
Die Deutsche Nationalbibliothek verzeichnet diese Publikation in der Deutschen Nationalbibliografie; detaillierte bibliografische Daten sind im Internet über <http://dnb.d-nb.de> abrufbar.

Bei der Herstellung des Werkes haben wir uns zukunftsbewusst für umweltverträgliche und wiederverwertbare Materialien entschieden.
Der Inhalt ist auf elementar chlorfreiem Papier gedruckt.

ISBN 978-3-95845-751-5
7. Auflage 2018

www.mitp.de
E-Mail: mitp-verlag@sigloch.de
Telefon: +49 7953 / 7189 - 079
Telefax: +49 7953 / 7189 - 082

Lektorat: Katja Völpel
Covergestaltung: Christian Kalkert, Sandrina Dralle
Satz: III-satz, Husby, www.drei-satz.de
Druck: Medienhaus Plump GmbH, Rheinbreitbach

INHALT

EINLEITUNG

Java – wer denkt da nicht an eine Insel, auf der es heiß und feucht ist, mit Vulkanen und viel Wald und seltenen Tieren? Du nicht? Auch ich musste mich erst im Lexikon genauer informieren, bevor ich diesen Satz da oben geschrieben habe. Wer Java mal gehört hat, denkt inzwischen wahrscheinlich eher an jene Programmiersprache, die irgendwas mit dem Internet zu tun haben soll. Und damit sind wir schon beim Thema.

Es war einmal eine Firma, die hieß Sun (wie die Sonne, nur auf Englisch). Ein Mitarbeiter dieser Firma namens James (wie der Butler) erfand eine Sprache und nannte sie »Oak« (was zu Deutsch so viel wie »Eiche« heißen könnte).

Dabei bediente sich James kräftig bei einer anderen Programmiersprache, nämlich C++. Über die gäbe es eine Menge zu sagen, aber darüber habe ich schon ein anderes Kids-Buch geschrieben (und hier geht es um Java).

Zuerst dümpelte Oak ohne besonderen Erfolg vor sich hin. Aber dann kam der Aufschwung des Internets. Und Sun stellte dort seine Sprache zur freien Verfügung.

Dabei bekam sie auch gleich einen neuen Namen, nämlich Java. Genannt nach eben jener sonnigen Insel, von der ich oben kurz erzählt habe.

Denn natürlich interessierte man sich mehr für eine Südseeinsel als für irgendein Oak. Und offenbar passte eine solche Sprache genau in die Landschaft, sie war nicht zu schwierig zu erlernen und hatte doch die Fähigkeiten berühmter großer Konkurrenten wie z.B. C++, C# und Delphi.

Leider wurde Java früher nur mit dem Aufpeppen von Homepages in Verbindung gebracht. Das ist lange her, inzwischen wird diese Sprache von Millionen Programmierern eingesetzt. Übrigens kümmert sich mit Oracle auch eine neue Firma um ihre (immer noch kostenlose) Verbreitung.

WAS HEISST EIGENTLICH PROGRAMMIEREN?

Wenn du aufschreibst, was ein Computer tun soll, nennt man das Programmieren. Das Tolle daran ist, dass du selbst bestimmen kannst, was getan werden soll. Lässt du dein Programm laufen, macht der Computer die Sachen, die du ausgeheckt hast. Natürlich wird er dann dein Zimmer nicht aufräumen und dir auch keine Tasse Kakao ans Bett bringen. Aber kannst du erst mal programmieren, kannst du den Computer sozusagen nach deiner Pfeife tanzen lassen.

Allerdings passiert es gerade beim Programmieren, dass der Computer nicht so will, wie du es gerne hättest. Meistens ist das ein Fehler im Programm. Das Problem kann aber auch irgendwo anders im Computer oder im Betriebssystem liegen. Das Dumme bei Fehlern ist, dass sie sich gern so gut verstecken, dass die Suche danach schon manchen Programmierer zur Verzweiflung gebracht hat.

Vielleicht hast du nun trotzdem Lust bekommen, das Programmieren zu erlernen. Dann brauchst du ja nur noch eine passende Entwicklungsumgebung, und schon kann's losgehen.

WAS IST EINE ENTWICKLUNGSUMGEBUNG?

Um ein Programm zu erstellen, musst du erst mal etwas eintippen. Das ist wie bei einem Brief oder einer Geschichte, die man schreibt. Das Textprogramm dafür kann sehr einfach sein, weil es ja nicht auf eine besondere Schrift oder Darstellung ankommt wie bei einem Brief oder einem Referat. So etwas wird Editor genannt.

Ist das Programm eingetippt, kann es der Computer nicht einfach lesen und ausführen. Jetzt muss es so übersetzt werden, dass der PC versteht, was du von ihm willst. Weil er aber eine ganz andere Sprache spricht als du, muss ein Dolmetscher her.

Du programmierst in einer Sprache, die du verstehst, und der Dolmetscher übersetzt es so, dass es dem Computer verständlich wird. So was heißt dann Compiler (ausgesprochen: Kompailer).

In Java klingt dieser Dolmetscher noch ein bisschen technischer: Die Java Virtual Machine (kurz JVM) ist eine Art »Zwischencomputer«. Das heißt: Eigentlich wird ein Java-Programm an die JVM weitergereicht, die es dann für den jeweiligen Computer passend zubereitet: Das kann dann ein Windows-PC oder ein Linux-PC sein, ein Macintosh oder irgendein anderes Computersystem. Ein und dasselbe Java-Programm funktioniert so auf jedem beliebigen Computer, der über eine JVM verfügt.

Schließlich müssen Programme getestet, überarbeitet, verbessert, wieder getestet und weiterentwickelt werden. Dazu gibt es noch einige zusätzliche Hilfen. Daraus wird dann ein ganzes System, die Entwicklungsumgebung.

WARUM GERADE JAVA?

Leider kannst du nicht so programmieren, wie dir der Mund gewachsen ist. Eine Programmiersprache muss so aufgebaut sein, dass möglichst viele Menschen in möglichst vielen Ländern einheitlich damit umgehen können.

Weil in der ganzen Welt Leute zu finden sind, die wenigstens ein paar Brocken Englisch können, besteht auch fast jede Programmiersprache aus englischen Wörtern. Es gab auch immer mal Versuche, z.B. in Deutsch zu programmieren, aber meistens klingen die Wörter dort so künstlich, dass man lieber wieder aufs Englische zurückgreift.

Eigentlich ist es egal, welche Programmiersprache du benutzt. Am besten eine, die möglichst leicht zu erlernen ist.

In diesem Buch hast du es mit der Programmiersprache Java zu tun. Sie ist inzwischen eine der Sprachen, die am meisten verbreitet sind. Sie ist nicht einfach, aber auch für Anfänger geeignet, die mit Java ihre erste Programmiersprache lernen wollen. (Willst du mal in andere Sprachen hineinschnuppern, dann empfehle ich dir z.B. eines der Kids-Bücher über Delphi oder Small Basic.)

Der Weg zum guten Programmierer kann ganz schön steinig sein. Nicht selten kommt es vor, dass man die Lust verliert, weil einfach gar nichts klappen will. Das Programm tut etwas ganz anderes, man kann den Fehler nicht finden und man fragt sich: Wozu soll ich eigentlich programmieren lernen, wo es doch schon genug Programme gibt? Und dann noch ausgerechnet in Java.

Zurzeit werden gute Programmierer dringend gesucht, und dieser Bedarf wird weiter steigen. In den meisten Stellenanzeigen steht unter anderem »Programmierkenntnisse in Java erwünscht«. Wirklich gute Programmierer werden auch wirklich gut bezahlt. Es ist also nicht nur einen Versuch wert, es kann sich durchaus lohnen, das Programmieren in Java zu erlernen.

ECLIPSE, DIE ENTWICKLUNGSUMGEBUNG ZUM BUCH

Um den Kauf einer Entwicklungsumgebung für Java musst du dich nicht weiter kümmern, denn die bekommst du kostenlos aus dem Internet. Mit der freien Software **Eclipse** hast du eine weit verbreitete Entwicklungsumgebung und kannst damit unter allen Versionen von Windows programmieren.

Das komplette Paket besteht aus zwei Teilen, die du von diesen Seiten herunterladen kannst:

http://www.java.com/de/

http://www.eclipse.org/

Dabei muss es nicht unbedingt die neueste Version sein. Dieses Buch bezieht sich auf Eclipse Oxygene und Java 7 bis 9.

UND WAS BIETET DIESES BUCH?

Über eine ganze Reihe von Kapiteln verteilt lernst du

- die Grundlagen von Java kennen
- mit Eclipse unter Windows umzugehen
- die Geheimnisse der objektorientierten Programmierung kennen
- mit Komponenten zu arbeiten
  (das sind Bausteine, mit denen du dir viel Programmierarbeit sparen kannst)
- die grafischen Möglichkeiten von Java kennen
- dass man mit Java auch Spiele programmieren kann

Im **Anhang** gibt es dann noch eine ganze Menge an Informationen und Hilfen, u.a. über Installationen und den Umgang mit Fehlern.

WIE ARBEITE ICH MIT DIESEM BUCH?

Grundsätzlich besteht dieses Buch aus einer Menge Text mit vielen Abbildungen dazwischen. Natürlich habe ich mich bemüht, alles so zuzubereiten, dass daraus lauter gut verdauliche Happen werden. Damit das Ganze noch genießbarer wird, gibt es zusätzlich noch einige Symbole, die ich dir hier gern erklären möchte:

ARBEITSSCHRITTE

≫ Wenn du dieses Zeichen siehst, heißt das: Es gibt etwas zu tun. Damit kommen wir beim Programmieren Schritt für Schritt einem neuen Ziel immer näher.

Grundsätzlich lernt man besser, wenn man einen Programmtext selbst eintippt oder ändert. Aber nicht immer hat man große Lust dazu. Deshalb gibt es alle Projekte im Buch auch als Download:

http://www.mitp.de/751

Und hinter einem Programmierschritt findest du auch den jeweiligen Namen des Projekts oder einer Datei (z.B. PROJECT1, GRAFIK1.JAVA). Wenn du also das Projekt nicht selbst erstellen willst, kannst du stattdessen diese Datei laden (zu finden im Ordner PROJEKTE).

AUFGABEN

Am Ende eines Kapitels findest du jeweils eine Reihe von Fragen und Aufgaben. Diese Übungen sind nicht immer ganz einfach, aber sie helfen dir, noch besser zu programmieren. Lösungen zu den Aufgaben findest du in verschiedenen Formaten ebenfalls im Verzeichnis PROJEKTE. Du kannst sie dir alle im Editor von Windows oder auch in deinem Textverarbeitungsprogramm anschauen. Oder du lässt sie dir ausdrucken und hast sie dann schwarz auf weiß, um sie neben deinen PC zu legen. (Auch die Programme zu den Aufgaben liegen im Ordner PROJEKTE.)

NOTFÄLLE

Vielleicht hast du irgendetwas falsch gemacht oder etwas vergessen. Oder es wird gerade knifflig. Dann fragst du dich, was du nun tun sollst. Bei diesem Symbol findest du eine Lösungsmöglichkeit. Notfalls kannst du aber auch ganz hinten im Anhang B nachschauen, wo ein paar Hinweise zur Pannenhilfe aufgeführt sind.

WICHTIGE STELLEN IM BUCH

Hin und wieder findest du ein solch dickes Ausrufezeichen im Buch. Dann ist das eine Stelle, an der etwas besonders Wichtiges steht.

Wenn du ein solches »Wow« siehst, geht es um ausführlichere Informationen zu einem Thema.

WAS BRAUCHST DU FÜR DIESES BUCH?

Installiert wird Java mit dem Programm SETUP in ein Verzeichnis deiner Wahl, z.B. C:\PROGRAMME\JAVA. Auch für Eclipse gibt es ein Installationsprogramm. Dafür solltest du dann einen Extra-Ordner benutzen, in dem du später auch deine Java-Projekte unterbringst.

Die Beispielprogramme in diesem Buch gibt es alle als Download von der Homepage des Verlages, falls du mal keine Lust zum Abtippen hast:

http://www.mitp.de/751

Und auch die Lösungen zu den Fragen und Aufgaben sind dort untergebracht (alles im Ordner PROJEKTE).

BETRIEBSSYSTEM

Die meisten Computer arbeiten heute mit dem Betriebssystem Windows. Davon brauchst du eine der Versionen 7 bis 10. (Java gibt es bei Oracle u.a. auch für Linux.)

SPEICHERMEDIEN

Auf jeden Fall benötigst du etwas wie einen USB-Stick oder eine SD-Card, auch wenn du deine Programme auf die Festplatte speichern willst. Auf einem externen Speicher sind deine Arbeiten auf jeden Fall zusätzlich sicher aufgehoben.

Gegebenenfalls bitte deine Eltern oder Lehrer um Hilfe.

HINWEISE FÜR LEHRER

Dieses Buch versteht sich auch als Lernwerk für den Informatik-Unterricht in der Schule. Dort setzt natürlich jeder Lehrer seine eigenen Schwerpunkte. Benutzen Sie an Ihrer Schule bereits ein Werk aus einem Schulbuchverlag, so lässt sich dieses

Buch auch als Materialienband einsetzen – in Ergänzung zu dem vorhandenen Schulbuch. Weil dieses Buch sozusagen »von null« anfängt, ist ein direkter Einstieg in Java möglich – ohne irgendwelche anderen Programmierkenntnisse.

Ein wichtiger Schwerpunkt in diesem Buch ist die objektorientierte Programmierung (OOP). Auf die wichtigsten Eigenheiten (Kapselung, Vererbung und Polymorphie) wird ausführlich eingegangen.

In den Projekten werden alle wesentlichen Elemente des Java-Wortschatzes wie auch die wichtigsten Grafik-Komponenten von Swing eingesetzt. Außerdem erfährt man hier, wie man eine eigene Komponente erstellen kann. In den Lösungen zu den Aufgaben finden Sie weitere Vorschläge zur Programmierung.

ÜBUNGSMEDIEN

Für den Informatik-Unterricht sollte jeder Schüler ein anderes externes Speichermedium haben, um darauf seine Programmierversuche zu sichern. So wird verhindert, dass sich auf der Festplatte des Schulcomputers mit der Zeit allerlei »Datenmüll« ansammelt. Außerdem dient der eigene Datenträger dem Datenschutz: Nur der betreffende Schüler kann seine Daten manipulieren.

REGELMÄßIG SICHERN

Es kann nicht schaden, die Programmdateien, an denen gerade gearbeitet wird, etwa alle zehn Minuten zu speichern. Denn Computer pflegen gern gerade dann »abzustürzen«, wenn man seine Arbeit längere Zeit nicht gespeichert hat.

Das ist aber nur dann nötig, wenn man ein Programm längere Zeit nicht startet. In der Regel fragt nämlich Eclipse bei jedem Programmstart nach, ob die Datei gespeichert werden soll.

1 DAS ERSTE PROJEKT

Du willst gleich loslegen? Dem Computer endlich mal etwas sagen, was er für dich tun kann? Na, dann schalte deinen PC an und lass erst mal Windows auftauchen. Von da aus geht es dann direkt zum ersten Programmprojekt in Java.

In diesem Kapitel lernst du

- wie man Eclipse startet
- wie man ein Programmprojekt erstellt und ausführt
- Anweisungen für Ausgabe und Eingabe kennen
- was Variablen und Konstanten sind
- den Typ String kennen
- wie man Eclipse beendet

ECLIPSE STARTEN

Bevor wir mit dem Programmieren anfangen können, muss Eclipse erst installiert werden. Genaues erfährst du im Anhang A. Hier musst du dir von jemandem helfen lassen, wenn du dir das Einrichten nicht allein zutraust.

Eine Möglichkeit, Eclipse zu starten, ist diese:

≫ Doppelklicke auf das Desktop-Symbol mit dem Namen Eclipse. Wenn es nicht vorhanden ist, öffne den Ordner, in dem du Eclipse untergebracht hast und doppelklicke mit der Maus auf das Symbol mit dem Namen ECLIPSE.EXE.

Ich empfehle dir, eine **Verknüpfung** auf dem Desktop anzulegen:

- Dazu klickst du mit der rechten Maustaste auf das Symbol für Eclipse. Im Kontextmenü wählst du KOPIEREN.
- Dann klicke auf eine freie Stelle auf dem Desktop, ebenfalls mit der rechten Maustaste. Im Kontextmenü wählst du VERKNÜPFUNG EINFÜGEN.
- Es ist sinnvoll, für das neue Symbol auf dem Desktop den Text ECLIPSE.EXE – VERKNÜPFUNG durch ECLIPSE zu ersetzen.

Von nun an kannst du auf das neue Symbol **doppelklicken** und damit Eclipse starten.

Je nach Computer kann es eine Weile dauern, bis Eclipse geladen ist. Zwischendurch fordert ein Dialogfeld einen Ordner an, in dem deine Projekte untergebracht werden – Workspace genannt.

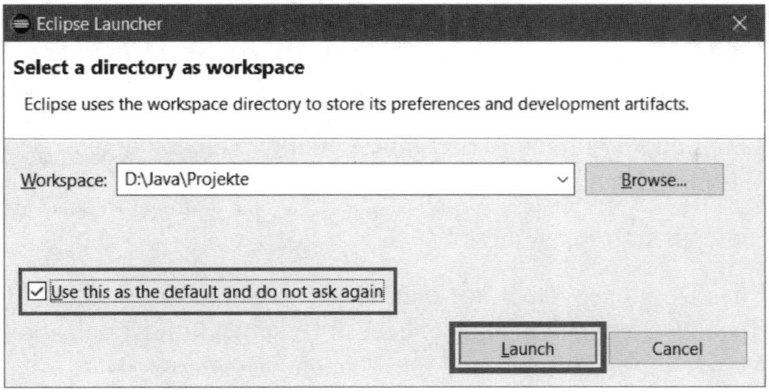

- Du kannst das Verzeichnis so lassen oder ein eigenes angeben. Sorge auf jeden Fall dafür, dass vor dem Eintrag USE THIS AS DEFAULT AND DO NOT ASK AGAIN ein Häkchen steht (sonst erscheint dieses Dialogfeld bei jedem deiner nächsten Starts von Eclipse immer wieder). Dann klicke auf OK.

Einige Zeit später landest du in einem Willkommenfenster.

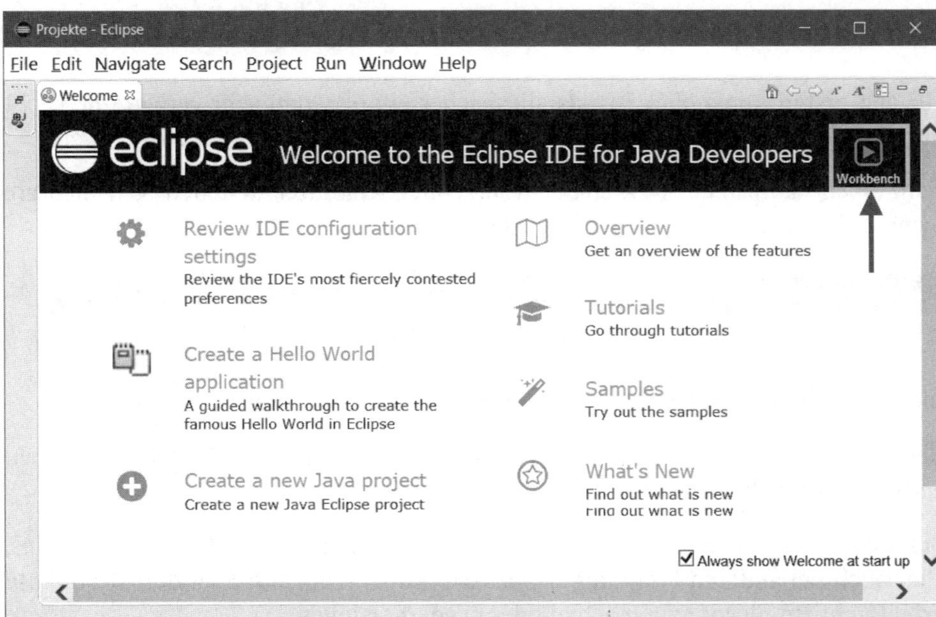

- Hier klickst du oben rechts in der Ecke auf das Symbol für WORKBENCH.

Was dich dann erwartet, könnte etwa so aussehen:

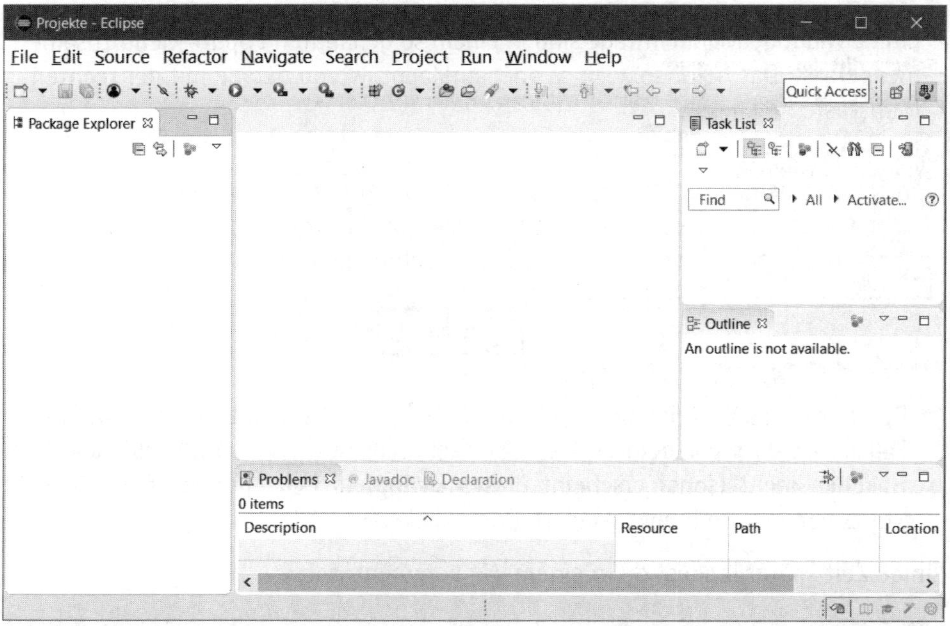

Die Startaufstellung von Eclipse

Für den ersten Augenblick ist das alles sicher ein bisschen sehr verwirrend. Nicht nur ein, sondern gleich ein paar Fenster tummeln sich da auf dem Bildschirm.

Ganz oben kann man die Menüleiste erkennen. Darunter befinden sich mehrere Symbole, die man mit der Maus anklicken kann.

Diese vier Menüs von Eclipse wirst du wahrscheinlich am meisten benutzen:

Über das FILE-Menü kannst du Dateien speichern, laden (öffnen), ausdrucken, neu erstellen oder Eclipse beenden.

Die Menüs EDIT und SOURCE helfen dir bei der Bearbeitung deines Programmtextes, aber auch bei anderen Programmelementen. Außerdem kannst du dort bestimmte Arbeitsschritte rückgängig machen oder wiederherstellen.

Über das RUN-Menü sorgst du dafür, dass dein Projekt ausgeführt wird.

Und das HELP-Menü bietet dir vielfältige Hilfsinformationen (auf Englisch) an.

> Einige wichtige Menüeinträge sind in einem so genannten **Popup**-Menü zusammengefasst. Das heißt so, weil es dort aufklappt, wo du gerade mit der **rechten** Maustaste hinklickst.

Dein Hauptarbeitsplatz ist eigentlich eine Fenstergruppe. Dazu gehört ein Editorfenster, wie du es vielleicht von einem Texteditor oder Textverarbeitungsprogramm her kennst. Welches Fenster das ist, wirst du schon bald sehen.

WILLKOMMEN IN JAVA

Eigentlich kann es jetzt schon losgehen. Den Umgang mit Menüs und Dialogfenstern kennst du bereits von Windows. Deshalb müssen wir uns damit nicht mehr aufhalten. Bauen wir uns jetzt ein kleines Projekt, für das erst einmal einige »Vorübungen« nötig sind.

- Klicke auf FILE und dann auf NEW und JAVA PROJECT.

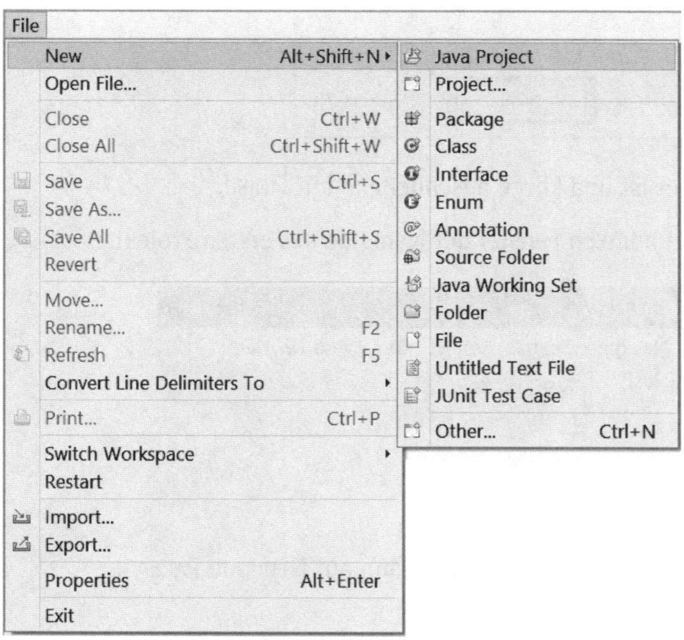

- Im nächsten Dialogfeld tippst du hinter PROJECT NAME `Projekt1` (oder einen Namen deiner Wahl) ein.

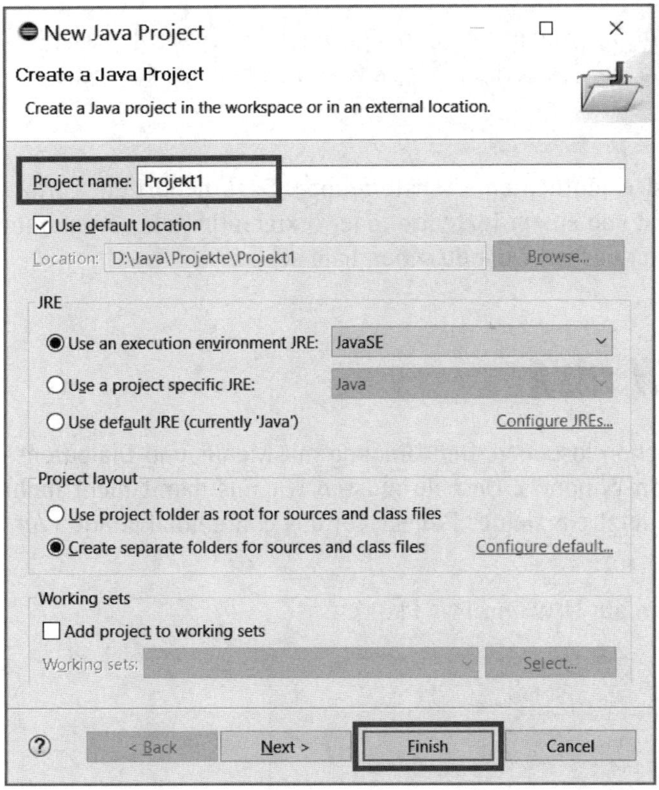

≫ Sonst lass alles wie es ist und klicke anschließend auf FINISH.

Einige Zeit später steht im linken Fenster der Name deines ersten Projekts.

≫ Im nächsten Schritt klickst du auf FILE und dann auf NEW und PACKAGE.

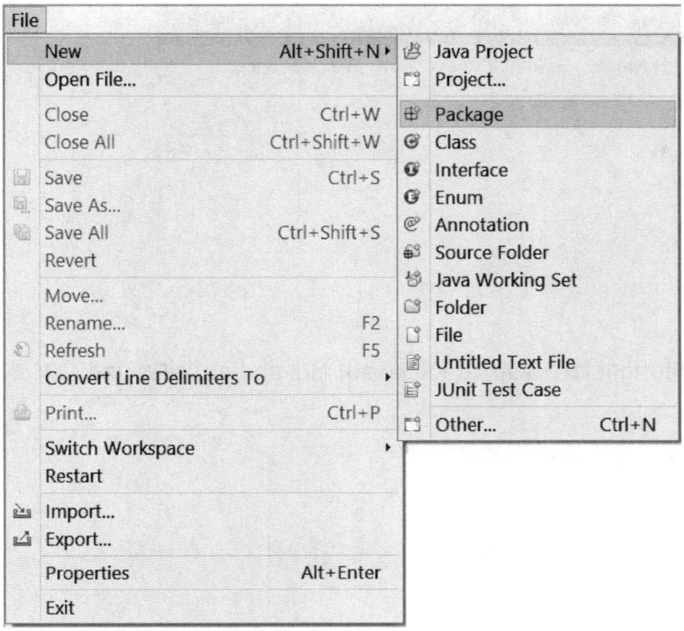

» Im Dialogfeld NEW JAVA PACKAGE tippst du hinter NAME `paket1` (oder wieder einen Namen deiner Wahl) ein. Dann klicke auf FINISH.

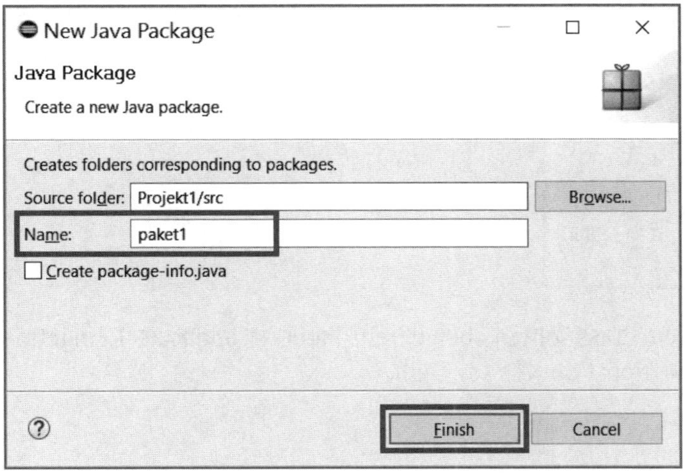

Und schon findet sich ein weiterer Eintrag im linken Fenster.

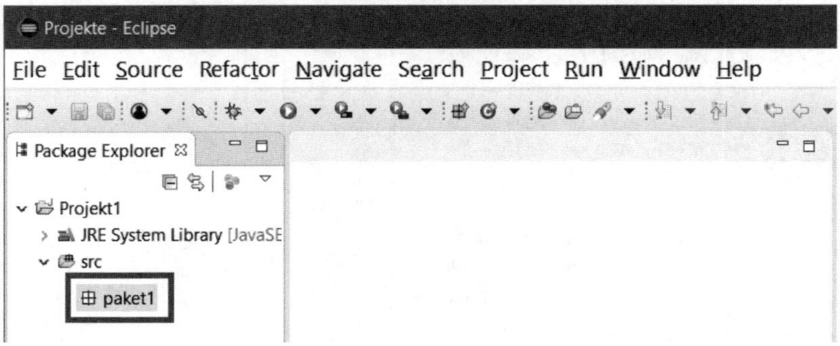

➢ Nun kommt der vorläufig letzte Schritt: Klicke auf File und auf New und Class.

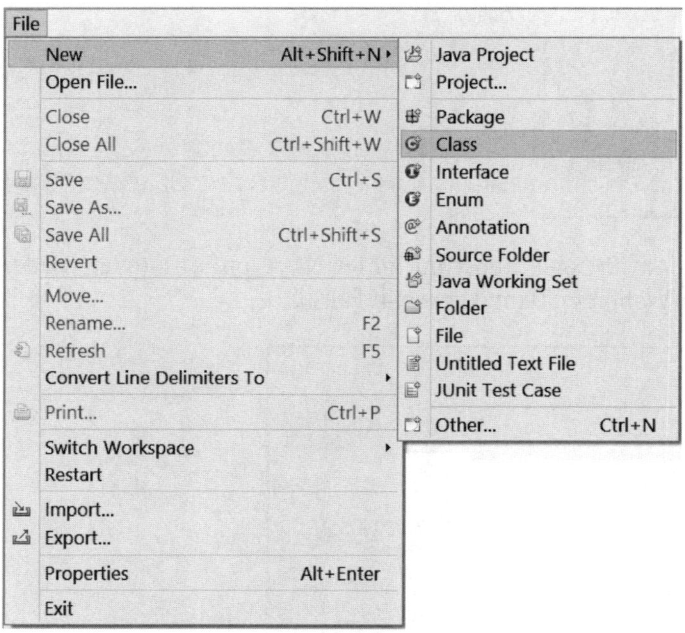

➢ Im Dialogfeld New Java Class sollten oben bereits Projekt1 und Paket1 eingetragen sein. Hinter Name tippst du `Klasse1` ein.

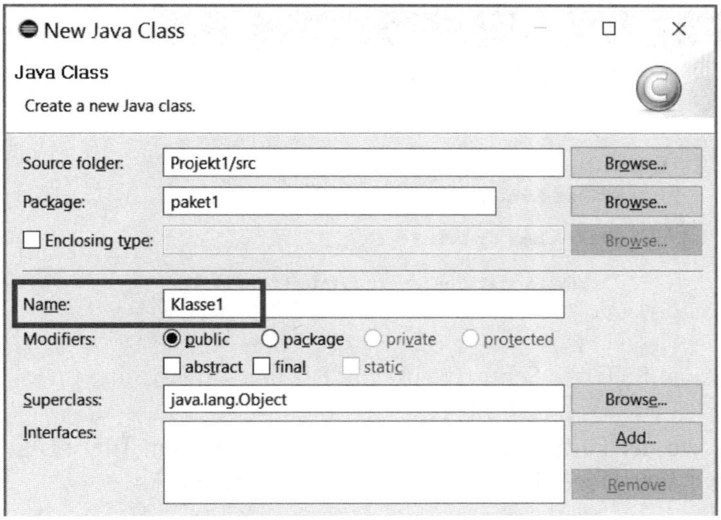

➢ Sorge außerdem dafür, dass vor PUBLIC STATIC VOID MAIN (STRING[] ARGS) ein Häkchen steht, damit du ein lauffähiges Programm erhältst. Dann schließe das Dialogfeld mit Klick auf FINISH.

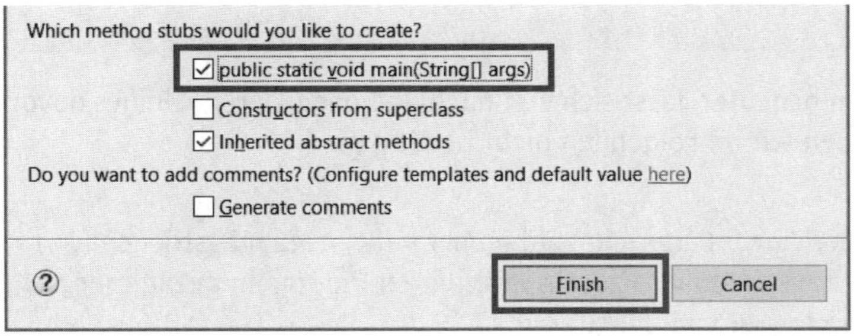

> In Java bestehen Paketnamen nur aus Kleinbuchstaben, während Klassennamen mit einem Großbuchstaben beginnen (sollten).

Nun tut sich einiges mehr, denn einen Moment später sieht das Fenstersystem von Eclipse so aus:

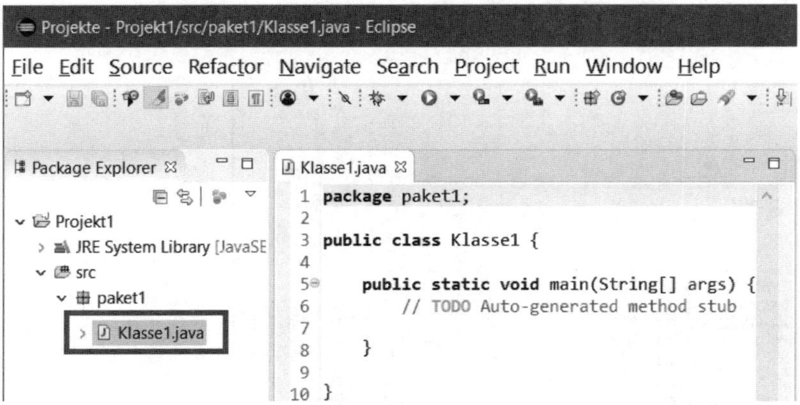

Nun weißt du auch, wo der Editor ist. In der Mitte steht unter dem Titel KLASSE1.JAVA dieser Text – auch **Quelltext** oder Programmtext genannt:

```
package paket1;
public class Klasse1 {
  public static void main (String[] args) {
    // TODO Auto-generated method stub
  }
}
```

Was das im Einzelnen bedeutet, lässt sich erst nach und nach klären. Einiges davon ist Kommentartext, den wir im Folgenden nicht benötigen.

Ein **Kommentar** oder eine Erläuterung wird immer mit zwei Schrägstrichen (//) eingeleitet. Dieser Text wird nicht zum ausführbaren Programm gezählt, er ist nur für den Programmierer von Bedeutung.

EIN ERSTES HALLO

Eigentlich könntest du dieses Programmprojekt schon laufen lassen (über das RUN-Menü). Zu sehen bekommen würdest du aber nichts, denn das Programm tut im Moment eigentlich noch nichts – jedenfalls nichts für uns Sichtbares.

Das lässt sich aber schnell ändern, wenn du die folgende Zeile hinzufügst:

```
System.out.println ("Hallo, wer bist du?");
```

- Ergänze den neuen Text an der passenden Stelle und lösche die Kommentarzeile mit den zwei Schrägstrichen. Passe alles so an, dasses anschließend so aussieht:

```
package paket1;
public class Klasse1
{
  public static void main (String[] args)
  {
    System.out.println ("Hallo, wer bist du?");
  }
}
```

> Falls du geschweifte Klammern mal selbst eintippen musst – und irgendwann musst du das bestimmt: Mit `AltGr` `7` erhältst du die öffnende Klammer, mit `AltGr` `0` die schließende Klammer.

Und nun machen wir unseren ersten Probelauf:

≫ Klicke in der Menüleiste auf RUN und dann nochmal auf den Eintrag RUN.

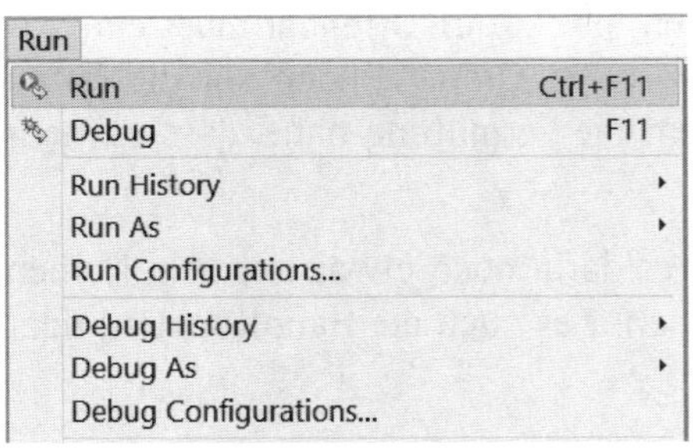

Und es dauert nicht lange, bis ganz unten im Fenster der Text »Hallo, wer bist du?« erscheint:

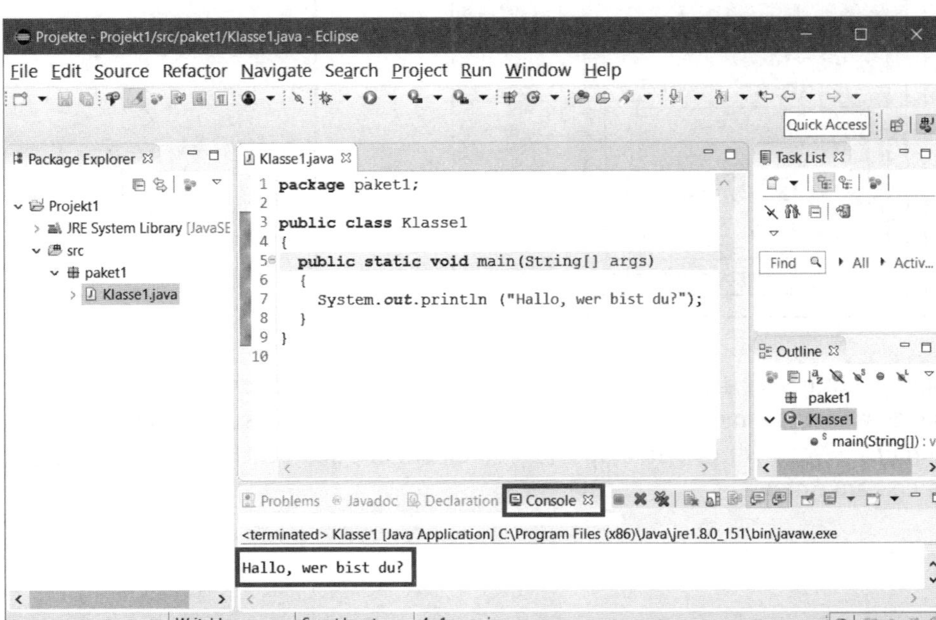

Vielleicht musst du noch etwas genauer hinschauen und das untere Fensterchen etwas vergrößern, um den Anzeigetext zu erkennen.

Ein bisschen dürftig, aber immerhin haben wir jetzt schon unser erstes Java-Programm erstellt.

Betrachten wir unser Werk einmal genauer. Ein Projekt ist in seiner einfachsten Form so aufgebaut:

```
package paket1;
public class Klasse1
{
  public static void main (String[] args)
  {
  }
}
```

Das erinnert irgendwie an ein »Zwiebelsystem«: Die Außenhaut ist das Projekt mit eigenem Ordner. Darin liegt ein Paket (englisch: `package`). Offenbar muss ein Projekt nicht nur aus einem Paket bestehen. Im Paket-Ordner finden wir die Daten einer Klasse (englisch: `class`). Auch hier liegt die Vermutung nahe, dass es mehr als eine Klasse geben kann.

Und als ob es nicht schon genug wäre, gibt es darin noch etwas mit dem Namen `main`. Das ist der Hauptprogrammteil. Man nennt es auch die Hauptfunktion oder `main`-Methode.

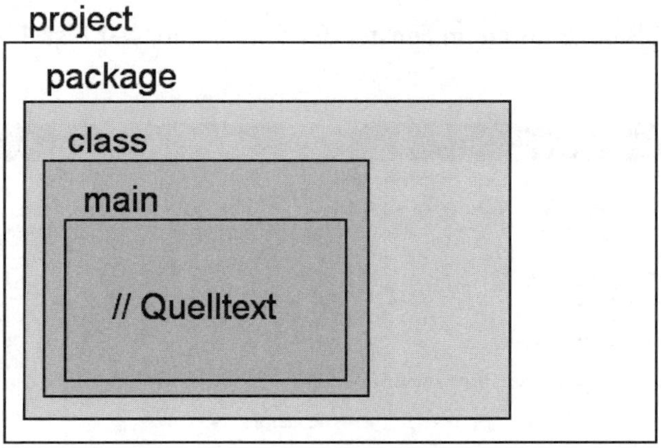

Sehr wichtig sind die geschweiften Klammern (`{ }`). Dazwischen steht die Zeilen, die dem Programm erst richtig zum Leben verhelfen. Und die stammen größtenteils von uns. (Wenn wir es bisher auch nur zu einer Zeile gebracht haben, aber wir sind ja erst am Anfang.)

Zu **jeder** öffnenden Klammer »{« **muss** es auch eine schließende Klammer »}« geben! Wo genau du die Klammern hinsetzt, ist Geschmackssache. Der obige Programmtext könnte also auch so aussehen:

```
public class Klasse1 {
  public static void main (String[] args) {
    // hier stehen deine Anweisungen
  }
}
```

Oder gar so:

```
public class Klasse1 {
  public static void main (String[] args) {
  // hier stehen deine Anweisungen
}}
```

Die zwei **Schrägstriche** (//) benutzen wir immer, wenn wir einen **Kommentar** bzw. eine Bemerkung einsetzen wollen.

Jetzt willst du endlich wissen, was diese eine Anweisung bedeutet, mit deren Hilfe der PC offenbar zu einem freundlichen Gruß bereit ist:

```
System.out.println ("Hallo, wer bist du?");
```

Fangen wir von hinten an. Dort steht der Text, der angezeigt werden soll, eingepackt in Anführungsstriche und zusätzlich in Klammern:

```
("Hallo, wer bist du?")
```

Für die Anzeige sorgt die Anweisung `println`, was eine Abkürzung für `PrintLine` ist und ausführlich heißt: »Schreib etwas auf dem Bildschirm und gehe danach in die nächste Zeile«.

Diese Anweisung ist eine Methode. Und die gehört zu einem Objekt namens `out`, das wiederum Element einer Klasse ist, die auf den Namen `System` hört. Verbunden wird alles über den sogenannten **Zugriffsoperator**, einen einfachen Punkt (.). Alles zusammen ergibt dann die Anweisung `System.out.println`. Abgeschlossen wird eine Anweisung immer mit einem Semikolon (;).

Es ist übrigens nicht egal, ob du für die Wörter große oder kleine Buchstaben benutzt. Java unterscheidet eindeutig zwischen Groß- und Kleinschreibung.

Lass am besten stehen, was Eclipse dir bereits vorgibt. Und achte beim Eintippen genau darauf, wann mal ein großer Buchstabe zwischen den vielen Kleinbuchstaben steht. Du kannst also nicht `Main` oder `MAIN` statt `main` schreiben!

OBJEKTE, KLASSEN UND PAKETE

Alles unklar? Bevor wir weiter programmieren, müssen wir uns wohl erst einmal mit der »Religion« von Java auseinander setzen.

Einfachste Programmiersprachen machen es dem Anfänger leicht: Ein oder zwei Zeilen genügen und schon erscheint ein netter Gruß wie »Hallo«. Ein paar Zeilen mehr zaubern Zahlen, weiteren Text oder sogar eine Grafik auf den Bildschirm. Geht es jedoch um große Projekte, so ist man schnell überfordert, wenn man in einer solchen Sprache programmiert. Vor allem aber wächst die Anfälligkeit eines Projektes für Fehler. Und die dann alle zu entdecken, kann zur Qual werden.

Besser ist da ein System, das den Programmierer von Anfang an zu einem sauberen klaren Programmierstil zwingt – allerdings kostet das zuerst mehr Mühe und auch einigen Frust. Dass es sich dennoch lohnt, sieht man dann, wenn man die ersten Kapitel »überwunden« hat.

In Java beschaffst du dir zuerst ein (leeres) Paket. Dort kommen dann alle die Sachen hinein, die du dir mit der Zeit zurechtprogrammierst. Damit die nicht einfach so in der Paketschachtel herumliegen, sind sie zu Objekten bzw. Klassen zusammengefasst.

Objekte? Das sind doch eigentlich diese Dinger, die ständig irgendwo herumstehen oder sich um uns herum bewegen. Also z.B. Häuser, Bäume, Autos, Leute. Auch du bist ein Objekt. Und zwar vom Typ Mensch. Objekte in Java sind natürlich nur künstlich. So ein Objekt ist beispielsweise `out`, das mit seiner Methode `println` dafür sorgt, dass ein Text angezeigt wird.

Dabei kann es in Java durchaus mehrere Objekte eines Typs geben – so wie im richtigen Leben auch. In Java spricht man von **Klasse**, womit dasselbe gemeint ist wie mit **Objekttyp**. Und ein Objekt wird auch als **Instanz** einer Klasse bezeichnet. Demnach bist du eine Instanz der Klasse Mensch.

Jedes Java-Programm stellt automatisch wichtige Systemanweisungen zur Verfügung. Die Klasse mit dem Namen `System` bietet drei wichtige »Kandidaten« an:

`System.out`	für die Standardausgabe
`System.err`	für die Fehlerausgabe
`System.in`	für die Standardeingabe

Du wirst im Laufe dieses Buches weitere Klassen und Objekte kennen lernen und auch selbst erstellen. Klassen werden in einer `package` zusammengefasst, wie ein

Java-Paket genannt wird. (Einige gut gefüllte Päckchen stellt Java ja bereits »von Haus aus« zur Verfügung.)

Wenn du übrigens mal in den Projektordner hineinschaust, siehst du, dass es hier gleich eine ganze Reihe von Ordnern und Dateien gibt:

Dateien, die den Programm- bzw. Quelltext beinhalten, werden mit der Kennung JAVA gespeichert.

Klasseninformationen werden in Dateien mit der Kennung CLASS abgelegt.

Daneben verwaltet Eclipse noch einige zusätzliche Dateien, deren Bedeutung du hier nicht kennen musst.

AUSGABE UND EINGABE

Kehren wir zurück zu unserem Programmprojekt. Bisher sind wir so weit, dass ein Begrüßungstext angezeigt wird, der so formuliert ist, dass er eigentlich eine Antwort verlangt: Einen Namen, den man als Text eintippen kann.

Naheliegend wäre eine Zeile wie diese:

```
System.in.readln (Name);
```

Das Objekt `System.in` ist schon richtig, bloß heißt die Methode `readln` dort `readLine`. Aber wenn du jetzt versuchst, das Programm mit dieser Zeile zum Laufen zu bringen, erntest du eine Fehlermeldung.

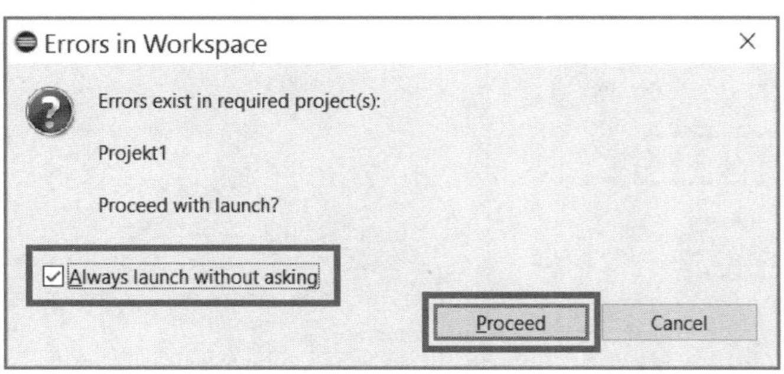

Wenn du dafür sorgst, dass vor ALWAYS LAUNCH WITHOUT ASKING ein Häkchen steht, erscheint diese Dialogbox nicht bei jedem Fehler.

≫ Klicke auf PROCEED.

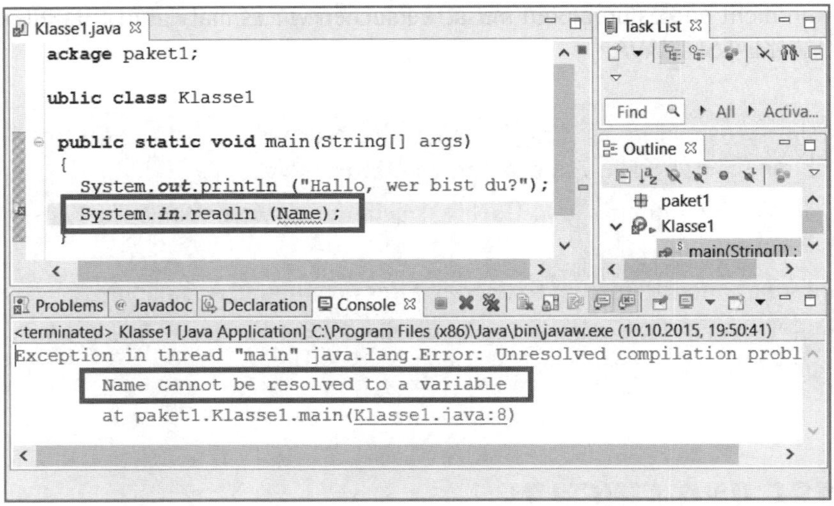

Die Fehlerinformationen unten im Fenster weisen darauf hin, dass `readln` undefiniert ist. Wie es scheint, ist der Weg bis zur ersten Eingabe nicht so leicht wie der für die Ausgabe.

Wenn du ein geändertes Projekt erneut – über RUN AS JAVA APPLICATION – ausführen willst, kann dieses Dialogfeld auftauchen:

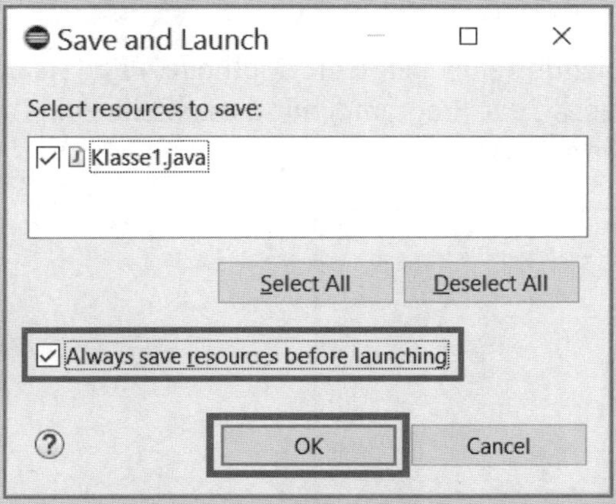

Aktivierst du die Einstellung ALWAYS SAVE RESOURCES BEFORE LAUNCHING, wird immer erst gespeichert, bevor das Programm startet. (Und du ersparst dir die Nachfrage.)

Mit Klick auf OK bestätigst du, dass der veränderte Quelltext vor dem Programmstart gespeichert wird.

Direkt speichern lässt sich deine Quelltextdatei übrigens mit FILE/SAVE bzw. FILE/SAVE AS (wenn es ein neuer Name sein soll).

Damit du nun nicht endlos probieren musst, versuchen wir es mal damit (→ PROJEKT1\PAKET1\KLASSE1.JAVA):

```
package paket1;
import java.util.*;

public class Klasse1
{
  public static void main ( String[] args)
  {
    Scanner Eingabe = new Scanner (System.in);
    System.out.println ("Hallo, wer bist du?");
    String Name = Eingabe.next();
    System.out.println ("Du bist also " + Name);
  }
}
```

Ein bisschen umständlicher ist das mit der Eingabe schon, denn wir brauchen dazu erst ein Objekt vom Typ `Scanner` (das eben keine Bildvorlagen, sondern die Tastatur scannt). Die Methode `next` sorgt dafür, dass der eingegebene Text in einem `String` gespeichert wird, den wir sinnvollerweise auch `Name` nennen.

Unter einem `String` versteht man eine **Zeichenkette**. Und etwas Eingetipptes wie ein Name ist ja auch eine Kette von Zeichen.

DIALOG MIT »SCHWUNG«

Es gibt zum Scanner noch eine interessante Alternative, dir wir uns mal im folgenden Quelltext anschauen sollten (→ HALLO1\EINAUS1\HALLO1.JAVA):

```
package einaus1;
import javax.swing.*;

public class Hallo1
{
  public static void main (String[] args)
  {
    String Name = JOptionPane.showInputDialog
      ("Hallo, wer bist du?");
    System.out.println ("Du bist also " + Name);
  }
}
```

Ist angenehm kurz und führt im Prinzip zu dem gleichen Ergebnis wie das obige Beispiel – mit etwas Komfort als Zugabe.

- Starte das Projekt über RUN/RUN oder mit [Strg] [F11].

Diesmal erscheint der Hallo-Gruß nicht unten in einem Anzeigefenster von Eclipse, sondern es öffnet sich ein Dialogfeld, in das du deinen Namen eingeben kannst.

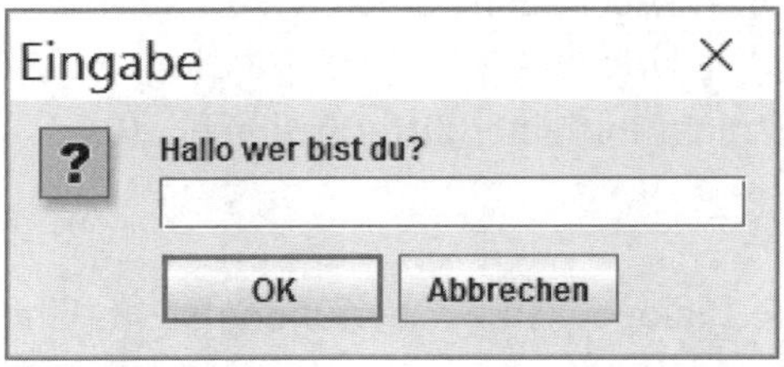

- Nach einem Klick auf OK erscheint unten im Eclipse-Fenster der entsprechende Antworttext.

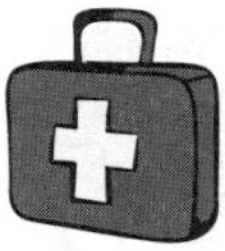

Bei dir läuft das Programm nicht? Stattdessen erscheint eine Fehlermeldung.

Zusätzlich ist die Stelle markiert, in der Eclipse den Fehler vermutet. Oft handelt es sich dabei um einen **Syntaxfehler**. Zum Beispiel könntest du `ShowInputDialog` statt `showInputDialog` geschrieben, also die Regel der Groß- und Kleinschreibung nicht beachtet haben.

Andere Fehler sind das Vergessen von Semikolon oder Komma, Klammern oder Anführungsstrichen.

Bessere die Stelle aus und starte dann das Projekt einfach noch einmal.

Picken wir uns jetzt die entscheidenden Zeilen heraus und betrachten wir sie näher:

```
String Name = JOptionPane.showInputDialog
  ("Hallo, wer bist du?");
```

Mit `String Name` wird eine Variable vereinbart, die wir `Name` nennen.

Den Begriff **Variable** liest du ja jetzt hier nicht zum ersten Mal. So genau erinnerst du dich aber nicht mehr, was das eigentlich ist? Aus dem Matheunterricht kennst du wahrscheinlich den Begriff **Platzhalter**. Die werden meist mit Buchstaben wie x oder y bezeichnet. Und weil Platzhalter in jeder Aufgabe einen anderen Wert annehmen können, also keinen von vornherein festgelegten Wert haben, nennt man so etwas Variablen (das Fremdwort »variabel« heißt auf Deutsch so viel wie »veränderlich«).

Im Gegensatz dazu gibt es natürlich in Java auch **Konstanten**. Die haben dann einen festgelegten Wert, der sich während des Programmlaufs nicht verändert. Und auch bei jedem neuen Programmstart behält eine Konstante ihren Wert.

Ein Beispiel ist der Text »Hallo, wer bist du?«. Aber auch Zahlen wie z.B. 0, 1, –1, 3.14 lassen sich als Konstanten einsetzen (wie du noch sehen wirst).

Der Name einer Variablen darf übrigens nicht mit einer Ziffer beginnen. (Probier einfach aus, was geht!)

`JoptionPane` ist eine Klasse, die mehrere Dialogboxen zur Verfügung stellt. Eine davon haben wir eben durch den Aufruf der Methode `showInputDialog` verwendet. Diese Methode übernimmt in runden Klammern einen Text als Parameter, ähnlich wie wir es schon von `println` kennen.

So weit, so schön. Der kleine Haken bei der Sache ist, dass `JOptionPane` sich neben anderen hübschen und nützlichen Klassen in einem Extra-Paket befindet, das wir erst bei der Post abholen müssen:

```
import javax.swing.*;
```

Die Anweisung `import` ermöglicht

uns den Zugriff auf ein ganzes Paket oder Teile davon. Hier ist es die `package javax.swing` mit allen zugehörigen Klassen – deshalb das Sternchen (*). (Bei der Klasse `Scanner` hieß die »Postsendung« `java.util`.)

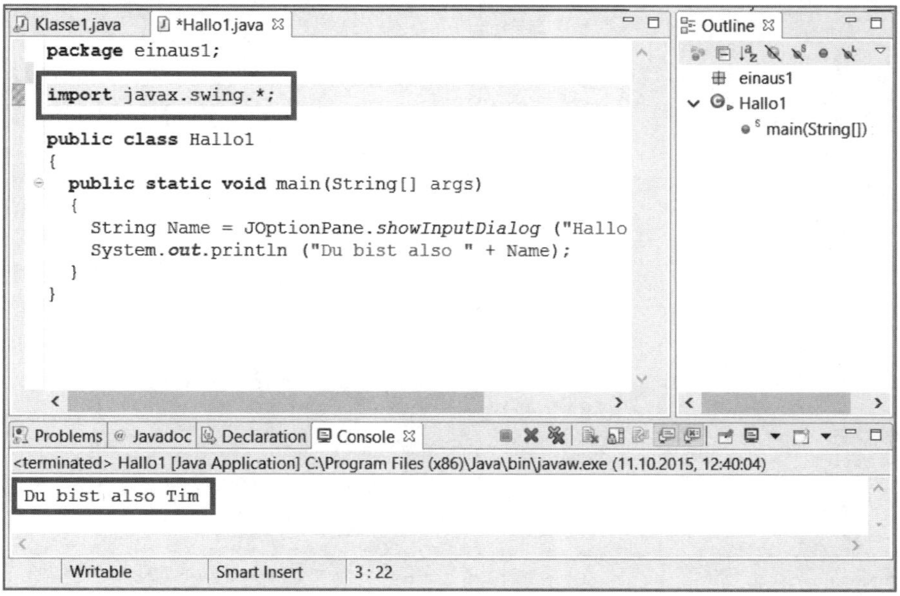

Fast untergegangen ist die etwas seltsam anmutende Verwendung des Pluszeichens (+) bei `println`: Da werden doch anscheinend zwei Zeichenketten addiert – oder? Dass es funktioniert, hast du ja gesehen. Genannt wird das Verkettung von Strings.

ECLIPSE BEENDEN

Dein allererstes Projekt ist sicher auf deiner Festplatte gelandet. Zeit also für eine kleine Pause.

Möglicherweise hast du keine Lust, immerzu alles abzutippen, weißt aber nicht, wie du Eclipse dazu bringen kannst, die Projekte von der Buch-CD zu übernehmen. Eine Methode wäre, einfach den Quelltext der entsprechenden Dateien mit der Kennung JAVA zu markieren und nach dem Erzeugen eines neuen Projekts in das Editorfenster von Eclipse zu kopieren.

Aber es geht auch eleganter:

Klicke auf FILE und IMPORT.

Öffne im Dialogfeld den Eintrag GENERAL, markiere dort EXISTING PROJECTS INTO WORKSPACE und klicke dann auf NEXT.

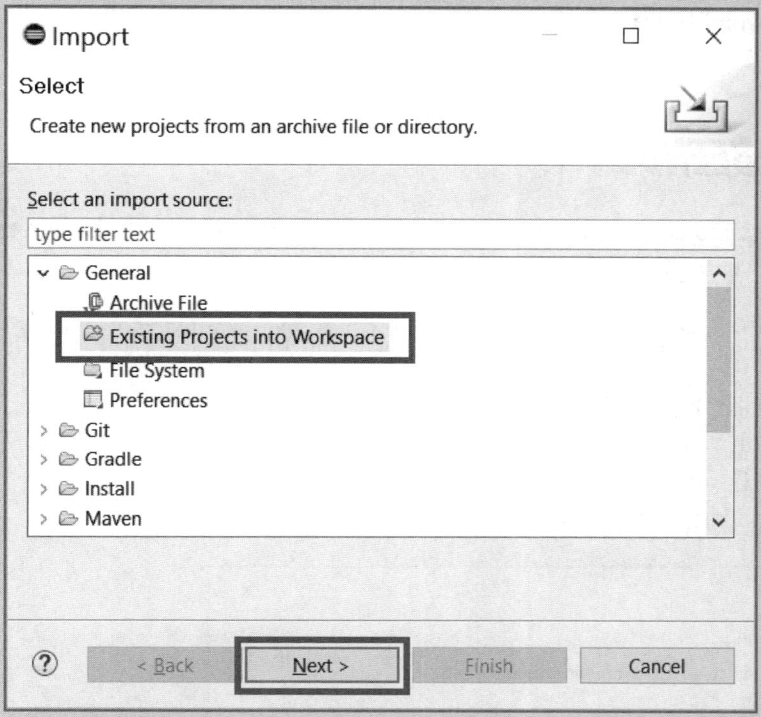

Im nächsten Dialogfenster suchst du über BROWSE den Ordner mit den Projekten.

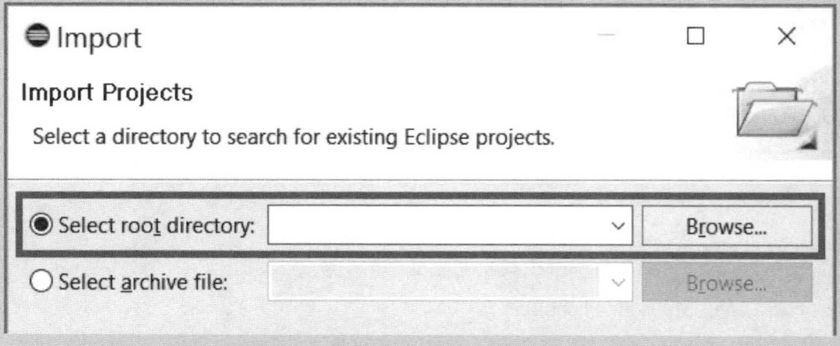

Du kannst den Namen auch direkt eintippen, z.B. D:\JAVA\PROJEKTE. Klicke dann auf OK.

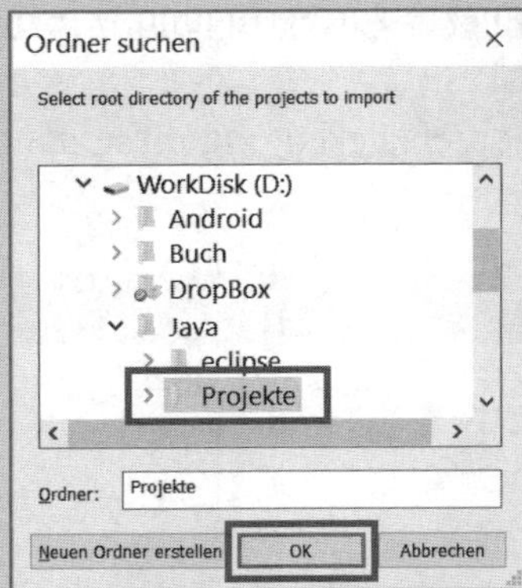

Nun erscheint eine Liste, in der du alle Projekte markieren kannst, die du importieren möchtest.

Wenn du willst, kannst du die Option COPY PROJECTS INTO WORKSPACE aktivieren. Das empfiehlt sich, wenn alle Projekte in einem anderen als dem Workspace-Ordner liegen.

Abschließend klickst du auf FINISH.

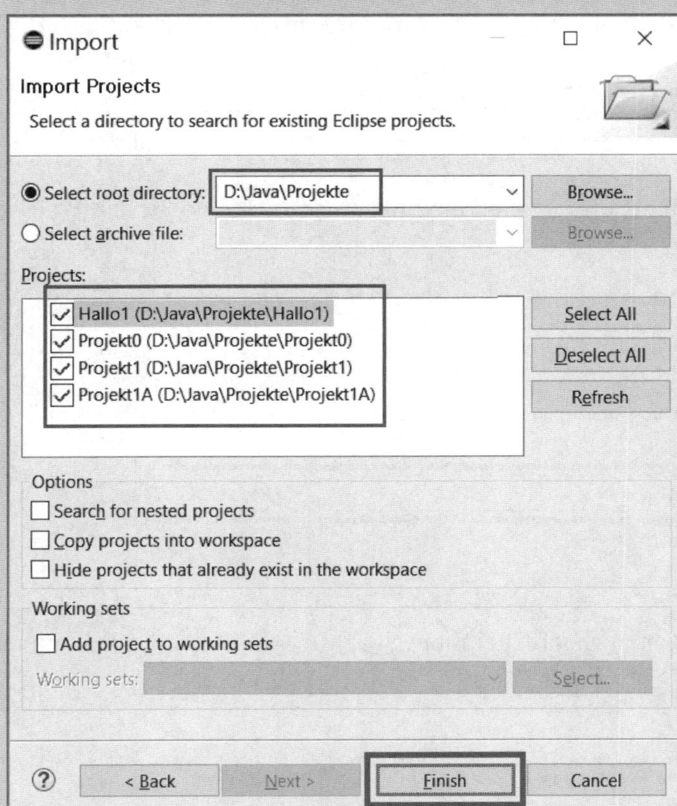

Einige Zeit später stehen dir die gewünschten Projekte zur Verfügung, wie du links im Projektfenster sehen kannst.

Dort kannst du dich bis zur Java-Quelltextdatei durchklicken und diese dann durch Doppelklick im Editorfenster öffnen.

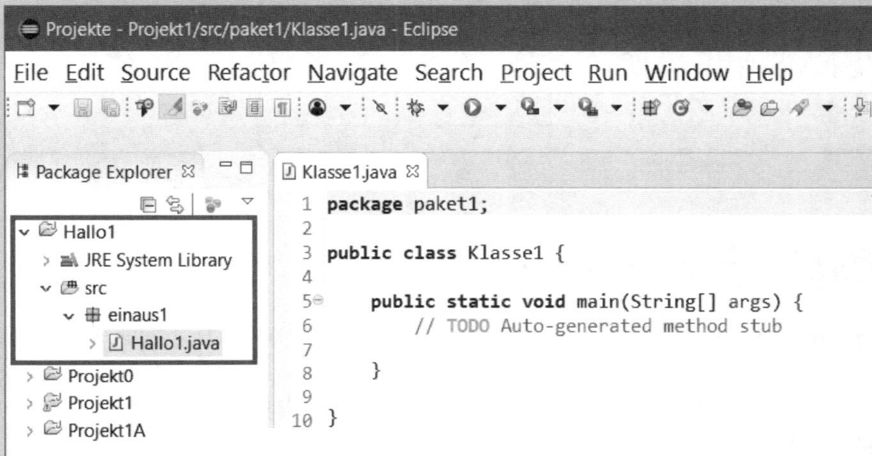

Von da aus genügt die Anweisung RUN/RUN AS JAVA APPLICATION, um das Projekt zu starten.

Willst du Eclipse verlassen, dann geht das so:

≫ Klicke auf FILE und dann auf EXIT.

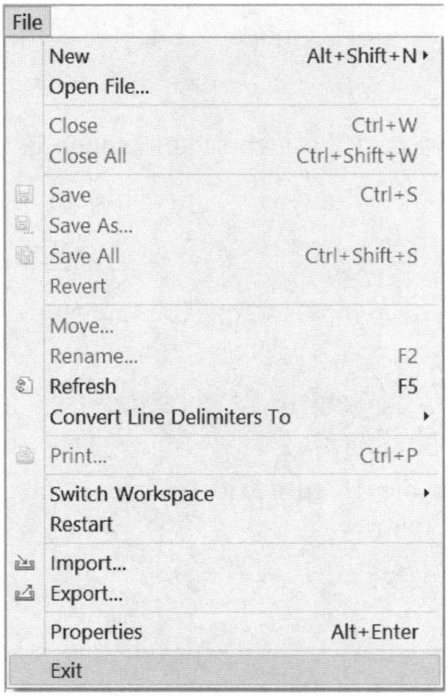

(Oder du klickst im Hauptfenster ganz oben rechts auf das kleine X.)

≫ Sollte dieses Dialogfeld auftauchen, klicke auf OK.

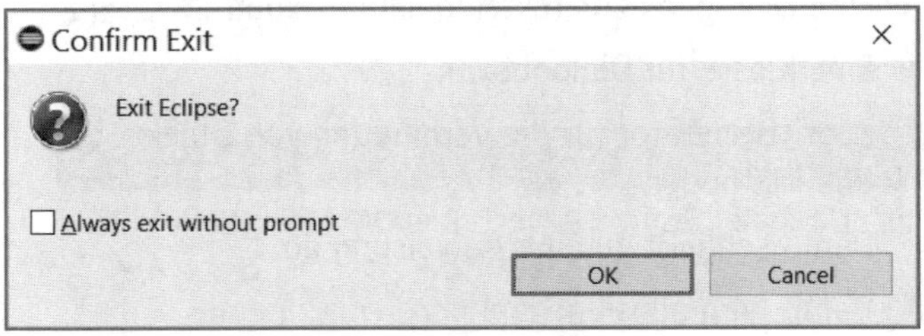

ZUSAMMENFASSUNG

Mit deinem ersten Projekt gehörst du zwar noch nicht zur Gilde der Java-Programmierer, aber die Anfangsschritte hast du hinter dir. Mal sehen, was du von diesem Kapitel behalten hast. Da wären zuerst mal ein paar Operationen im Umgang mit Eclipse:

Eclipse starten	Doppelklicke auf das Symbol für Eclipse.
Dateien speichern	Klicke auf FILE/SAVE
Dateien neu speichern	Klicke auf FILE/SAVE AS
Programmprojekt starten	Klicke auf RUN/RUN
Hilfesystem aufrufen	Klicke auf HELP oder drücke F1
Eclipse beenden	Klicke auf FILE/EXIT

Und ein bisschen was vom Wortschatz von Java hast du auch schon kennengelernt:

`package`	Ein »Paket« aus Klassen
`import`	Ein Paket (oder Teile davon) in ein Projekt importieren
`class`	Eine Klasse umfasst unter anderem Eigenschaften und Methoden von Objekten.
`main`	Das Hauptprogramm, die »Hauptmethode«, in der dein Programmtext steht
`String`	Typ für Variablen: Zeichenkette
`println`	Einen Text anzeigen

`Scanner`	Eine Klasse zum Scannen der Tastatur
`next`	Einen Text von Tastatur aufnehmen
`showInputDialog`	Eine Dialogbox zur Texteingabe anzeigen
`JoptionPane`	Eine Klasse für Dialogboxen
. (Punkt)	Zugriffsoperator für die Verbindung von Objekt und Methoden
; (Semikolon)	Damit schließt du eine Anweisung ab.
`{ }`	Damit wird alles umklammert, was zu einer Klasse oder zu `main` gehört.
`( )`	Diese Klammern umfassen die Parameter einer Methode.
`//`	Dahinter steht ein Kommentar oder eine Erläuterung

EIN PAAR FRAGEN ...

1. Warum spricht man in Eclipse nicht nur von Programm, sondern von Projekt?
2. Was ist ein `String`?
3. Was ist der Unterschied zwischen `package` und `class`?

... ABER NOCH KEINE AUFGABE

2 Kontrolle und Auswahl

Im letzten Kapitel hattest du einen »Very Small Talk« mit deinem Computer. Höflich hat er dich nach deinem Namen gefragt. Da könnte man fast vergessen, dass das Ding eigentlich doch strohdumm ist: Immerhin hat der PC nur das ausgeführt, was ihm in einem Programm befohlen wurde.

Das heißt jedoch nicht, dass es keine Möglichkeiten gibt, deinen PC so weit zu bringen, dass er wenigstens so tut, als würde er etwas verstehen und darauf eingehen.

In diesem Kapitel lernst du

- was eine Kontrollstruktur ist
- wie man Werte von Variablen vergleicht
- die Verwendung von `if` und `else` kennen
- die Typen `int` und `float` kennen
- wie man Projekte kopieren und umbenennen kann
- wie man Fehler über `try` und `catch` abfängt

GUT ODER SCHLECHT?

Widmen wir uns wieder dem Projekt aus dem letzten Kapitel, um es ein wenig zu erweitern.

≫ Zuerst startest du Eclipse neu – über START und AUSFÜHREN oder per Doppelklick auf das Symbol.

Links siehst du eine Liste der Projekte, die du gerade »am Laufen« hast. Mitten im Fenster müsste der Quelltext des letzten Programms stehen.

Ich denke, das Gespräch mit dem PC könnte ruhig noch ein bisschen länger sein! Deshalb bekommst du als angehender Programmierer auch gleich noch ein bisschen mehr zu tun (→ HALLO1A):

```
package einaus1a;
import javax.swing.*;

public class Hallo1A
{
  public static void main (String[] args)
  {
    String Name = JOptionPane.showInputDialog
      ("Hallo, wer bist du?");
    String Antwort = JOptionPane.showInputDialog
      (Name + " wie geht es?");
    System.out.println
      ("Dir geht es also " + Antwort);
  }
}
```

≫ Erweitere deinen Programmtext entsprechend. Dann starte das Programm über RUN/RUN oder mit [Strg] [F11].

Nun fragt dich dein PC nicht nur nach deinem Namen, sondern es interessiert ihn auch, wie es dir geht. Netter Kerl! (In Wirklichkeit tut dieser dumme Kasten nur genau das, was du ihm vorgetippt und als Programm aufgetischt hast!)

Die neue Variable *Antwort* wurde ebenfalls vom Typ `String` vereinbart, denn auch das ist eine Zeichenkette. Und der Text mit dem Namen wurde in eine weitere Dialogbox eingebaut. Erst zum Schluss kommt `println` zum Einsatz.

Wenn du dein Programm mehrmals laufen lässt und jeweils verschiedene Antworten eingibst, fällt dir auf, wie eintönig das Gespräch mit dem Computer allmählich wird. Ob du nun »gut« oder »schlecht« als Antwort gibst, dein PC erwidert immer so ziemlich das Gleiche:

```
Dir geht es also gut
Dir geht es also schlecht
```

Er wiederholt also nur, was du gesagt hast. Würdest du antworten: »nur ums Geld« oder einfach irgendwelche Zeichen eintippen, dann könnte seine Reaktion auch so aussehen:

```
Dir geht es also nur ums Geld
dir geht es also #+*!?qwertz
```

Es wird also Zeit, dass wir dem Kerl mal zeigen, wie man richtig auf Antworten wie »gut« oder »schlecht« eingeht! Der Computer soll nicht einfach nur »Dir geht es also ...« sagen, sondern sich nach unserer Antwort richten. Also könnte seine Reaktion z.B. so aussehen:

Wenn Antwort =	Dann schreib:
"gut"	"Das freut mich!"
"schlecht"	"Das tut mir leid!"

Wie aber bringen wir das dem Computer bei? Die Wörter »wenn« und »dann« müsste es doch in Java geben. Übersetzen wir sie einfach mal ins Englische:

```
if (Antwort = "gut")
  System.out.println ("Das freut mich!");
if (Antwort = "schlecht")
  System.out.println ("Das tut mir leid!");
```

Leuchtet ein? Der Inhalt von `Antwort` wird mit dem Text »gut« bzw. »schlecht« verglichen. Passt er, gibt es auch die passende Antwort vom PC.

Doch es gibt einen Haken: Wenn wir das so eintippen und unser erweitertes Projekt laufen lassen, ernten wir eine Fehlermeldung:

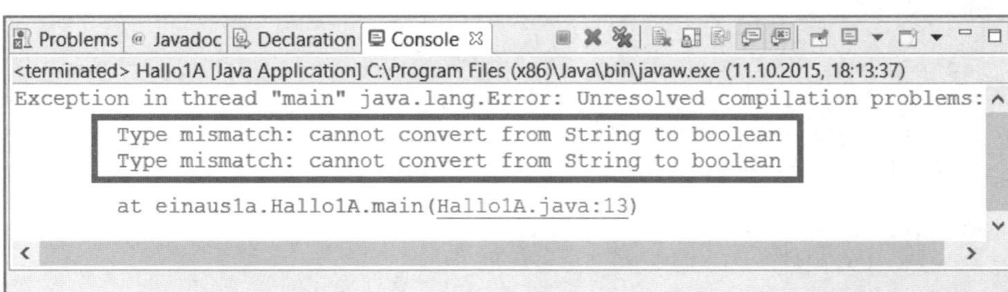

Das Gleichheitszeichen (=) haben wir kennengelernt, um Ergebnisse einer Methode an eine Variable zuzuweisen. Man spricht hier auch von **Zuweisungsoperator**.

Aber vielleicht hat ein String-Objekt ja eine Methode, die uns weiterhelfen kann? Immerhin könnte auch eine Zeichenkette in Java ein Objekt sein. Stimmt, es gibt tatsächlich eine Methode namens `equals`, die sich so einsetzen lässt:

```
if (Antwort.equals ("gut"))
  System.out.println ("Das freut mich!");
if (Antwort.equals ("schlecht"))
  System.out.println ("Das tut mir leid!");
```

≫ Baue diese Zeilen an der richtigen Stelle in dein Programm ein. Dann starte es mehrmals, gib die zwei verschiedenen Antworten und probier aus, ob dein PC auch passend reagiert.

Wenn es dir zu umständlich ist, immerzu alles selber eintippen zu müssen, dann kannst du dir das betreffende Projekt auch von der Verlags-Homepage herunterladen:

http://www.mitp.de/751

Hier bekommst du die Dateien aller Projekte zum Buch. Du musst dann nur den betreffenden Ordner für dein aktuelles Projekt suchen und öffnen.

DIE IF-STRUKTUR

Und so müsste der Quelltext inzwischen aussehen (→ HALLO2):

```
package einaus2;
import javax.swing.*;

public class Hallo2
{
  public static void main (String[] args)
  {
    String Name = JOptionPane.showInputDialog
      ("Hallo, wer bist du?");
    String Antwort = JOptionPane.showInputDialog
      (Name + "wie geht es?");
    if (Antwort.equals ("gut"))
      System.out.println ("Das freut mich!");
    if (Antwort.equals ("schlecht"))
      System.out.println ("Das tut mir leid!");
  }
}
```

Nehmen wir jetzt die `if`-Struktur von Java genauer unter die Lupe:

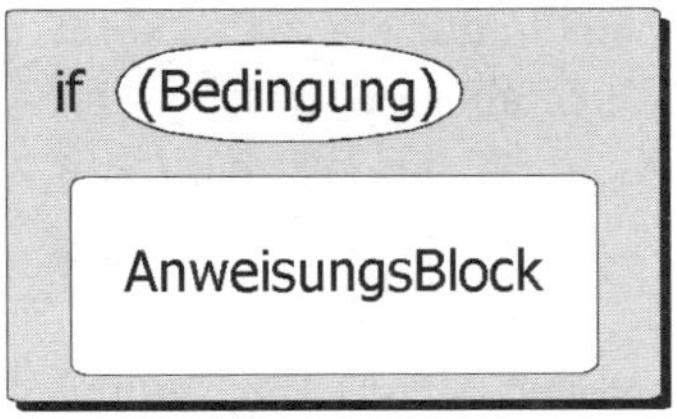

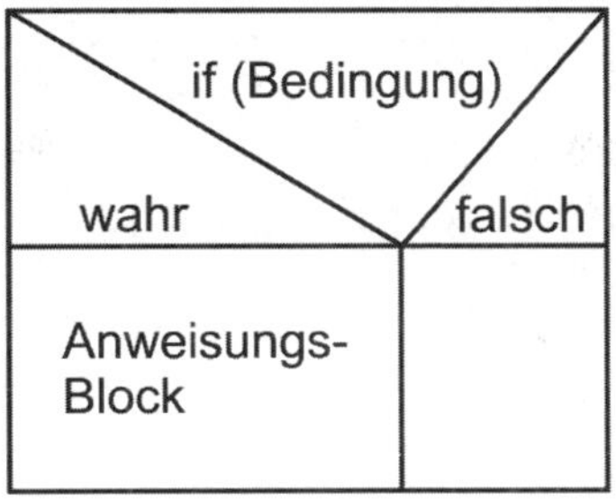

Zu Deutsch heißt das:

WENN eine bestimmte Bedingung erfüllt ist,
dann soll der Computer einen Anweisungsblock ausführen.

Die **Bedingung**, das ist hier z.B.:

```
(Antwort.equals ("gut"))
```

oder

```
(Antwort.equals ("schlecht"))
```

Eine Bedingung hinter `if` muss grundsätzlich in runden Klammern stehen! Dazu kommen hier die Klammern für die Parameter von `equals`.

Im **Anweisungsblock** stehen die Anweisungen, in diesem Fall nur eine, z.B.:

```
System.out.println ("Das freut mich!");
```

oder

```
System.out.println ("Das tut mir leid!");
```

Das heißt, dass in einem **Anweisungsblock** natürlich auch **mehr als eine** Anweisung stehen kann. Die müssen dann in geschweiften Klammern zusammengefasst werden.

Immerhin könnte es ja sein, dass der Computer gleich eine ganze Kette von Aktionen durchführen soll. Dann genügen oft auch ein paar Anweisungen nicht. Vielleicht soll dein PC ein Bild oder sogar einen kleinen Film anzeigen. Das kann er nicht alles mit einer einzigen Anweisung lösen. Hier aber genügt für den Anweisungsblock erst mal nur eine Anweisung. Größere Blöcke mit mehreren Anweisungen lernst du später noch kennen.

Das Ganze nennt man `if`-Struktur oder **Kontrollstruktur**. Denn der Computer bekommt die Anweisung, etwas zu kontrollieren. Hier ist es das, was als `Antwort` eingegeben wird. Und davon abhängig reagiert er mit einer Anzeige im Formular.

Allerdings nur, wenn in unserem Beispiel der passende Text in Kleinbuchstaben eingegeben wurde. Vertippt man sich oder gibt irgendetwas anderes ein, dann tut der Computer nichts: Er überspringt den Anweisungsblock, weil die Bedingung nicht erfüllt wurde.

Falls du schon einmal mit einer anderen Programmiersprache wie Pascal oder Basic gearbeitet hast, wirst du so etwas wie `then` vermissen: In Java und C++ hat man sich dieses Wörtchen einfach gespart.

STRINGS ODER ZAHLEN?

Lassen wir das *Hallo*-Projekt jetzt in Ruhe und fangen wir etwas ganz Neues an. Dein PC soll jetzt beweisen, dass er mindestens das kann, was ein Taschenrechner schon lange bringt. Und du tust einfach nur das, was dein Mathelehrer mit dir gemacht hat: Du lässt rechnen, und zwar den Computer.

≫ Erstelle ein neues Projekt und nenne es z.B. `Mathe1 (Rechnen1, Mathe1)`.

Falls du dich nicht mehr erinnerst, wie genau man ein neues Java-Projekt erstellt, hier der Schnelldurchgang:

- Klicke auf FILE und NEW und auf PROJECT, wähle JAVA PROJECT und FINISH.
- Klicke auf FILE und NEW und auf PACKAGE, gib einen Namen ein und wähle FINISH.
- Klicke auf FILE und NEW und auf CLASS, gib einen Namen ein und wähle FINISH.

(Es ist erlaubt und kann nicht schaden, dem Projekt und einer Klasse denselben Namen zu geben.)

≫ Ergänze den Quelltext im Editorfenster um die entsprechenden Zeilen:

```
package rechnen1;
import javax.swing.*;
```

```
public class Mathe1
{
  public static void main (String[] args)
  {
    String Eingabe1 = JOptionPane.showInputDialog
      ("Gib eine Zahl ein:");
    String Eingabe2 = JOptionPane.showInputDialog
      ("Gib noch eine Zahl ein:");
    int Zahl1 = Integer.parseInt (Eingabe1);
    int Zahl2 = Integer.parseInt (Eingabe2);
    System.out.println (Zahl1 + Zahl2);
  }
}
```

Vereinbart wurden zwei Strings, was nötig ist, weil `showInputDialog` nur Zeichenketten akzeptiert. Weil aber Ziffern von Zahlen auch Zeichen sind, gibt es keine Probleme bei der Eingabe. Da man mit Strings aber nicht rechnen kann, ist eine Umwandlung in Zahlen nötig:

Dazu vereinbaren wir zwei weitere Variablen `Zahl1` und `Zahl2`, diesmal als `int`. Das ist die Abkürzung für »Integer« und bedeutet »Ganze Zahl«.

Nun haben wir zwei Zahlen und zwei Zeichenketten. Und es geht nun darum, den Inhalt der Zeichenketten (der hier natürlich aus Ziffern bestehen muss!) in zwei Zahlen umzuwandeln. Und das erledigen diese beiden Zeilen:

```
int Zahl1 = Integer.parseInt (Eingabe1);
int Zahl2 = Integer.parseInt (Eingabe2);
```

Es gibt eine Klasse `Integer` mit einer Methode `parseInt`, die genau das für Ganzzahlen tut. Solltest du an einer Stelle z.B. einen Buchstaben oder eine Dezimalzahl eingeben, so gibt es unten im Fenster Fehlermeldungen.

> Das neue Programm will gar nicht starten, es läuft weiterhin das alte?
>
> Dann klicke mit der rechten Maustaste im Editorfenster in deinen neuen Quelltext. Im Kontextmenü suchst du den Eintrag RUN AS und klickst dann weiter auf JAVA APPLICATION.
>
> So weiß Eclipse eindeutig, dass das aktuelle bzw. neue Projekt ausgeführt werden soll.

Die letzte Programmzeile gibt das Ergebnis einer Addition aus. Und wo bleiben die anderen Rechenarten? Wäre es nicht angebrachter, noch ein Operationszeichen einzugeben, um dann das Ergebnis einer gewünschten Rechenart auszugeben? Machen wir uns ans Werk (→ MATHE1):

```
package rechnen1;
import javax.swing.*;

public class Mathe1
{
  public static void main (String[] args)
  {
    int Ergebnis = 0;
    String Eingabe1 = JOptionPane.showInputDialog
      ("Gib eine Zahl ein:");
    String Eingabe2 = JOptionPane.showInputDialog
      ("Gib noch eine Zahl ein:");
    String Operator = JOptionPane.showInputDialog
      ("Und jetzt den Operator:");
    int Zahl1 = Integer.parseInt (Eingabe1);
    int Zahl2 = Integer.parseInt (Eingabe2);
    if (Operator.equals("+"))
      Ergebnis = Zahl1 + Zahl2;
    if (Operator.equals("-"))
      Ergebnis = Zahl1 - Zahl2;
    if (Operator.equals("*"))
      Ergebnis = Zahl1 * Zahl2;
    if (Operator.equals("/"))
      Ergebnis = Zahl1 / Zahl2;
    JOptionPane.showMessageDialog
      (null, "Ergebnis ist " + Ergebnis);
  // System.out.println ("Ergebnis ist " + Ergebnis);
  }
}
```

Mathe1.java

PLUS ODER MINUS, MAL ODER DURCH

Im Grunde genommen geschieht hier viermal das Gleiche. Allerdings nicht ganz, denn es handelt sich ja je nach Wahl um eine andere Rechenoperation:

```
if (Operator.equals("+")) Ergebnis = Zahl1 + Zahl2;
if (Operator.equals("-")) Ergebnis = Zahl1 - Zahl2;
if (Operator.equals("*")) Ergebnis = Zahl1 * Zahl2;
if (Operator.equals("/")) Ergebnis = Zahl1 / Zahl2;
```

Es stehen also in Java alle vier Grundrechenarten zur Verfügung, jedoch unterscheiden sich einige Operatoren von denen, die du aus dem Matheunterricht oder vom Taschenrechner kennst:

	Mathematik	Taschenrechner	Computer
Addition	+	+	+
Subtraktion	–	–	–
Multiplikation	·	X	*
Division	:	÷	/

Und endlich wird der Plus-Operator auch mal nicht zum Verketten, sondern zum Rechnen eingesetzt. Hier zeigt sich nochmals eindeutig, wie eine Zuweisung auszusehen hat:

Rechts steht die Rechenformel, z.B.

```
Zahl1 + Zahl2;
```

Und links sitzt die Variable, die den Wert aufnehmen soll, der bei der Berechnung herausgekommen ist:

```
Ergebnis
```

Umgekehrt aber funktioniert es nicht! Eine Zuweisung muss immer so aussehen:

Variable = Wert ; Variable = Formel ;

Ehe wir auf die Ausgabe des Ergebnisses kommen, müssen wir uns erst einmal nach der Vereinbarung der gleichnamigen Variablen umschauen. Eine Möglichkeit wie diese funktioniert nämlich nicht:

```
if (Operator.equals("+"))
  int Ergebnis = Zahl1 + Zahl2;
```

Mal abgesehen davon, dürften wir in den folgenden Zeilen den Zusatz von `int` nicht wiederholen, denn das wäre ja so, als würden wir dieselbe Variable mehrmals vereinbaren!

Wenn wir aber die Variable `Ergebnis` ganz zu Anfang des Programms (also innerhalb von `main`) vereinbaren und ihr einen (harmlosen) Startwert zuweisen, dann ist das Problem gelöst:

```
int Ergebnis = 0;
```

Kommen wir jetzt zur Ausgabe. Ich habe hier noch einmal eine Methode der Klasse `JoptionPane` bemüht, diesmal zur Anzeige des Lösungstextes:

```
JOptionPane.showMessageDialog
  (null, "Ergebnis ist " + Ergebnis);
```

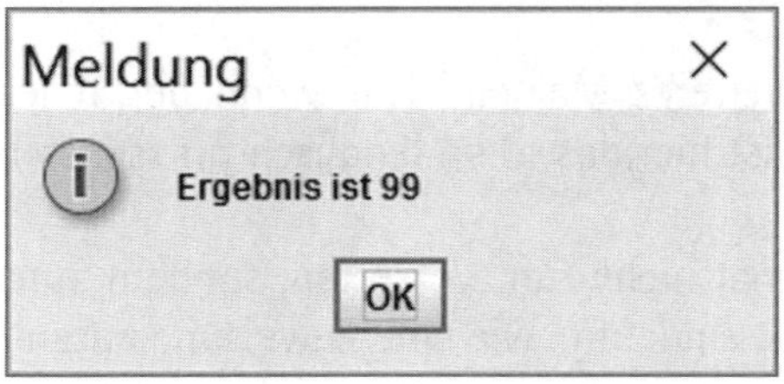

`showMessageDialog` übernimmt als Erstes einen Parameter, dessen Bedeutung du hier nicht kennen musst. Er heißt einfach `null` (für »nichts«). Wichtig ist, dass anschließend ein String folgt, der eigentlich doch gar keine reine Zeichenkette ist:

```
"Ergebnis ist " + Ergebnis
```

Das erste Stück ist ein String, das zweite eine ganze Zahl. Offenbar macht es Java nichts aus, auch mal einen Text und eine Zahl zu einem String zu verketten. Das funktioniert natürlich auch bei unserer `println`-Anweisung (falls du die lieber benutzen möchtest):

```
System.out.println ("Ergebnis ist " + Ergebnis);
```

≫ Erweitere dein *Mathe*-Projekt um die obigen Zeilen und starte dann das Programm. (Was fällt dir nach einigem Experimentieren auf?)

DIE IF-ELSE-STRUKTUR

Ist einmal zufällig die zweite Zahl eine Null, geht die Division schief, denn durch null darf ja bekanntlich nicht geteilt werden. Dann erscheint eine entsprechende Meldung.

> Unter Java wird das **Exception** genannt. Gemeint ist damit ein Ausnahmefehler, der nicht ständig auftritt. (Wir werden uns bald mit der Behandlung solcher Exceptions beschäftigen.)

Unser Problem mit der 0 als zweiten Zahl lässt sich einfacher lösen, als du vielleicht vermutest (→ MATHE1A):

```
if (Operator.equals("/"))
  if (Zahl2 != 0) Ergebnis = Zahl1 / Zahl2;
  else System.out.println ("Division durch null");
```

Wir setzen die `if`-Struktur einfach ein weiteres Mal ein. Nur wenn der Teiler ungleich null ist, soll dividiert werden. Neu ist hier das `else` (Englisch für »sonst«), das unsere Kontrollstruktur erweitert:

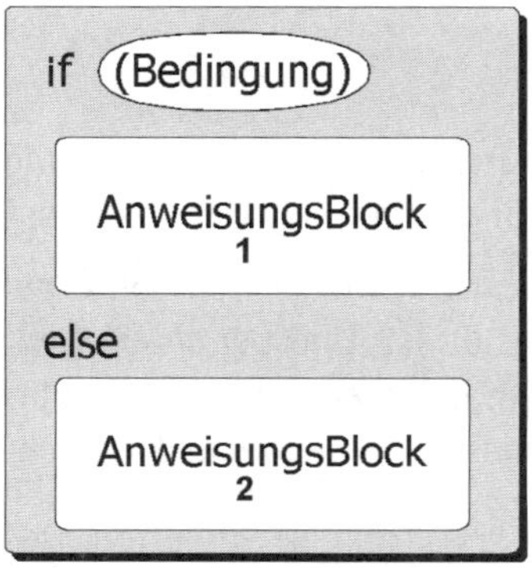

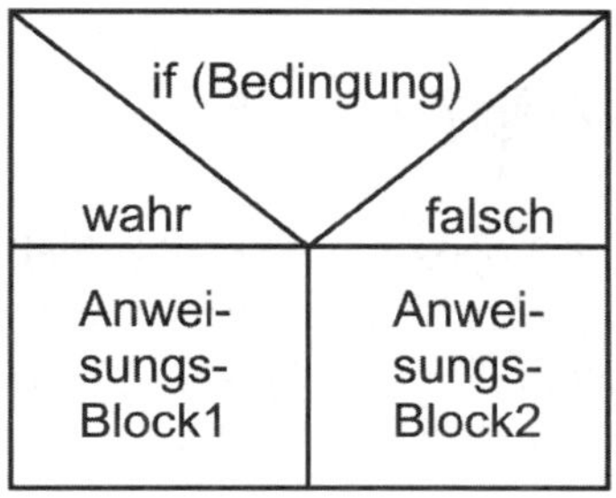

Das heißt dann zu Deutsch so viel:

> WENN eine bestimmte Bedingung erfüllt ist,
> dann soll der Computer einen Anweisungsblock ausführen.
> WENN sie **nicht** erfüllt ist (= SONST),
> dann soll der Computer einen **anderen** Anweisungsblock ausführen.

Die zweite Bedingung wäre genau das Gegenteil der ersten, statt `if (Zahl2 == 0)` steht hier also einfach das Wörtchen `else`.

> Wer schon einmal in Pascal programmiert hat, weiß, dass dort vor einem `else` kein Semikolon (;) stehen darf. In Java ist das jedoch anders: Da muss die `if`-Anweisung mit einem Semikolon abschließen. Und mit dem `else`-Block beginnt eine neue Anweisung.

Auffällig ist, dass wir bei Zahlen keine Methode wie z.B. `equals` zum Vergleich heranziehen müssen, sondern sich das mit Operatoren erledigen lässt. Daher heißen sie auch **Vergleichsoperatoren**. Zwei davon hast du soeben kennen gelernt, hier sind alle komplett auf einen Blick:

Operator	Bedeutung	Operator	Bedeutung
==	gleich	!=	ungleich
<	kleiner	>=	größer oder gleich
>	größer	<=	kleiner oder gleich

Dabei stehen immer die Operatoren in einer Zeile, von denen der linke jeweils das Gegenteil des rechten ist.

VON INT ZU FLOAT

So ganz ideal ist unser Projekt noch nicht aufgebaut, denn am besten sollte nur dann ein Ergebnis angezeigt werden, wenn auch eines da ist. Und bei einem Divisionsversuch durch null gibt es kein Ergebnis. Trotzdem belassen wir es jetzt dabei (und du kannst dir das Projekt gern später noch einmal auf eigene Faust vornehmen).

Ich möchte das Projekt stattdessen noch so erweitern, dass es auch mit Dezimalzahlen umgehen kann. Denn bei einer Division erhalten wir bisher als Ergebnis immerzu nur eine ganze Zahl. Dazu ersetzen wir im gesamten Programmtext den Typ `int` durch `float`.

Damit werden Zahlen vereinbart, die einen Dezimalpunkt oder ein Komma haben können. Ebenso wie der Taschenrechner arbeitet der Computer mit einem Punkt, während in der Mathematik ja das Komma üblich ist. `float` umfasst natürlich auch die ganzen Zahlen. Der Unterschied zu `int` besteht darin, dass dein PC mit Zahlen, die keine Ganzzahlen sind, umständlicher rechnen muss, weil er ein eigenes Zahlensystem verwendet.

≫ Ändere den Quelltext deines Projekts entsprechend um (→ MATHE2):

```
package rechnen2;
import javax.swing.*;

public class Mathe2
{
  public static void main (String[] args)
  {
    float Ergebnis = 0;
    String Eingabe1 = JOptionPane.showInputDialog
      ("Gib eine Zahl ein:");
    String Eingabe2 = JOptionPane.showInputDialog
      ("Gib noch eine Zahl ein:");
    String Operator = JOptionPane.showInputDialog
      ("Und jetzt den Operator:");
```

```
    float Zahl1 = Float.parseFloat(Eingabe1);
    float Zahl2 = Float.parseFloat(Eingabe2);
    if (Operator.equals("+"))
      Ergebnis = Zahl1 + Zahl2;
    if (Operator.equals("-"))
      Ergebnis = Zahl1 - Zahl2;
    if (Operator.equals("*"))
      Ergebnis = Zahl1 * Zahl2;
    if (Operator.equals("/"))
      if (Zahl2 != 0) Ergebnis = Zahl1 / Zahl2;
      else System.out.println
        ("Division durch null");
    JOptionPane.showMessageDialog
      (null, "Ergebnis ist " + Ergebnis);
  }
}
```

Mathe2.java

Wenn du genau hinschaust, siehst du, dass natürlich auch die Umwandlungsmethode eine andere ist:

```
float Zahl1 = Float.parseFloat(Eingabe1);
float Zahl2 = Float.parseFloat(Eingabe2);
```

Hier sorgt die Methode `parseFloat`, der Klasse `Float` dafür, dass aus einem String eine »Kommazahl« oder besser Dezimalpunktzahl wird. Voraussetzung ist natürlich auch hier, dass die Zeichen des Strings sich umwandeln lassen.

So wie es aussieht, kommt es häufiger vor, dass man ein altes Projekt behalten und das neue überarbeitete unter anderem Namen aufbewahren möchte. Denn alles neu schreiben, wenn es nur um einige Änderungen geht, muss ja nun wirklich nicht sein. Welche Erleichterungen bietet Eclipse?

- Klicke mit der rechten Maustaste auf den Projektnamen und wähle dann im Kontextmenü COPY (= Kopieren).

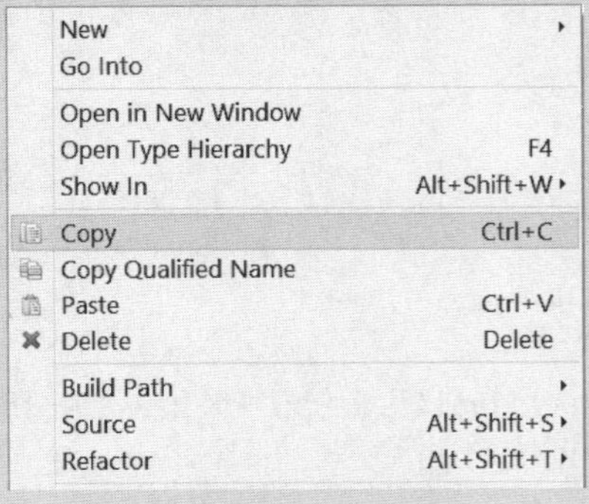

◇ Klicke mit der rechten Maustaste irgendwohin auf eine freie Stelle im Projektfenster links. Dann wähle im Kontextmenü PASTE (= Einfügen).

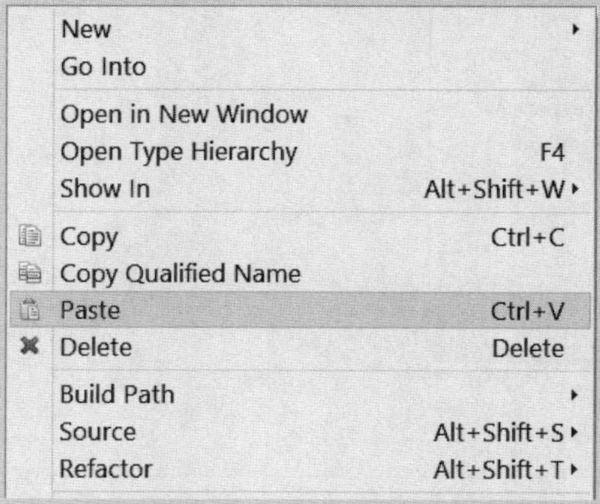

In einem Dialogfeld findet sich zuerst der Name des alten Projekts mit dem Vorsatz »Copy of«.

◇ Ändere den Namen um und klicke dann auf OK.

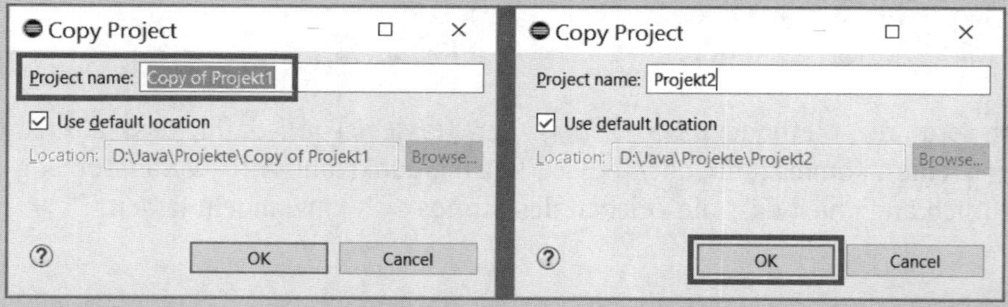

Du kannst zwar die Namen für Packages und Klassen beibehalten, weil sich ja alles in einem neuen Projektordner befindet. Willst du aber hier etwas umbenennen, so geht das so (und gilt natürlich auch für Projekte):

◇ Klicke mit der rechten Maustaste auf den Namen und wechsle dann im Kontextmenü über REFACTOR (= Umbilden) zum Eintrag RENAME (= Umbenennen).

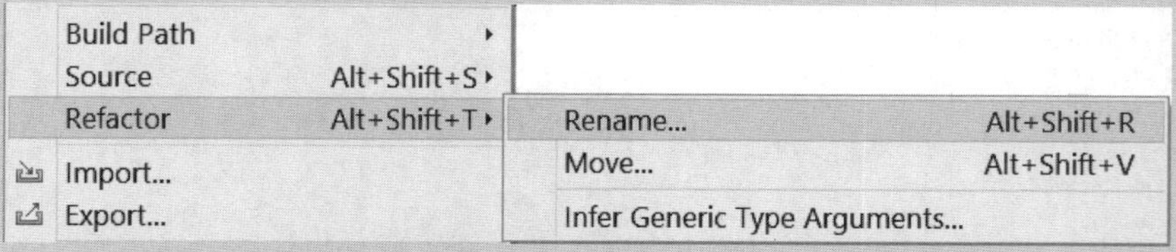

◇ Im Dialogfeld trägst du den neuen Namen ein und klickst auf OK bzw. FINISH. (Weitere Änderungen sind in der Regel nicht nötig.)

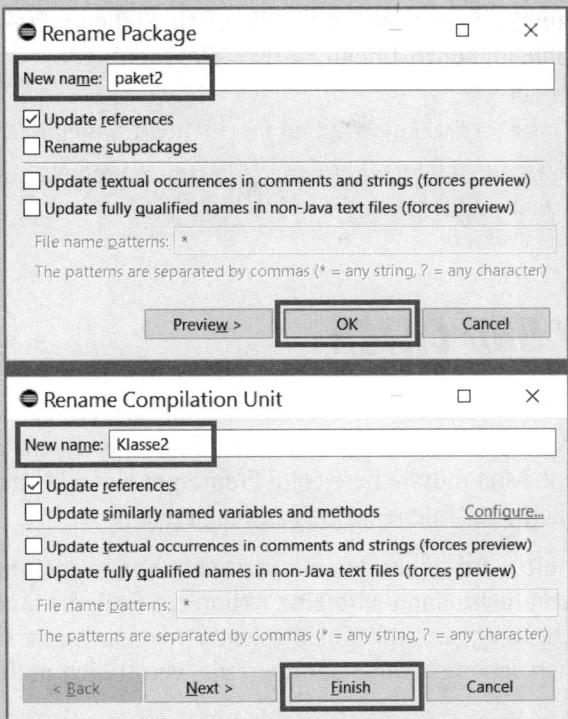

◇ Nun kann eine Warnmeldung auftauchen, die du aber mit Klick auf CONTINUE oder FINISH ignorieren darfst.

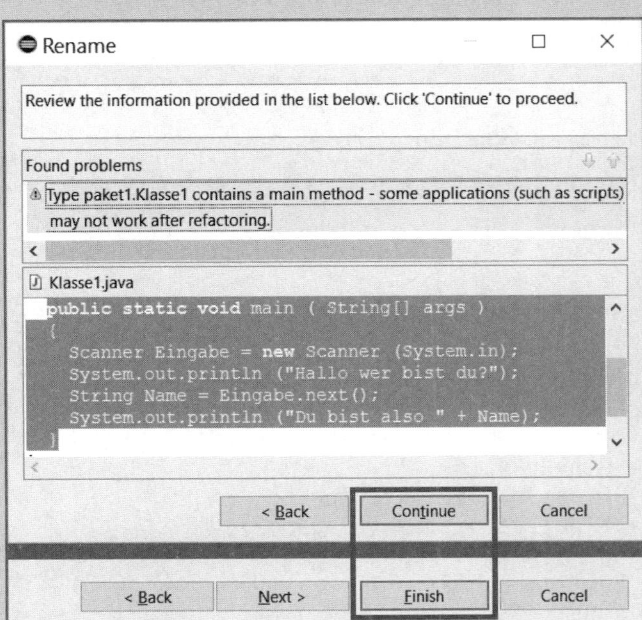

Ich jedenfalls habe bei keinem der Buch-Projekte Probleme bekommen, wenn ich etwas kopiert oder umbenannt habe. (Und du kannst dir denken, dass ich bemüht war, nicht allzu viel Quelltext neu zu erstellen.)

Anschließend sind auch die Klassen- und Paketnamen im Quelltext angepasst.

Ein anderer Weg zum Kopieren und Umbenennen von Projekten, Paketen und Klassen führt über die Menüs EDIT und REFACTOR.

DIE SACHE MIT TRY UND CATCH

Du als Programmierer kannst demjenigen, der dein Programm benutzt, nicht auf die Finger sehen. Es kann ja sein, dass der aus Versehen statt einer Zahl einen Buchstaben oder ein Satzzeichen eintippt. Man müsste bereits im Programm einen Mechanismus einsetzen, der es ermöglicht, auf solche Pannen zu reagieren.

Ein bestimmter Programmabschnitt wird sozusagen nur versuchsweise ausgeführt. Wenn das klappt, ist es gut. Wenn nicht, dann wird eine Aktion zur Fehlerbehandlung gestartet, die du selbst bestimmst. Und einen solchen Mechanismus für Exceptions gibt es in Java. (Da ich schon so lange darüber rede, verrate ich natürlich damit nichts Neues.)

Schauen wir uns den folgenden Quelltext näher an (→ MATHE3):

```
package rechnen3;
import javax.swing.*;

public class Mathe3
{
  public static void main (String[] args)
  {
    float Ergebnis = 0;
    String Text = "Ergebnis ist ";
    try
    {
      String Eingabe1 = JOptionPane.showInputDialog
        ("Gib eine Zahl ein:");
      String Eingabe2 = = JOptionPane.showInputDialog
        ("Gib noch eine Zahl ein:");
      String Operator = = JOptionPane.showInputDialog
        ("Und jetzt den Operator:");
      float Zahl1 = Float.parseFloat(Eingabe1);
      float Zahl2 = Float.parseFloat(Eingabe2);
      if (Operator.equals("+"))
        Ergebnis = Zahl1 + Zahl2;
      if (Operator.equals("-"))
```

```
        Ergebnis = Zahl1 - Zahl2;
      if (Operator.equals("*"))
        Ergebnis = Zahl1 * Zahl2;
      if (Operator.equals("/"))
        if (Zahl2 != 0) Ergebnis = Zahl1 / Zahl2;
        else Text = "Division durch null ";
    }
    catch (Exception x)
    {
        Text = "Versteh ich nicht! ";
    }
    if (Text.equals("Ergebnis ist "))
      Text = Text + Ergebnis;
    JOptionPane.showMessageDialog (null, Text);
  }
}
```

Mathe3.java

Es lohnt sich, das Pärchen aus `try` und `catch` einmal näher zu begutachten. Auch hier kann man von einer Kontrollstruktur sprechen:

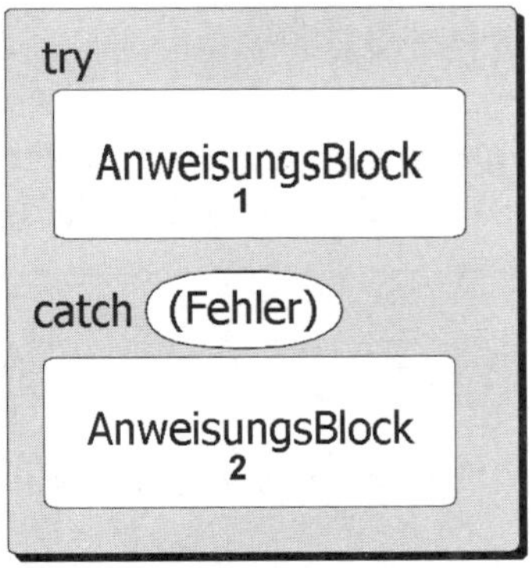

Zu Deutsch heißt das etwa so viel:

> VERSUCH erst mal, den ersten Anweisungsblock auszuführen,
> bei einem Fehler FANG diesen ab und führe den zweiten Anweisungsblock aus.

Zum Anweisungsblock für `try` gehören alle (bisherigen) Anweisungen des Projektes außer der letzten für die Anzeigebox, eingefasst in geschweifte Klammern.

```
try
{
```

```
  // hier stehen alle Anweisungen,
  // die "versuchsweise" ausgeführt werden sollen
}
```

Der Anweisungsblock für `catch` umfasst dann die Anweisungen, die ersatzweise ausgeführt werden sollen:

```
catch (Exception x)
{
  // hier stehen alle Anweisungen,
  // die einen Fehler auswerten
  // oder auf ihn hinweisen sollen
}
```

Als Parameter übernimmt `catch` den Fehlertyp, der auftreten kann. Hier steht `Exception x` für einen »beliebigen« Fehler.

Bei `try` und `catch` wird der Anweisungsblock **immer** mit geschweiften Klammern versehen, auch wenn dort nur eine einzige Anweisung steht!

Wie du siehst, habe ich die Gelegenheit genutzt, auch gleich auf die Division durch null zu reagieren. Zuerst wird ein neuer String vereinbart und mit dem Standardtext gefüllt:

```
String Text = "Ergebnis ist ";
```

Im Normalfall bleibt es bei diesem Text, bei einem Divisionsversuch durch null jedoch gibt es eine Neuzuweisung:

```
Text = "Division durch null ";
```

Dies gilt auch für den Fall, dass eine Eingabe sich nicht als Zahl auswerten lässt:

```
Text = "Versteh ich nicht! ";
```

Und nur, wenn der Inhalt der Variablen `Text` noch der alte ist, wird zusätzlich das Rechenergebnis angezeigt:

```
if (Text.equals("Ergebnis ist "))
  Text = Text + Ergebnis;
JOptionPane.showMessageDialog (null, Text);
```

ZUSAMMENFASSUNG

Das war's erst mal wieder. Doch ehe du dir eine wohlverdiente Ruhepause gönnst, wollen wir erst mal sehen, was von alledem noch hängen geblieben ist.

Deinen Java-Horizont hast du auf jeden Fall wieder um einiges erweitern können:

`int`	Typ für Variablen: Ganze Zahl
`float`	Typ für Variablen: Dezimalzahl
`if`	WENN eine Bedingung erfüllt ist, führe einen Anweisungsblock aus
`else`	SONST führe einen anderen Anweisungsblock aus
`try`	VERSUCHE, einen Anweisungsblock auszuführen
`catch`	FANGE einen misslungenen Versuch AB (Exception) und reagiere mit einem anderen Anweisungsblock
`=`	Einer Variablen etwas zuweisen (nur zur Erinnerung)
`+ - * /`	Operatoren für Grundrechenarten
`==`	Testen, ob gleich
`!=`	Testen, ob ungleich
`<`	Testen, ob kleiner
`<=`	Testen, ob kleiner oder gleich
`>`	Testen, ob größer
`>=`	Testen, ob größer oder gleich

Du weißt, dass bei `try` und `catch` Anweisungen mit geschweiften Klammern markiert werden müssen.

Auch ein paar neue Klassen und Methoden sind dir über den Weg gelaufen:

`String`	Klasse für Zeichenketten
`Integer`	Klasse für Ganzzahlen
`Float`	Klasse für Dezimalzahlen
`equals`	Testen von Strings auf Gleichheit
`parseInt`	String in Ganzzahl umwandeln
`parseFloat`	String in Dezimalzahl umwandeln
`showMessage-Dialog`	Eine Meldebox anzeigen

Und schließlich gibt es ab und zu auch mal »Nichts«:

`null`	Element, das den Wert »nichts« symbolisiert

EIN PAAR FRAGEN ...

1. Was ist der Unterschied zwischen »=« und »==«?
2. Wie lässt sich dieses Programmstück vereinfachen:

```
if (Zahl == 0) System.out.println ("Kein Kehrwert");
if (Zahl != 0) System.out.println (1/Zahl);
```

3. Welche Menüeinträge sind für das Kopieren und Umbenennen von Projekten, Paketen und Klassen zuständig?

... UND EIN PAAR AUFGABEN

1. Spendiere deinem *Hallo*-Projekt mit `showMessageDialog` eine komfortablere Anzeige.
2. Erstelle ein Projekt, in dem nach Eingabe einer Zahl deren Kehrwert berechnet und angezeigt wird. (Berücksichtige die Null!)
3. Schreibe ein Programm, das nach einem Kennwort (Password) fragt. Ist das eingegebene Wort richtig, erscheint eine Meldung »Alles OK«, ansonsten »Zugriff verweigert« – oder jeweils ein Text deiner Wahl.

3 Bedingungen

Nicht für jeden sind Zeugnisse etwas Hässliches. Kommt einfach drauf an, was drin steht. Wenn du zu viele Fünfen oder gar Sechsen hast, bist du wahrscheinlich recht unzufrieden. Besser wären Zweien und Dreien und vielleicht auch mal eine Eins. Hier bestimmst du mit einem *Zensur*-Programm die Noten selbst. Und anschließend darfst du sogar ein kleines Spielchen wagen.

In diesem Kapitel lernst du

- wie man Bedingungen verknüpft
- die Verwendung von `switch` und `case` kennen
- wozu `break` gut sein kann
- mit `while` eine neue Struktur für Schleifen kennen
- dass man größere Anweisungsblöcke klammern muss

Von 1 bis 6

Auf ein Neues! Dich erwartet nun schon dein drittes Projekt – nach dem *Hallo*- und dem *Mathe*-Programm.

Hast du im letzten Kapitel Eclipse beendet, ist wieder ein Neustart fällig – über START und AUSFÜHREN oder das Eclipse-Symbol.

Hast du Eclipse aber gar nicht verlassen und das *Mathe*-Projekt ist noch geöffnet, dann kannst du erst mal reinen Tisch machen:

≫ Klicke auf FILE und auf CLOSE (oder auf CLOSE ALL). Dann wird unter anderem der Quelltext aus dem Editorfenster entfernt.

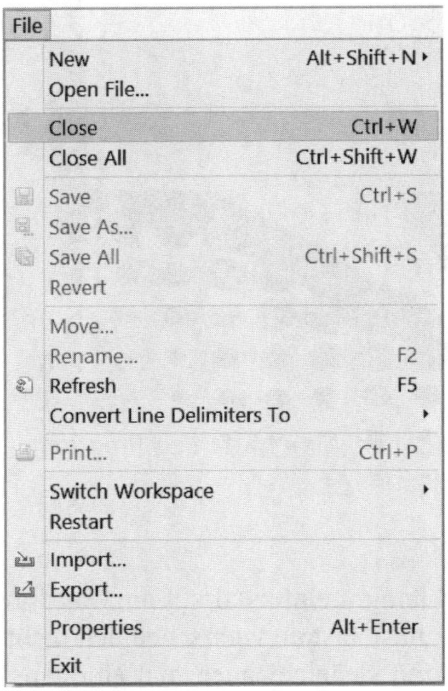

Du kannst aber auch das Projekt komplett »zumachen« (was nicht gleichbedeutend ist mit Löschen von der Festplatte), indem du mit der **rechten** Maustaste auf den Projektnamen klickst und im Kontextmenü auf den Eintrag und dann auf CLOSE PROJECT. Das Projekt lässt sich anschließend jederzeit wieder über OPEN PROJECT im selben Menü öffnen.

Das Programm, das wir jetzt erstellen, soll dir eine Zensur ausgeben, wenn du die Punkte eingibst, die du z.B. in einem schriftlichen Test erreicht hast. Natürlich ist auch Mogeln erlaubt.

Damit es nicht zu kompliziert wird, beginnen wir jedoch mit einer einfachen Version, die zu jeder Zahl von 1 bis 6 die entsprechende Zensur als Text anzeigt. Später erweitern wir unser Projekt dann entsprechend.

≫ Klicke dreimal auf FILE und NEW. Wähle jeweils PROJECT, PACKAGE und CLASS und gib dazu einen Namen ein – z.B. `Zensur1 (Noten1, Zensur1)`. Vollende deine Wahl mit Klicks auf FINISH.

Und so sollte der Quelltext unseres neuen Werkes dann aussehen (→ ZENSUR1):

```
package noten1;
import javax.swing.*;

public class Zensur1
{
  public static void main (String[] args)
  {
    String Note = JOptionPane.showInputDialog
      ("Gib eine Note von 1 bis 6 ein:");
    if (Note.equals("1")) Note = "sehr gut";
    if (Note.equals("2")) Note = "gut";
    if (Note.equals("3")) Note = "befriedigend";
    if (Note.equals("4")) Note = "ausreichend";
    if (Note.equals("5")) Note = "mangelhaft";
    if (Note.equals("6")) Note = "ungenügend";
    JOptionPane.showMessageDialog
      (null, "Das ist " + Note);
  }
}
```

Allzu viel Neues gibt es hier eigentlich nicht zu sehen. Man hätte den Programmtext allerdings auch so gestalten können (→ ZENSUR1A):

```
package noten1a;
import javax.swing.*;

public class Zensur1A
{
  public static void main (String[] args)
  {
    String Note = JOptionPane.showInputDialog
      ("Gib eine Note von 1 bis 6 ein:");
    int Wert = Integer.parseInt (Note);
    if (Wert == 1) Note = "sehr gut";
    if (Wert == 2) Note = "gut";
    if (Wert == 3) Note = "befriedigend";
    if (Wert == 4) Note = "ausreichend";
    if (Wert == 5) Note = "mangelhaft";
    if (Wert == 6) Note = "ungenügend";
    JOptionPane.showMessageDialog
      (null, "Das ist " + Note);
  }
}
```

Nun wird erst ein Zahlwert erzeugt, womit die Vergleichszeilen etwas einfacher aussehen.

VON FALL ZU FALL

So ein ständiges `if` kann schon mal lästig werden. Aber es gibt in Java eine interessante Alternative, die du dir mal anschauen solltest (→ ZENSUR2):

```
package noten2;
import javax.swing.*;

public class Zensur2
{
  public static void main (String[] args)
  {
    String Note = JOptionPane.showInputDialog
      ("Gib eine Note von 1 bis 6 ein:");
    int Wert = Integer.parseInt (Note);
    switch (Wert)
    {
      case 1: Note = "sehr gut";
      case 2: Note = "gut";
      case 3: Note = "befriedigend";
      case 4: Note = "ausreichend";
      case 5: Note = "mangelhaft";
      case 6: Note = "ungenügend";
    }
    JOptionPane.showMessageDialog
      (null, "Das ist " + Note);
  }
}
```

Das Ganze sieht aus wie eine Aufzählung. Eingeleitet wird sie durch das Wort `switch`, und jedem Anweisungsblock geht ein `case` voraus. Und wichtig ist, dass alles in geschweifte Klammern eingeschlossen wird.

Diese Struktur ist auch wieder eine **Kontrollstruktur**. Man spricht bei der `switch`-Struktur auch von **Fallunterscheidung** oder nennt sie ebenso wie die `if`-Struktur Verzweigung.

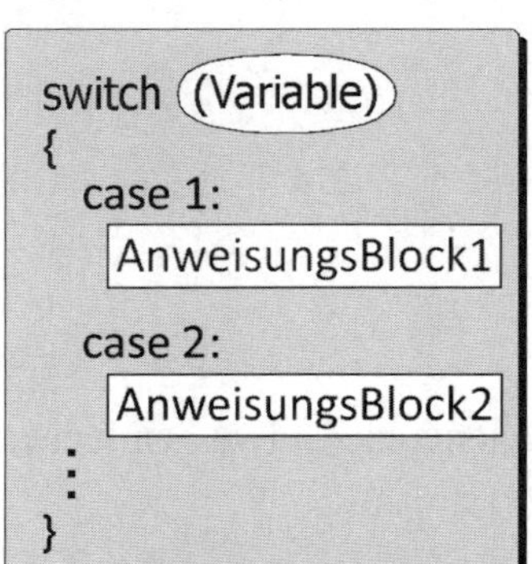

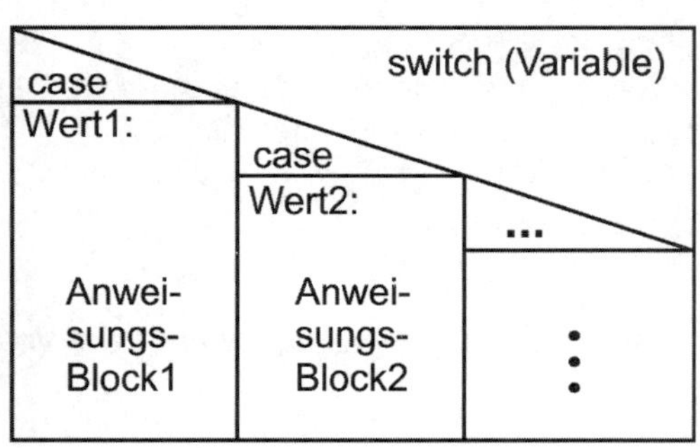

`switch` ist der Schalter, der eine Variable übernimmt. Und je nach Fall (`case`) wird zur entsprechenden Anweisung verzweigt.

Das, was hier ausgewertet wird, heißt hier (zufällig) `Wert` – könnte aber auch beispielsweise `Zensur` oder `Zahl` heißen:

```
switch (Wert)
```

Es folgt die Liste aller Werte, die ausgewertet werden sollen, jeweils eingeleitet mit `case` und vom zugehörigen **Anweisungsblock** durch einen Doppelpunkt (:) getrennt.

> Auch hier könnten mehrere Anweisungen stehen, die dann mit geschweiften Klammern eingefasst werden müssen.

≫ Ändere das Programm entsprechend, indem du die `if`-Struktur durch die `switch`-Struktur ersetzt. Dann lass das Ganze laufen.

> Und gleich kommt eine **Einschränkung**: Bei Strings und Dezimalzahlen lässt sich diese Struktur nicht einsetzen, da müssen wir bei `if` und `else` bleiben.

Offenbar gibt es hier bereits Probleme, denn die Tücken der `switch`-Struktur werden in diesem Programmbeispiel sofort sichtbar, wenn du nicht gerade eine 6 wählst: Immerzu gibt es ein »Ungenügend«!

Nicht besser sieht es aus, wenn wir hinter jedem `case`-Zweig die Zuweisung durch eine direkte Ausgabeanweisung ersetzen (→ ZENSUR2A):

```
switch (Wert)
{
  case 1: System.out.println ("sehr gut");
  case 2: System.out.println ("gut");
  case 3: System.out.println ("befriedigend");
  case 4: System.out.println ("ausreichend");
  case 5: System.out.println ("mangelhaft");
  case 6: System.out.println ("ungenügend");
}
```

Auch hier würde nach Eingabe einer 6 das Ganze wie gewohnt funktionieren (bloß, dass die Anzeige nun wieder unten in einem Fenster von Eclipse auftaucht).

Solltest du jedoch einen anderen Wert eingeben – etwa eine 1 –, dann bekommst du gleich alle möglichen Zensurentexte serviert:

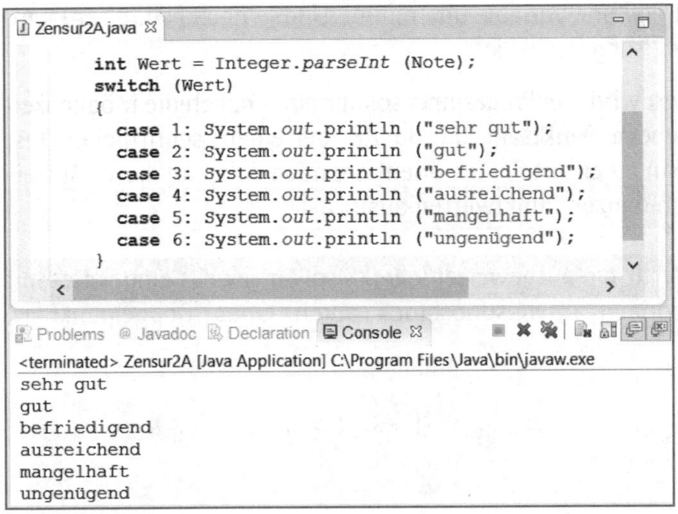

Da rutscht also etwas von Zweig zu Zweig durch. Es helfen also nur ein paar gezielte Bremsungen (→ ZENSUR2B):

```
switch (Wert)
{
  case 1: System.out.println ("sehr gut");     break;
  case 2: System.out.println ("gut");          break;
  case 3: System.out.println ("befriedigend"); break;
  case 4: System.out.println ("ausreichend");  break;
  case 5: System.out.println ("mangelhaft");   break;
  case 6: System.out.println ("ungenügend");   break;
  default: System.out.println ("Quatsch!");
}
```

Mit einem `break` bleiben wir nun an der richtigen Abzweigung »hängen«. Und dann dürfte auch diese Programmvariante funktionieren.

> Die Sache mit dem `break` ist eine ärgerliche Eigenheit, die Java von C++ übernommen hat. In Pascal und Basic dagegen kommen die vergleichbaren Kontrollstrukturen ohne »Unterbrechung« aus. Wie du gesehen hast, gibt es Fälle, wo es nicht weiter stört, das abschließende `break` mal zu vergessen, in anderen Fällen kann es zu Fehlern im Programmverlauf führen.

Bei dieser Gelegenheit sollst du noch eine zusätzliche Möglichkeit kennen lernen, die dem `else` bei der `if`-Struktur entspricht: Mit `default` werden alle Werte bedient, die nicht in der `case`-Liste aufgeführt sind.

PUNKT FÜR PUNKT

Die nächste Version unseres *Zensur*-Programms soll dir nun endlich die Möglichkeit geben, für eine eingegebene Punktzahl, die du z.B. bei einem schriftlichen Test erreicht hast, deine Zensur zu ermitteln. Ich orientiere mich dabei an dieser Aufteilung (und gehe dabei von ganzen Punktwerten aus):

Punkte von	Punkte bis	Note (Text)	Note (Zahl)
0	19	ungenügend	6
20	39	mangelhaft	5
40	59	ausreichend	4
60	74	befriedigend	3
75	89	gut	2
90	100	sehr gut	1

Du kannst natürlich diese Unterteilung nach Belieben ändern, wenn du willst. Ein neues Projekt ist nicht nötig. Wir bauen einfach unser *Zensur*-Projekt ein wenig um. Fangen wir wieder mit der besten Zensur an:

```
WENN die Punktzahl zwischen 90 und 100 liegt,
dann zeige eine Eins bzw. "sehr gut" an.
```

Bequem wäre eine solche Lösung:

```
if (Punkte between 90 and 100) Note = "sehr gut (1)";
```

Leider gibt es Java so etwas wie `between` direkt nicht. Hier ist also schon wieder mal die Mathematik gefragt. Versuchen wir's mal so: Auf jeden Fall muss der Punktwert größer oder gleich 90 sein: Als Bedingung formuliert sieht das dann so aus:

```
(Punkte >= 90)
```

Außerdem sind es bei einer Eins maximal 100 Punkte. Das ergibt diese Bedingung:

```
(Punkte <= 100)
```

Nun müssen wir beide noch miteinander verknüpfen. Das erledigt ein Operator, der dem Wort »and« entspricht:

```
(Punkte >= 90) && (Punkte <= 100)
```

Die (runden) Klammern sind wichtig, damit Java genau erkennen kann, was zur ersten und was zur zweiten Bedingung gehört! Dazu kommen dann weitere Klammern für die `if`-Struktur.

Und jetzt das Ganze noch einmal – für alle anderen fünf Zensuren. Dann sieht der Quelltext bei mir jetzt so aus (→ ZENSUR3):

```
package noten3;
import javax.swing.*;

public class Zensur3
{
  public static void main (String[] args)
  {
    String Note = JOptionPane.showInputDialog
      ("Gib deine Punktzahl ein:");
    int Wert = Integer.parseInt (Note);
    if ((Wert >= 90) && (Wert <= 100))
      Note = "sehr gut (1)";
    if ((Wert >= 75) && (Wert < 90))
      Note = "gut (2)";
    if ((Wert >= 60) && (Wert < 75))
      Note = "befriedigend (3)";
    if ((Wert >= 40) && (Wert < 60))
      Note = "ausreichend (4)";
    if ((Wert >= 20) && (Wert < 40))
      Note = "mangelhaft (5)";
    if ((Wert >=  0) && (Wert < 20))
      Note = "ungenügend (6)";
    if ((Wert <   0) || (Wert > 100))
      Note = "Quatsch!";
    JOptionPane.showMessageDialog
     (null, "Das ist " + Note);
  }
}
```

Zensur3.java

UND UND ODER, ODER?

Kriegst du alle Bedingungen zusammen? Wenn du genau hinsiehst, entdeckst du sogar neben dem ständigen doppelten »&« (Tasten [Shift] [6]) noch ein doppeltes »|« (Tasten [AltGr] [<]) so ziemlich am Programmende.

Diese beiden Symbole werden als **Verknüpfungsoperatoren** bezeichnet. Wie der Name schon sagt, sind sie sozusagen der Klebstoff, mit dem man mehrere Bedingungen zusammenfügen kann. Man kann dazu auch And-Operator bzw. Or-Operator sagen. Dabei haben sie diese Bedeutung:

<table>
<tr><th>Symbol</th><th>Name</th><th>Bedeutung</th></tr>
<tr><td>&&</td><td>UND (and)</td><td>Hier müssen alle Bedingungen erfüllt sein, damit der zugehörige Anweisungsblock ausgeführt wird.</td></tr>
<tr><td>||</td><td>ODER (or)</td><td>Hier muss nur eine Bedingung erfüllt sein, damit der zugehörige Anweisungsblock ausgeführt wird.</td></tr>
</table>

Klar ist, dass für alle Zensuren jeweils **beide** Bedingungen erfüllt sein müssen. Aber da ist ja noch eine weitere `if`-Anweisung:

```
if ((Wert <   0) || (Wert > 100)) Note = "Quatsch!";
```

Die ist für den Fall, dass du bei der Eingabe deiner Punkte mal mogelst: Mehr als 100 Punkte sind nämlich nicht erlaubt, daher die Bedingung

```
Punkte > 100
```

Negative Zahlen sind ebenfalls nicht zulässig, denn du sollst dich ja auch nicht schlechter als »Ungenügend« machen! Deshalb diese Bedingung:

```
Punkte < 0
```

Eine von beiden kann ja nur gelten. (Oder kennst du eine Zahl, die negativ ist und größer als 100?) Also ist hier das »&&« fehl am Platz und muss dem »||« weichen.

Und jetzt solltest du mal sehen, ob das Programm wirklich auch leistet, was es verspricht.

≫ Passe den Quelltext an, dann lass das Programm laufen und gib auch mal ein paar Mogelzahlen ein. (Hüte dich jedoch davor, es mit anderen Zeichen als Ziffern zu versuchen.)

EIN KLEINES SPIELCHEN

Wie wäre es jetzt mit einem Spielchen? Nichts mit 3D-Grafik und Stereosound, nur ganz einfach. Aber Spaß machen kann es trotzdem.

Worum geht es? Der Computer denkt sich eine Zahl aus – sagen wir zwischen 1 und 1000. Und du hast die Aufgabe, diese Zufallszahl mit möglichst wenigen Versuchen zu erraten.

Auf jeden Fall landen wir damit schon beim nächsten neuen Projekt.

≫ Das erstellst du über FILE und NEW und hintereinander mit PROJECT, PACKAGE und CLASS und einem Namen ein – z.B. `Raten1 (Zufall1, Raten1)`.

Nun brauchen wir zuerst eine Methode, die eine zufällige Zahl erzeugt. Die finden wir in der Klasse `Math` unter dem Namen `random`. Der Haken dabei ist, dass diese Funktion nur Zahlen zwischen 0 und 1 erzeugt (wobei zu beachten ist, dass die Null mit »drin« ist, die Eins aber »draußen« bleibt).

Weil wir Zahlen zwischen 1 und 1000 brauchen, nehmen wir das Ergebnis von `random` einfach mal 1000:

```
int Zufall = Math.random()*1000;
```

Damit haben wir allerdings immer noch keine ganzen Zahlen (die wir zum Raten aber brauchen). Da kommt uns dieser kleine Vorsatz zur Hilfe:

```
int Zufall = (int) ( Math.random()*1000);
```

Nun liegen wir im Bereich von 0 und 999. Durch Addition von 1 verschieben wir diesen Bereich, damit es endlich passt:

```
int Zufall = (int)( Math.random()*1000)+1;
```

Vielleicht findest du die zwei Klammern hinter `random` ein wenig seltsam, weil darin nichts steht, die Klammern also leer sind. Das ist eine Eigenart, die Java von C bzw. C++ übernommen hat.

Alle Methoden besitzen diese Klammern. Bei manchen sind sie leer (`random`), bei anderen steht darin ein Parameter oder es können wie bei der Methode `println` sogar mehrere sein.

Versuchen wir es nun mit unserer Anfangsfassung für das Ratespiel:

```
package zufall1;
import javax.swing.*;

public class Raten1
{
  public static void main (String[] args)
  {
    int Zufall = (int)(Math.random()*1000)+1;
    String Eingabe =
      JOptionPane.showInputDialog ("Rate mal:");
    JOptionPane.showMessageDialog
```

```
      (null, "Die Zahl ist " + Zufall);
  }
}
```

Von einem echten Spiel kann man hier wahrlich nicht reden, es ist auch eher ein Test, welche Zahl der PC sich ausgedacht hat. Deshalb gehen wir gleich einen Schritt weiter und setzen dazu auch wieder eine unserer Kontrollstrukturen ein (→ RATEN1):

```
package zufall1;
import javax.swing.*;

public class Raten1
{
  public static void main (String[] args)
  {
    int Zufall = (int)(Math.random()*1000)+1;
    String Eingabe =
      JOptionPane.showInputDialog ("Rate mal:");
    int Zahl = Integer.parseInt(Eingabe);
    if (Zahl < Zufall)
      Eingabe = Eingabe + " ist zu klein";
    if (Zahl > Zufall)
      Eingabe = Eingabe + " ist zu groß";
    if (Zahl < Zufall)
      Eingabe = Eingabe + " ist richtig!";
    JOptionPane.showMessageDialog
      (null, "Die Zahl " + Eingabe);
  }
}
```

≫ Tippe den Quelltext ein und lass das Projekt laufen.

Ich habe hier aus Bequemlichkeit die Stringvariable `Eingabe` gleich für die Ausgabe mitverwendet. So hast du eine Orientierung, in welche Richtung du weiterraten musst, um zur richtigen Zahl zu kommen. Allerdings ist dann das Spiel aber auch schon wieder zu Ende.

DIE WHILE-STRUKTUR

Nur ein einziges Mal Raten ist nun wirklich zu wenig! Wie soll man da eine Zahl von 1000 möglichen rauskriegen? Und auch wenn man das Projekt mehrmals laufen lässt, bringt das nichts: Denn dein PC denkt sich ja bei jedem Programmstart eine neue Zahl aus.

Spaß kann so ein Spiel nur machen, wenn man mehrere Male raten kann. Dazu müsste das Programm automatisch wiederholt werden. Und das geht nur mit einer neuen Struktur, die in Java so aussieht (→ RATEN2):

```
package zufall2;
import javax.swing.*;

public class Raten2
{
  public static void main (String[] args)
  {
    int Zufall = (int)(Math.random()*1000)+1;
    String Eingabe = ""; int Zahl = 0;
    while (Zahl != Zufall)
    {
      Eingabe = JOptionPane.showInputDialog
       ("Rate mal:");
      Zahl = Integer.parseInt(Eingabe);
      if (Zahl < Zufall)
        Eingabe = Eingabe + " ist zu klein";
      if (Zahl > Zufall)
        Eingabe = Eingabe + " ist zu groß";
      if (Zahl == Zufall)
        Eingabe = Eingabe + " ist richtig!";
      JOptionPane.showMessageDialog
        (null, "Die Zahl " + Eingabe);
    }
  }
}
```

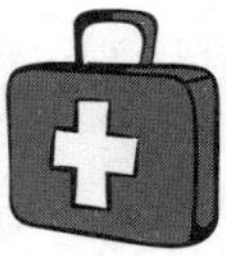

Das mit den vielen Klammern verwirrt allmählich? Dann hilft es vielleicht, für den besseren Überblick jede schließende Klammer mit einem kurzen Kommentartext zu versehen, z.B. im letzten Quelltext:

```
    }  // while
  }    // main
}      // class
```

Das Zauberwörtchen heißt ganz einfach `while`. Nehmen wir das Ganze gleich mal unter die Lupe:

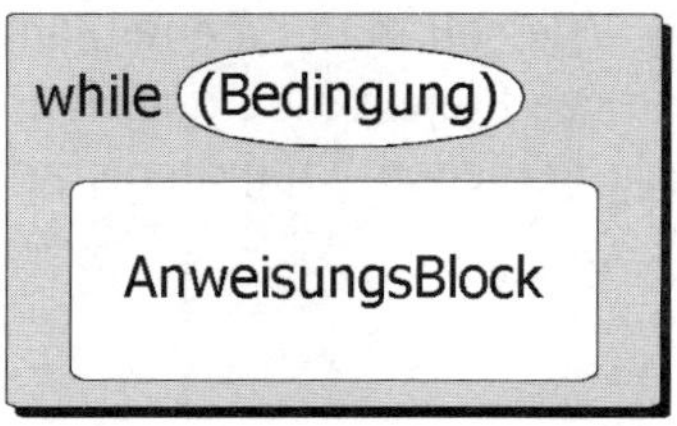

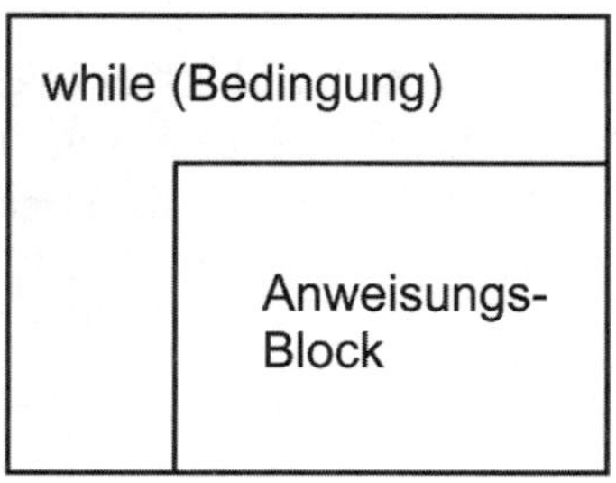

Zu Deutsch heißt das:

SOLANGE eine bestimmte Bedingung erfüllt ist,
soll der Computer einen Anweisungsblock WIEDERHOLEN.

Hier heißt die **Bedingung**:

```
(Zahl != Zufall)
```

Im **Anweisungsblock** stehen die Anweisungen für die Eingabe deiner geratenen Zahl sowie die Auswertung, ob kleiner oder größer. Und weil das hier gleich mehrere Anweisungen sind, müssen wir dem Computer klarmachen, wo der Wiederholungsblock anfängt und wo genau er aufhört.

Durch das `while` weiß der Computer zwar, wo die Schleife beginnt, aber nicht, dass sie erst einige Anweisungen später aufhören soll. Er nimmt erst einmal an, dass nur die erste Anweisung hinter dem `while` zur Schleife gehört. Das ist vergleichbar mit der `if`-Struktur.

Bei Verwendung von geschweiften Klammern wird eindeutig markiert, wo der Anweisungsblock beginnt und wo er endet. So lassen sich beliebig viele Anweisungen in einem solchen Block unterbringen.

Das Ganze nennt man `while`-Struktur, womit wir eine weitere **Kontrollstruktur** hätten.

DEIN PC ZÄHLT MIT

Mit einiger Übung (und Überlegung) dürfte es dir nicht schwer fallen, mit maximal 10 bis 15 Versuchen auszukommen. Um das zu kontrollieren, lassen wir jetzt den Computer deine Rateversuche mitzählen.

Dazu brauchen wir eine neue Variable, nennen wir sie `Versuche`. Die muss natürlich vereinbart werden, und zwar als `int`.

Als Startwert erhält `Versuche` erst einmal den Wert 0 – weil ja noch nicht geraten wurde:

```
int Versuche = 0;
```

Mit jedem Rateversuch muss dieser Wert dann um 1 weitergezählt werden. Das könnte diese Zuweisung erledigen:

```
Versuche = Versuche + 1;
```

Dein PC holt sich den aktuellen Wert der Variablen `Versuche` und addiert eine 1 dazu. Dann weist er das Ergebnis der Variablen `Versuche` wieder zu. Dadurch ist der neue Wert nun um 1 größer als der alte.

> Wie du siehst, ist eine **Zuweisung** keine Gleichung, wie du sie aus dem Matheunterricht kennst! (Welche Zahl sollte das sein, für die `Versuche = Versuche + 1` gilt?)
>
> Vielleicht würde ein Pfeil diesen Vorgang besser erklären:
>
> `Versuche ← Versuche + 1`

Wir werden die Zuweisung `Versuche = Versuche + 1` nicht benutzen. Java bietet uns nämlich eine kürzere Möglichkeit:

```
Versuche++;
```

Dass Java eine gewisse Vorliebe für Verdopplungen hat, kennst du ja inzwischen auch z.B. von »==«, »&&« und »||«. Und so ist es auch nicht verwunderlich, dass auch das Herunterzählen möglich ist:

```
Versuche--;  // entspricht: Versuche = Versuche - 1;
```

> Unter Fachleuten spricht man beim Heraufzählen von **Inkrementieren** und das Herunterzählen wird auch **Dekrementieren** genannt. Übrigens ginge das auch in größeren Schritten und würde dann z.B. so aussehen:
>
> ```
> x+=2;   // Inkrementieren in  2er-Schritten
> x-=10;  // Dekrementieren in 10er-Schritten
> ```

ABBRUCH BEI UNLUST?

Etwas komfortabler ist das Spiel geworden, aber noch bequemer wäre eine Möglichkeit, auch mal frühzeitig auszusteigen, wenn man keine Lust mehr hat. Nehmen wir dazu die Eingabe einer Null für das Verlassen der Schleife. Bloß: Wie kommen wir da raus? Indem wir eine kleine Anweisung benutzen, deren Eingabe uns bei der switch-Struktur noch lästig war:

```
if (Zahl == 0) break;
```

Mit break kann man grundsätzlich eine Kontrollstruktur verlassen (diese Abbruchmethode funktioniert also auch z.B. in if-Blöcken). Wenn du gleich zu Anfang oder nach zahlreichen frustrierten Rateversuchen eine Null eintippst, wird das Spiel elegant beendet.

Und damit sehen die kompletten Änderungen im *Raten*-Projekt jetzt so aus (→ RATEN3):

```
package zufall3;
import javax.swing.*;

public class Raten3
{
  public static void main (String[] args)
  {
    int Zufall = (int)(Math.random()*1000)+1;
    String Eingabe = ""; int Zahl = 0;
    int Versuche = 0;
    while (Zahl != Zufall)
    {
      Eingabe = JOptionPane.showInputDialog
        ("Rate mal:");
      Zahl = Integer.parseInt(Eingabe);
      if (Zahl == 0) break;
      Versuche++;
      if (Zahl < Zufall)
        Eingabe  = Eingabe + " ist zu klein";
      if (Zahl > Zufall)
        Eingabe  = Eingabe + " ist zu groß";
      if (Zahl == Zufall)
        Eingabe = Eingabe + " ist richtig!";
      JOptionPane.showMessageDialog
        (null, "Die Zahl " + Eingabe);
    }
    JOptionPane.showMessageDialog
      (null, "Das waren " + Versuche + " Versuche");
  }
}
```

Raten3.java

≫ Tipp alles ein und spiele, so lange du Lust hast! (Und wenn du willst, kannst du ja mal den Zufallsbereich von 1000 auf z.B. 50000 erhöhen?)

ZUSAMMENFASSUNG

Nun hast du neben einigen kleinen Zeugnisprojekten dein erstes Spiel programmiert. An professionelle Produkte reicht es zwar nicht heran, doch es ist »selfmade« (= selbst gemacht) – und das ist doch schon was!

Dabei hast du wieder ein paar neue Java-Wörter kennen gelernt bzw. einige alte wiedererkannt:

`random`	Erzeugung einer Zufallszahl (zwischen 0 und 1)
`switch`	SCHALTE um auf einen Anweisungsblock
`case`	FALLS eine Variable einen bestimmten Wert hat (ist der folgende Anweisungsblock auszuführen)
`break`	ABBRUCH, damit eine Variable nicht zu den anderen Zweigen »durchrutscht«
`while`	SOLANGE eine Bedingung erfüllt ist, führe einen Anweisungsblock aus
`break`	eine Schleife oder Verzweigung vorzeitig verlassen
`&&`	Bedingungen verknüpfen (UND): Alle müssen erfüllt sein
`||`	Bedingungen verknüpfen (ODER): Eine muss erfüllt sein
`++`	Variablenwert um 1 heraufzählen (Inkrementieren)
`--`	Variablenwert um 1 herunterzählen (Dekrementieren)
`()`	runde Klammern für Bedingungen oder Parameter
`{}`	geschweifte Klammern für Anweisungsblöcke

Du weißt, dass Anweisungsblöcke mit geschweiften Klammern markiert werden müssen, wenn sie aus mehr als einer Anweisung bestehen (bei `try` und `catch` immer).

EIN PAAR FRAGEN ...

1. Was hältst du davon, im *Raten*-Programm den `else`-Zweig so zu verwenden:

```
if (Eingabe < Zufall)
  Eingabe  = Eingabe + " ist zu klein";
else
  Eingabe  = Eingabe + " ist zu groß";
```

2. Passen beide Zuweisungen, wenn man Zufallswerte für Noten erzeugen will?

```
Zensur = (int)(Math.random(6))+1;
Zensur = (int)(Math.random(7));
```

... UND EIN PAAR AUFGABEN

1. Spendiere der letzten Version des *Zensur*-Programms eine `try-catch`-Struktur, damit auch Fehleingaben abgefangen werden, die keine Zahlen sind.
2. Das Ratespiel kann ebenfalls eine solche Struktur vertragen.
3. Programmiere ein kleines Projekt, das ein Würfelspiel oder ein Münzspiel simuliert.

4 SCHLEIFEN UND FELDER

Vielleicht macht dir das Ratespiel aus dem letzten Kapitel Spaß, obwohl es nicht auf dem neuesten Stand der Technik ist und es auch nichts zu gewinnen gibt. Es wird ohnehin längst nicht jeder gleich beim ersten Gewinn zum Millionär. Aber wenn man das Geld irgendwo anlegt und ein paar Jahre warten kann, dann hat man vielleicht irgendwann die erste Million zusammen.

Dein PC kann dir dabei helfen, diesen Zeitpunkt herauszufinden. Außerdem bringen wir ihm noch ein bisschen Lotto-Spielen bei.

In diesem Kapitel lernst du

- etwas über die Verwendung von `do` und `while`
- mit `for` eine weitere Schleifenstruktur kennen
- wie man Konstanten einsetzt
- einiges über Felder (Arrays)

AUF DEM WEG ZUM MILLIONÄR

Reich werden kann man mit ein bisschen Programmieren nicht, aber man kann ja mal so tun als ob! Und so landen wir gleich beim nächsten Projekt.

≫ Erzeuge das Projekt über FILE und NEW sowie die Einträge PROJECT, PACKAGE und CLASS.

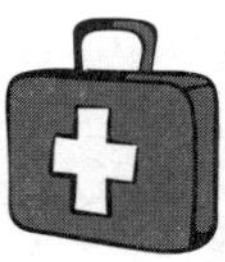

Mit der Zeit sammeln sich eine ganze Reihe Projekte an, die dann auch in der Liste von Eclipse mitgeführt werden – wie du links im Fenster sehen kannst.

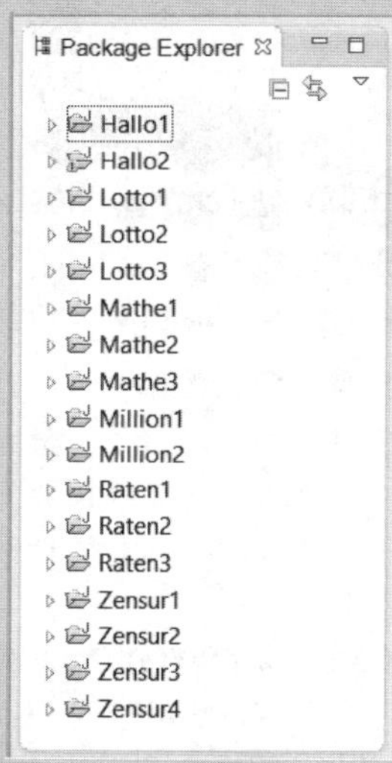

Um ein Projekt wieder aus dieser Sammlung zu entfernen, gehst du folgendermaßen vor:

◇ Klicke mit der rechten Maustaste auf den Projektnamen in der Liste und öffne damit ein Kontextmenü.

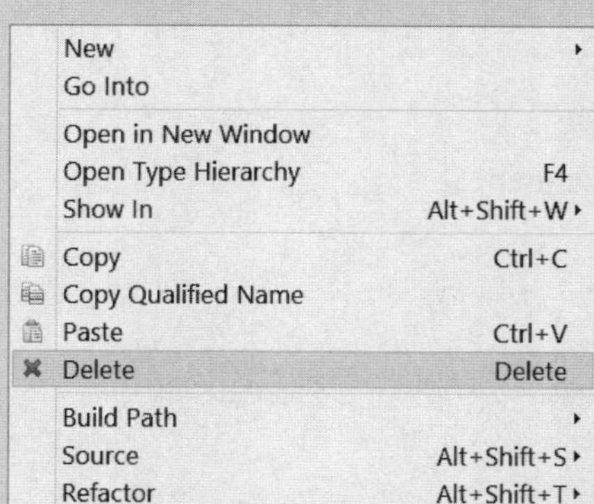

- Klicke dort auf den Eintrag DELETE.
- Im folgenden Dialogfeld sorgst du dafür, dass die Einstellung DELETE PROJECT CONTENTS ON DISK **nicht** aktiviert ist. Klicke dann auf OK.

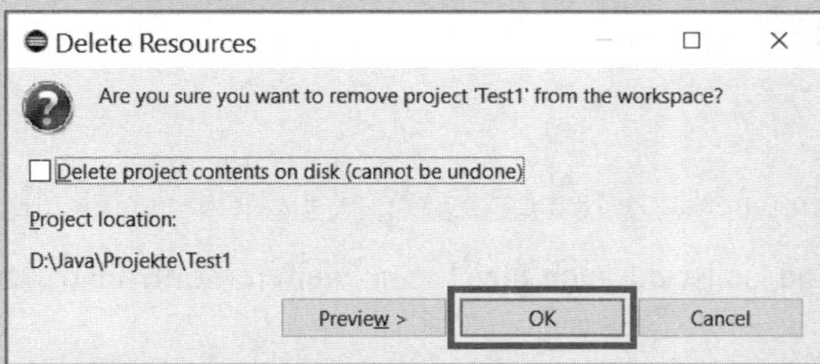

Bei der Einstellung DELETE PROJECT CONTENTS ON DISK wird der Projektordner samt Inhalt komplett gelöscht. Ansonsten wird nur die Verbindung zu Eclipse gelöst.

Stell dir vor, du legst eine bestimmte Menge Geld an und willst erfahren, wie lange es dauern kann, bis du mit dieser Investition zum Millionär wirst.

Als Erstes benötigen wir eine ganze Menge an Variablen. Weil es hier um Euro und Cent geht, sind `Kapital`, `Zinsen` und `Prozent` mit `float` als Dezimalzahlen vereinbart. Für Laufzeit dagegen genügt `int`, weil hier in ganzen Jahren gemessen werden soll.

Zuerst wird eingegeben, wie viel Geld du anlegen willst (`Kapital`). Dann muss der Computer auch noch wissen, wie hoch der Zinssatz ist (`Prozent`).

Erst dann können die `Zinsen` berechnet werden. Dazu ist jetzt ein bisschen Zinsrechnung nötig. Falls du das noch nicht im Matheunterricht gehabt (oder wieder vergessen) hast, ist das nicht weiter schlimm. Glaub mir einfach, dass es stimmt. Was passiert nun im Einzelnen?

Erst mal werden die Zinsen berechnet, die in einem Jahr anfallen:

```
Zinsen = Kapital * Prozent / 100;
```

Dann werden sie zum Kapital dazugezählt:

```
Kapital = Kapital + Zinsen;
```

Diese Anweisungen soll der Computer nun so lange wiederholen, bis er die Million erreicht hat. Und weil es bei jeder Wiederholung ein Jahr mehr wird, muss die Laufzeit dabei um 1 erhöht werden:

```
Laufzeit++;
```

Für den nötigen »Rundlauf« sorgt die schon aus dem letzten Kapitel bekannte `while`-Struktur:

```
while (Kapital < 1000000)
{
  Zinsen = Kapital * Prozent / 100;
  Kapital = Kapital + Zinsen;
  Laufzeit++;
}
```

Wo wir schon mal dabei sind, sollst du auch gleich eine weitere **Kontrollstruktur** kennen lernen:

```
do
{
  Zinsen = Kapital * Prozent / 100;
  Kapital = Kapital + Zinsen;
  Laufzeit++;
}
while (Kapital < 1000000);
```

Ebenso wie bei `while` handelt es sich auch hier um eine **Schleife**, die im ersten Moment doch fast genau so wie die `while`-Struktur aussieht. Aber eben nur fast.

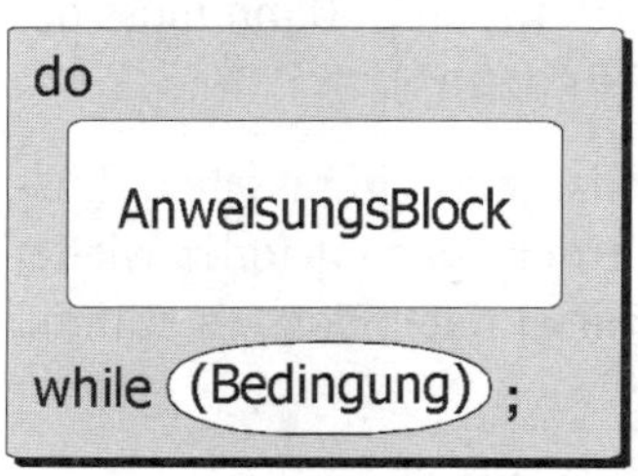

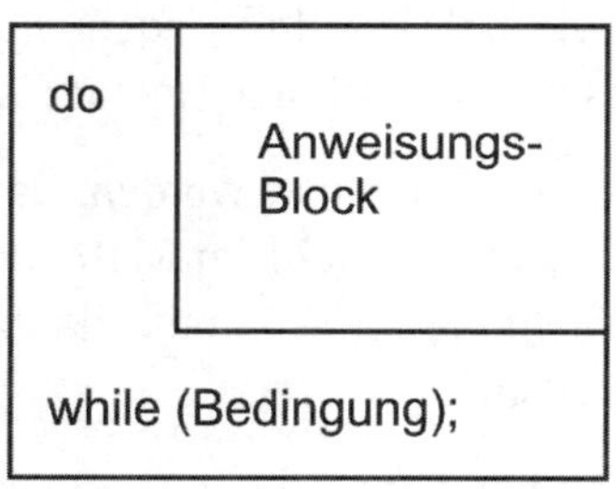

Zu Deutsch heißt das:

> Der Computer soll einen Anweisungsblock WIEDERHOLEN,
> SOLANGE eine bestimmte Bedingung erfüllt ist.

Was ist denn nun der Unterschied? Schau dir dazu mal diese kleine Tabelle an:

	while	do-while
Bedingung steht	am Anfang der Schleife	am Ende der Schleife
Bedingung erfüllt	Schleife wird wiederholt	Schleife wird wiederholt

Weil die Bedingung bei `while` am Schleifenanfang steht, ist es durchaus möglich, dass der Anweisungsblock in der Schleife auch mal gar nicht ausgeführt wird.

In unserer **ersten** Fassung vom *Million*-Programm ist das der Fall, wenn eine Zahl eingegeben wird, die eine Million oder mehr beträgt. Dann wird erst gar keine Berechnung durchgeführt, weil sie unnötig ist. Anders in einer geänderten **zweiten** Version mit `do-while`, wie du beim Test des Programms sehen wirst. Dazu muss es aber erst einmal vollständig sein.

SCHLEIFENVARIATIONEN

Hier der komplette Quelltext für die `while`-Version (→ MILLION1):

```
package kohle1;
import javax.swing.*;

public class Million1
{
  public static void main (String[] args)
  {
    String Eingabe = ""; float Zinsen = 0;
    Eingabe = JOptionPane.showInputDialog
      ("Wie viel Geld willst du anlegen?");
    float Kapital = Float.parseFloat(Eingabe);
    Eingabe = JOptionPane.showInputDialog
      ("Wie hoch soll der Zinssatz sein?");
    float Prozent = Float.parseFloat(Eingabe);
    int Laufzeit = 0;
    while (Kapital < 1000000)
    {
      Zinsen = Kapital * Prozent / 100;
      Kapital = Kapital + Zinsen;
      Laufzeit++;
    }
    if (Laufzeit > 0)
      JOptionPane.showMessageDialog (null,
        "Dein Geld muss " + Laufzeit
        + " Jahre auf der Bank braten");
    else
      JOptionPane.showMessageDialog (null,
        "Willkommen im Club der Millionäre!");
  }
}
```

Million1.java

≫ Tippe diesen Text im Editorfenster ein. Dann teste das Programm mit den Werten 1, 1000 und 1000000 für `Kapital` (Zinssatz nach Belieben).

Wie du siehst, braucht es seine Zeit, wenn das Startkapital klein und der Zinssatz nicht sehr hoch ist. Und bei einem Einsatz von einer Million wirst du gleich im Club der Millionäre willkommen geheißen. Das regelt eine `if-else`-Struktur mit diesen Anweisungen:

```
if (Laufzeit > 0)
  JOptionPane.showMessageDialog
    (null, "Dein Geld muss " + Laufzeit
     + " Jahre auf der Bank braten");
else
  JOptionPane.showMessageDialog
    (null, "Willkommen im Club der Millionäre!");
```

≫ Ändere die `while`-Schleife in eine `do-while`-Struktur um (→ MILLION1A).

Beim Testen des Programms mit einer Million Startkapital wirst du jedoch leider nicht schon im Club der Millionäre begrüßt, sondern du wirst auf ein Jahr Wartezeit vertröstet!

Ein bisschen blöd ist das schon: Wozu ein Jahr auf meine Kohle warten, wenn ich schon Millionär bin? Das Problem liegt in der `do-while`-Schleife. Die wird nämlich auf jeden Fall **mindestens** einmal durchlaufen. Dabei wird der Wert von `Laufzeit` um eins erhöht. Das lässt sich nur durch ein vorgeschaltetes `if` verhindern:

```
if (Kapital < 1000000) Laufzeit++;
```

Wenn du diese Zeile **vor** die Berechnung setzt, läuft auch diese Version wie gewünscht. Insgesamt aber erscheint die `while`-Struktur hier geeigneter als eine Schleife mit `do` und `while`. Aber auf diese Weise hast du beide Möglichkeiten sowie ihre Unterschiede kennen gelernt.

ZÄHLEN MIT FOR

Wie du siehst, vergehen in einigen Fällen doch eine ganze Menge Jahre, so dass selbst du schon ein Greis bist, wenn du deine Million abheben willst. Da könnte es doch vielleicht interessanter sein, zu wissen, wie viel sich in einer ganz bestimmten Zeit ansammeln lässt. Dazu muss man aber auch die Laufzeit selbst bestimmen können. Damit ergeben sich schon drei Eingaben (→ MILLION2):

```
Eingabe = JOptionPane.showInputDialog
  ("Wie viel Geld willst du anlegen?");
float Kapital = Float.parseFloat(Eingabe);
Eingabe = JOptionPane.showInputDialog
  ("Wie hoch soll der Zinssatz sein?");
float Prozent = Float.parseFloat(Eingabe);
Eingabe = JOptionPane.showInputDialog
  ("Und wie lange willst du warten?");
int Laufzeit = Integer.parseInt(Eingabe);
```

Die Schleife zur Berechnung von Zinsen und Gesamtkapital müsste sich dann z.B. so ändern:

```
while (Laufzeit > 0)
{
  Zinsen = Kapital * Prozent / 100;
  Kapital = Kapital + Zinsen;
  Laufzeit--;
}
```

Oder auch so:

```
do
{
  Zinsen = Kapital * Prozent / 100;
  Kapital = Kapital + Zinsen;
  Laufzeit--;
}
while (Laufzeit > 0);
```

Ich aber bevorzuge eine andere Möglichkeit, die Java auch noch bietet. Weil hier ja die Laufzeit bekannt ist und damit feststeht, wie oft die Schleife wiederholt werden muss, kann man den Computer auch einfach selbst zählen lassen. Das sähe dann so aus:

```
for (int Nr = 0; Nr < Laufzeit; Nr++)
{
  Zinsen = Kapital * Prozent / 100;
  Kapital = Kapital + Zinsen;
}
```

Gar nicht schlecht. Und eher ein bisschen schlanker als die anderen beiden Schleifenstrukturen. Schauen wir mal genauer hin, wie so eine Schleife aussieht:

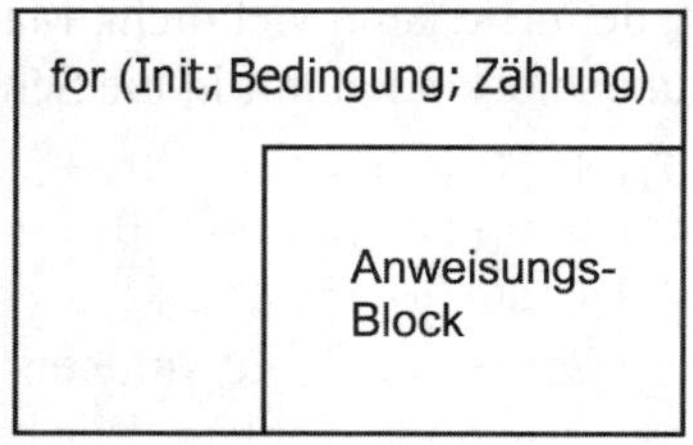

Zu Deutsch heißt das:

> FÜR eine bestimmte Bedingungsstruktur
> soll der Computer einen Anweisungsblock WIEDERHOLEN.

Beginnend bei einem Startwert (die so genannte Initialisierung) arbeitet sich diese Schleife über einen Zähler an die Bedingung heran.

Initialisiert wird die Schleife hier mit

```
int Nr = 0;
```

Nun kommt die **Bedingung:**

```
Nr < Laufzeit;
```

Und damit das Ganze auch mal wieder aufhört, wird `Nr` bei jedem Durchlauf um 1 erhöht:

```
Nr++
```

Im Anweisungsblock stehen nur noch zwei Anweisungen:

```
Zinsen  = Kapital * Prozent / 100;
Kapital = Kapital + Zinsen;
```

> Weil auch das `for` am Anfang der Schleife allein dasteht, müssen hier mehrere Anweisungen ebenfalls am Anfang und Ende eines Blocks mit geschweiften Klammern markiert werden.

Das Ganze nennt man `for`-Struktur. Und weil gezählt wird, spricht man auch von **Zählschleife.**

Die `for`-Struktur ist nicht einfach nur eine Zählschleife (wie man sie z.B. aus Pascal oder Basic kennt). Diese Schleifenstruktur könnte sämtliche anderen Schleifen ersetzen, denn sie kann viel mehr. Man könnte also auch den nachfolgenden Anweisungsblock noch mit in die Schleife packen, z.B.:

```
for (int Nr = 0; Nr < Laufzeit; Nr++,
  Zinsen = Kapital * Prozent / 100,
  Kapital = Kapital + Zinsen);
```

Allerdings kann das Ganze nicht nur unübersichtlicher werden, sondern es erhöht sich auch das Risiko von Fehlern. Wir beschränken uns hier lieber auf die Fähigkeit der `for`-Struktur zu zählen.

VARIABLENFELDER

Wir kennen ja nun die Möglichkeit, Zufallszahlen zu erzeugen, und wir haben auch schon ein Ratespiel hinter uns. Wir sollten das Glück gleich richtig herausfordern, indem wir den PC beauftragen, die sechs richtigen Lottozahlen der nächsten Ziehung zu ermitteln (→ LOTTO1):

```
package glueck1;
public class Lotto1
{
  public static void main (String[] args)
  {
    int Zufall = 0;
    for (int Nr = 1; Nr <= 6; Nr++)
    {
      Zufall = (int)(Math.random()*49)+1;
      System.out.println
        (Nr + ". Ziehung: " + Zufall);
    }
  }
}
```

Wie du siehst, handelt es sich hierbei um ein wieder mal recht kleines Programm. In einer Zählschleife werden sechs zufällige Zahlen im Bereich von 1 bis 49 erzeugt und angezeigt. Damit das Ganze als Liste erscheint, habe ich wieder auf die (fast schon vergessene) Methode `println` (von `System.out`) zurückgegriffen. Dadurch haben wir alle Zahlen im Überblick.

> Erzeuge ein neues Projekt, tippe den Quelltext ein und lass das Programm mehrmals (bis viele Male) laufen.

Ich hatte wohl vergessen zu sagen: »Ohne Gewähr!«, denn es könnte zwar sein, dass du mit Hilfe dieses Projekts im Lotto gewinnst, aber dies ist bei den extrem niedrigen Gewinnchancen bei diesem Spiel eher unwahrscheinlich.

Möglicherweise hast du bei deinen zahlreichen Versuchen einen schwerwiegenden Nachteil bei der Erzeugung der Zufallszahlen schon entdeckt: Immer mal wieder erscheint eine Zahl doppelt. Setzen wir testweise die Anzahl der auszugebenden Zahlen mal auf 20 oder mehr, dann wird dieses Manko offensichtlicher. Doch was kann man dagegen tun?

Vielleicht hilft es uns weiter, wenn wir uns vorstellen, wie es im richtigen Lotto abläuft: Aus einem »Pott« von Kugeln, von denen jede eine Zahl zwischen 1 und 49 repräsentiert, werden nacheinander sechs Kugeln gezogen. Ist dies z.B. als erstes eine 7, so kommt diese Zahl für die nächste Ziehung nicht mehr in Betracht.

Wir brauchen also einen ganzen Topf mit 49 Variablen, von denen jede den »Zustand« einer Lottokugel bzw. Lottozahl verkörpert. Nehmen wir eine Null für »noch nicht verwendet« und eine Eins für »schon gezogen«.

Aber wie vereinbaren wir diese doch recht große Menge von Variablen? Doch hoffentlich nicht so:

```
int Lottozahl1, Lottozahl2, Lottozahl3,
    // usw. bis Lottozahl49;
```

Das kann ganz schön lästig sein, besonders wenn man eine größere Anzahl von solchen Variablen braucht – sagen wir 100?

Glücklicherweise lässt sich in Java mit

```
int[] Lottozahl = new int[49];
```

gleich ein ganzes Feld von Variablen in einem Rutsch vereinbaren. In den eckigen Klammern (`[ ]`) steht die Anzahl der Elemente, aus denen ein solches **Variablenfeld** besteht. (Oft wird hier übrigens auch der englische Ausdruck Array gebraucht.)

Angesprochen bzw. benutzt werden die einzelnen Variablen eines Feldes ebenfalls über eckige Klammern:

In Java beginnt die erste Feldvariable mit `Lottozahl[0]`, und mit `Lottozahl[48]` ist das letzte Element des Feldes gemeint.

Was in den eckigen Klammern steht, nennt man **Index**. Außer konstanten Werten sind dort auch Variablen möglich.

Um die eckigen Klammern einzutippen, musst du die Tastenkombinationen [AltGr] [8] und [AltGr] [9] benutzen.

Für die eigentliche Variablenvereinbarung würde diese Anweisung genügen:

```
int[] Lottozahl;
```

Die eckigen Klammern zeigen an, dass es hier nicht um eine einzelne Variable allein geht. Die nachfolgende Anweisung `new` sorgt dafür, dass im Arbeitsspeicher des Computers auch der benötigte Platz für die gewünschte Anzahl von Variablen dieses Feldes zur Verfügung steht:

```
Lottozahl = new int[49];
```

Man kann diese Kombination aus Vereinbarung und Zuweisung mit `new` auch als die **Initialisierung** eines Feldes bezeichnen.

Weil eine Variable vom Typ `String` (= Zeichenkette) eigentlich eine Art »Feld von einzelnen Zeichen« ist – zumal ihre Länge ja variieren kann –, wäre auch hier eigentlich eine solche Vereinbarung angebracht:

```
String Eingabe = new String ("Hallo");
```

Weil Strings aber sehr häufig eingesetzt werden, ist in Java diese uns schon bekannte Abkürzung erlaubt:

```
String Eingabe = "Hallo";
```

Damit wird ebenfalls ein neues Stringobjekt erzeugt bzw. initialisiert, obgleich `new` hier nicht mehr vorkommt.

Wir haben beide Anweisungsteile in einer Zeile zusammengefasst. Für unser Lottoprogramm kommt eine kleine Änderung hinzu:

```
final int MAX = 49;
int[] Lottozahl = new int[MAX+1];
```

Mit `final` haben wir einen Maximalwert als **Konstante** festgelegt, der sich dann im gesamten Projekt mit dem Namen `MAX` einsetzen lässt. (Und willst du als Programmierer diesen Wert mal anders setzen – weil das Programm natürlich nicht nur für Lottospiele vom Typ 6 aus 49 ist –, dann ist nur eine einzige Änderung in der Konstantenvereinbarung nötig.)

> Folgt man den strengeren Gepflogenheiten der Java-Programmierung, so gilt eigentlich die Regel: Die Namen aller Variablen beginnen mit einem Kleinbuchstaben, Konstantennamen werden durchweg groß geschrieben. Wie du siehst, halte ich mich nur zum Teil daran: Während auch meine Konstanten in Großbuchstaben gesetzt sind, möchte ich mich bei den Variablen nicht beschränken.

Ich habe uns hier einen Feldwert mehr gegönnt. So können wir von 1 bis 49 zählen, was einiges der folgenden Anweisungen bequemer macht.

LOTTOZIEHUNG

Bevor unser Lottospiel starten kann, müssen erst alle »Kugeln im Pott« – sprich: alle Elemente des Feldes – durch eine 0 als »noch nicht gezogen« markiert werden:

```
for (int i = 1; i < Lottozahl.length; i++)
  Lottozahl[i] = 0;
```

> Bei Zählschleifen benutzt man häufig nur einen kurzen Namen für die Zählvariablen. Am beliebtesten sind einzelne Buchstaben. Der Buchstabe »i« steht als Abkürzung für den Begriff **Index**. Gemeint ist damit eine Messzahl z.B. für eine Nummerierung. Man könnte aber auch z.B. wieder mal den Namen *Nr* oder einen anderen Buchstaben für die `for`-Schleife verwenden.

Mit `length` erhalten wir die »Feldlänge«, womit hier die Anzahl der Feldvariablen gemeint ist. (Wobei `length` hier eine Eigenschaft und keine Methode ist, sonst müsste es `length()`heißen.)

Und nun zum eigentlichen »Ziehen der Lottozahlen«. Mit der folgenden Schleife allein erhalten wir sechs Zufallszahlen, aber nicht garantiert sechs verschiedene:

```
final int ANZAHL = 6;
for (int Nr = 1; Nr <= ANZAHL; Nr++)
  Zufall = (int)(Math.random()*MAX)+1;
```

Nebenbei sei erwähnt, dass ich ähnlich wie `MAX` mit `ANZAHL` eine weitere Konstante vereinbart habe. Damit ist auch die Anzahl der Ziehungen das ganze Programm über für eventuelle Änderungen flexibel.

Um nun doppelte Ziehungen auszuschalten, muss ich die gefundene Zufallszahl mit der entsprechenden »Kugel aus dem Pott« vergleichen:

```
(Lottozahl[Zufall] == 1)
```

Gilt diese Bedingung, dann brauchen wir eine neue Zufallszahl. Daraus folgt diese Schleife (innerhalb der `for`-Schleife):

```
do
{
  Zufall = (int)(Math.random()*MAX)+1;
}
while (Lottozahl[Zufall] == 1);
```

Sobald eine Zufallszahl gefunden wurde, die **noch nicht** als gezogen markiert ist, kann es weitergehen:

```
Lottozahl[Zufall] = 1;
```

Nun wird die neu gezogene Lottozahl (»Kugel aus dem Pott«) entsprechend markiert, ihr Wert von 0 auf 1 geändert.

Anschließend kann dieser Wert ausgegeben werden:

```
System.out.println (Nr + ". Ziehung: " + Zufall);
```

Damit hätten wir alles für unser *Lotto*-Programm zusammen, das jetzt so aussieht (→ LOTTO2):

```
package glueck2;

public class Lotto2
{
  public static void main (String[] args)
  {
    // Startwerte, Lottozahlzahlenfeld
    final int ANZAHL = 6;
    final int MAX = 49;
    int[] Lottozahl = new int[MAX+1];
    int Zufall = 0;
    // Alle Zahlen im "Pott" auf "noch nicht gezogen"
    for (int i = 1; i < Lottozahl.length; i++)
      Lottozahl[i] = 0;
    // Sechs Zahlen "ziehen"
    for (int Nr = 1; Nr <= ANZAHL; Nr++)
    {
      // noch nicht verwendete Zufallszahl suchen
      do
      {
```

```
          Zufall = (int)(Math.random()*MAX)+1;
        }
        while (Lottozahl[Zufall] == 1);
        // Benutzte Zahl als "gezogen" markieren
        Lottozahl[Zufall] = 1;
        System.out.println
          (Nr + ". Ziehung: " + Zufall);
      }
    }
  }
```

Lotto2.java

FELDSORTIERUNG

Wenn du nicht glaubst, dass nunmehr keine Lottozahl mehr doppelt angezeigt wird, kannst du den Wert der Konstanten Anzahl mal auf 20 oder 30 erhöhen. (Bitte nicht auf mehr als 49!)

Damit du da aber nicht den Überblick verlierst, sollten wir zuvor alle Zahlen sortieren und erst dann ausgeben. Dazu müssen wir nicht mal ein eigenes Verfahren programmieren, wenn wir uns aus dem `package`-Angebot von Java der Methode `Arrays.sort` bedienen, über das wir nach Einbindung des entsprechenden Paketes verfügen dürfen:

```
import java.util.*;
```

Vielleicht ist dir aufgefallen, dass beim Import von Paketen – man kann auch Bibliotheken sagen – bisher von `javax` Gebrauch gemacht wurde und nun auch mal `java` dran ist?

Eigentlich beginnen alle zu Java mitgelieferten Pakete mit dem »Vorwort« `java`, nur gab es einige Bibliotheken, die man zuerst nicht so recht dem Java-Standard zuordnen wollte. Deshalb kannst du das »x« als Abkürzung für »Extra« oder »Extended« ansehen.

So gehört die `swing`-Bibliothek zur Extraausstattung von Java. (Wir werden später noch tiefer in dieses Paket hineinschauen.)

Für die Sortierung benötigen wir ein weiteres Feld, in dem alle sechs gezogenen Lottozahlen untergebracht werden:

```
final int ANZAHL = 6;
int[] Zufall = new int[ANZAHL+1];
```

Nun sind einige kleine Modifikationen der `for`- und der `do-while`-Schleife nötig:

```
for (int Nr = 1; Nr < Zufall.length; Nr++)
{
  do
  {
    Zufall[Nr] = (int)(Math.random()*MAX)+1;
  }
  while (Lottozahl[Zufall[Nr]] == 1);
  Lottozahl[Zufall[Nr]] = 1;
}
```

Anschließend erfolgt der Aufruf des Sortierprozesses (wobei das Array `Zufall` als Parameter übergeben werden muss):

```
Arrays.sort (Zufall);
```

Und nun verlegen wir die Ausgabemethode in eine weitere `for`-Schleife, um die Lottozahlen nach Größe geordnet auszugeben:

```
for (int Nr = 1; Nr < Zufall.length; Nr++)
  System.out.println
    (Nr + ". Ziehung: " + Zufall[Nr]);
```

Damit kommen wir zu unserer letzten *Lotto*-Version (→ LOTTO3):

```
package glueck3;
import java.util.*;

public class Lotto3
{
  public static void main (String[] args)
  {
    // Startwerte, Lottozahlzahlenfeld
    final int ANZAHL = 6;
    final int MAX = 49;
    int[] Lottozahl = new int[MAX+1];
    int[] Zufall = new int[ANZAHL+1];
    // Alle Zahlen im "Pott" auf "noch nicht gezogen"
    for (int i = 1; i < Lottozahl.length; i++)
      Lottozahl[i] = 0;
    // Sechs Zahlen "ziehen"
    for (int Nr = 1; Nr < Zufall.length; Nr++)
    {
      // noch nicht verwendete Zufallszahl suchen
```

```
      do
      {
        Zufall[Nr] = (int)(Math.random()*MAX)+1;
      }
      while (Lottozahl[Zufall[Nr]] == 1);
      // Benutzte Zahl als "gezogen" markieren
      Lottozahl[Zufall[Nr]] = 1;
    }
    // Sortieren und anzeigen
    Arrays.sort (Zufall);
    for (int Nr = 1; Nr < Zufall.length; Nr++)
      System.out.println
        (Nr + ". Ziehung: " + Zufall[Nr]);
  }
}
```

Lotto3.java

ZUSAMMENFASSUNG

Das war's erst mal wieder. Doch ehe du dir eine wohlverdiente Ruhepause gönnst, wollen wir erst mal sehen, was von alledem noch hängen geblieben ist. Hier sind ein paar alte Bekannte zur Erinnerung, aber vorwiegend »Neulinge« aus dem Java-Wortschatz:

`while`	SOLANGE eine Bedingung erfüllt ist, führe einen Anweisungsblock aus (Bedingungstest am Schleifenanfang)
`do..while`	Führe einen Anweisungsblock aus, SOLANGE eine Bedingung erfüllt ist (Bedingungstest am Schleifenende)
`for`	FÜR eine Bedingung (eine bestimmte Anzahl von Wiederholungen) führe einen Anweisungsblock aus
`final`	Vereinbarung einer Konstanten
`new`	Speicherplatzreservierung für Variablen, Objekte und Felder
`[]`	eckige Klammern für Variablenfelder (Anzahl und Index)
`()`	runde Klammern für Bedingungen oder Parameter
`{}`	geschweifte Klammern für Anweisungsblöcke

EIN PAAR FRAGEN ...

1. Wie unterscheiden sich Variablen und Konstanten?
2. Was sind die Unterschiede zwischen den drei Schleifentypen (`while`, `for`, `do`)?
3. Wie wird ein Feld von Variablen vereinbart und erzeugt?

... UND EIN PAAR AUFGABEN

1. Ändere das *Kennwort*-Projekt aus Aufgabe 3 (Kapitel 2) so ab, dass drei Eingabeversuche möglich sind, ehe das Programm endgültig abbricht.
2. Ändere im Ratespiel die `while`-Schleife in eine `do-while`-Schleife.
3. Erstelle ein Projekt, in dem nach Eingabe einer Reihe von Zahlen deren Mittelwert berechnet und angezeigt wird.
4. In einem Projekt soll ein Feld von Strings angelegt werden, über das mehrere eingegebene Namen sich sortiert wieder ausgeben lassen.

5 EINE EIGENE KLASSE

Nun hast du es in den ersten Kapiteln mit Java doch recht weit gebracht. Dabei tauchten immer mal wieder zwei Begriffe auf: Mit Objekten bzw. Klassen arbeitest du jetzt schon seit dem ersten Kapitel. Irgendwie stammt offenbar nahezu alles, was da in Java herumschwirrt, aus einer Klasse.

Möglicherweise kommt da schnell der Wunsch auf, mal selbst so ein Ding zusammenzubasteln. Probieren wir's aus.

In diesem Kapitel lernst du

- wie man eine eigene Klasse »zusammenbaut«
- den Unterschied zwischen Funktionen und Prozeduren kennen
- was ein Konstruktor ist
- was Kapselung bedeutet
- mehr über Pakete

GEGENZAHL UND KEHRWERT

Wir können ja mal klein anfangen, damit wir die Denkweise besser verstehen, die hinter dem Programmieren von Objekten, der so genannten **objektorientierten Programmierung** (kurz auch: OOP) steckt. Dazu soll uns wieder einmal die Mathematik behilflich sein (→ MATHE4):

```
package rechnen4;
import javax.swing.*;

public class Mathe4
{
  public static void main (String[] args)
  {
    String Eingabe = JOptionPane.showInputDialog
      ("Gib eine Zahl ein:");
    float Zahl = Float.parseFloat (Eingabe);
    float Ergebnis = -Zahl;
    JOptionPane.showMessageDialog
      (null, "Gegenzahl ist " + Ergebnis);
    Ergebnis = 1/Zahl;
    JOptionPane.showMessageDialog
      (null, "Kehrwert ist " + Ergebnis);
  }
}
```

Eingegeben wird eine Zahl, ausgegeben werden nacheinander die Gegenzahl und der Kehrwert (wobei ich hier jegliche Fehlerkontrolle wie die für eine 0 als Zahlwert weggelassen habe).

Dieses Gerüst ist ja nichts Neues:

```
public class Mathe4
{
  // hier stehen alle Vereinbarungen und Anweisungen
  // um das Projekt zum Leben/Laufen zu bringen
}
```

Eingeleitet wird jede Klassenvereinbarung mit `class`. (Auf den Zusatz `public` komme ich noch zu sprechen.)

Die geschweiften Klammern umfassen dann sämtliche Eigenschaften bzw. **Attribute** und **Methoden**, über die die Klasse verfügt.

Möglichst einfach ausgedrückt kann man sagen, dass hier alles, was zusammengehört, sozusagen in eine Schachtel eingepackt wird. Das nennt man **Kapselung** (Englisch encapsulation). Und was dabei herauskommt, ist eine **Klasse**.

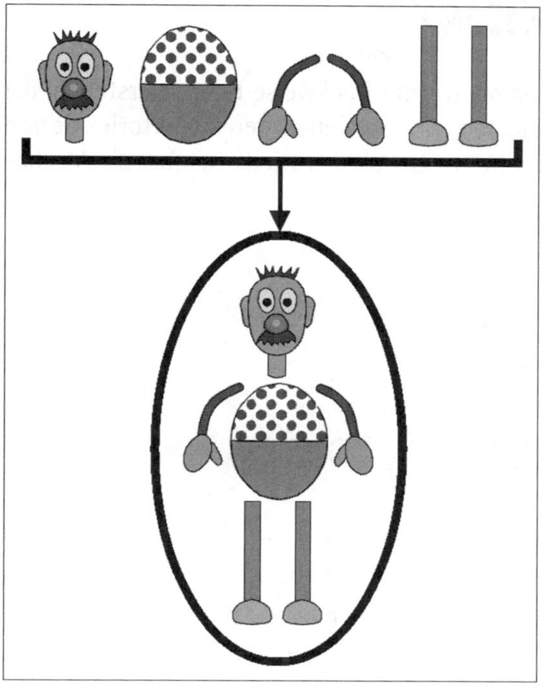

Kapselung

In unserem Falle wird es fast der gesamte Quelltext sein, der zur Klassendefinition gehört. Ausnahmen sind die ersten Zeilen mit den `package`- und `import`-Namen.

KLASSENMETHODEN

Eine Klasse hätten wir also eigentlich schon, nur hat die genannte Klasse lediglich eine einzige Methode, nämlich die mit `main` bezeichnete Hauptfunktion. Im Folgenden machen wir die Rechenprozesse und die Ausgaben zu Klassenmethoden (→ MATHE4A):

```
package rechnen4a;
import javax.swing.*;

public class JCalc1
{
  static float Gegenzahl (float Zahl)
  {
    return -Zahl;
  }

  static float Kehrwert (float Zahl)
  {
```

```
    return 1/Zahl;
  }

  static void anzeigen (String Text, float Zahl)
  {
    JOptionPane.showMessageDialog
      (null, Text + " ist " + Zahl);
  }

  public static void main (String[] args)
  {
    String Eingabe = JOptionPane.showInputDialog
      ("Gib eine Zahl ein:");
    float Zahl = Float.parseFloat (Eingabe);
    anzeigen ("Gegenzahl", Gegenzahl (Zahl));
    anzeigen ("Kehrwert", Kehrwert (Zahl));
  }
}
```

Der Klassenname mutet etwas seltsam an, aber hier habe ich mal in Abweichung von den bisherigen Beispielen für Projekt und Klasse jeweils einen anderen Namen benutzt: `JCalc1` soll eine Abkürzung für »Java-Kalkulation 1« sein.

Im ersten Moment erscheint es unsinnig, einen schönen knappen klaren Quelltext so aufzublähen. Aber schauen wir doch mal näher hin! Zwei Teile lassen sich unterscheiden: Oben steht die Definition mehrerer (eigener) Methoden, ganz unten befindet sich das (übliche) Hauptprogramm mit `main`.

Schälen wir uns jetzt die neuen Methoden der Klasse `JCalc1` heraus. Die ersten beiden übernehmen jeweils eine Zahl als Parameter:

```
static float Gegenzahl (float Zahl)
{
  return -Zahl;
}

static float Kehrwert (float Zahl)
{
  return 1/Zahl;
}
```

Interessant ist, dass sie beide offenbar auch wieder etwas zurückgeben:

```
return -Zahl;
return 1/Zahl;
```

Und zwar das Ergebnis ihrer Berechnungen. Der Typ dieses Wertes ist oben in der ersten Zeile der Methode mit `float Gegenzahl` bzw. `float Kehrwert` vereinbart.

Mit return beendet man eine Methode – so wie man mit break eine Kontrollstruktur verlässt. (Dabei kann return auch ohne Parameter benutzt werden, wenn kein Wert zurückgegeben, sondern nur die Methode an einer bestimmten Stelle verlassen werden soll.)

Wurde eine Methode mit Typ vereinbart, ist eine Rückgabe (über return) unbedingt nötig, da die Methode sonst einen »sinnlosen« Wert hat.

Nicht nötig ist die return-Anweisung in der folgenden Methode zur Anzeige der Rechenergebnisse:

```
static void anzeigen (String Text, float Zahl)
{
  JOptionPane.showMessageDialog
    (null, Text + " ist " + Zahl);
}
```

Das Wörtchen void heißt so viel wie »typlos«. Deshalb nennt man solche Methoden auch **Prozeduren** – im Gegensatz zu **Funktionen**, die immer etwas zurückgeben (und damit auch nicht typlos sind).

OBJEKTMETHODEN

Nun möchtest du wissen, was der Vorsatz static bedeutet, der in jeder Methodenvereinbarung zu finden ist? Wenn du mal ausprobierst, was geschieht, wenn du bei einer Vereinbarung dieses Wort weglässt, wirst du feststellen, dass der Java-Compiler die betreffende Methode im Hauptprogramm plötzlich nicht mehr anerkennen will.

Vielleicht ist dir aufgefallen, dass dieser Zusatz bereits die Vereinbarungszeile mit main ziert:

```
public static void main (String[] args)
```

Offenbar müssen alle Methoden »statisch aufgeladen« sein, ehe sie verwendbar sind. Durch den Zusatz static sind alle Methode universell verwendbar. Den Unterschiede werden wir gleich im nächsten Beispiel sehen, in dem wir – außer bei main – sämtliche static-Vereinbarungen weglassen (→ MATHE4B):

```
package rechnen4b;
import javax.swing.*;

public class JCalc2
```

```
{
  float Gegenzahl (float Zahl)
  {
    return -Zahl;
  }

  float Kehrwert (float Zahl)
  {
    return 1/Zahl;
  }

  void anzeigen (String Text, float Zahl)
  {
    JOptionPane.showMessageDialog
      (null, Text + " ist " + Zahl);
  }

  public static void main (String[] args)
  {
    JCalc2 Rechner = new JCalc2();
    String Eingabe = JOptionPane.showInputDialog
      ("Gib eine Zahl ein:");
    float Zahl = Float.parseFloat (Eingabe);
    Rechner.anzeigen
      ("Gegenzahl", Rechner.Gegenzahl (Zahl));
    Rechner.anzeigen
      ("Kehrwert", Rechner.Kehrwert (Zahl));
  }
}
```

Wie es scheint, ist der Quelltext etwas länger geworden, obwohl wir doch einige `static`-Zusätze eingespart haben. Am auffälligsten ist wohl, das nunmehr ein Objekt bzw. eine Instanz der Klasse `JCalc2` (wie sie jetzt heißt) erzeugt wurde:

```
JCalc2 Rechner = new JCalc2();
```

Denn die (neu) vereinbarten Methoden funktionieren nur, wenn der entsprechende Objektname davor gesetzt wird:

```
Rechner.anzeigen
  ("Gegenzahl", Rechner.Gegenzahl (Zahl));
Rechner.anzeigen
  ("Kehrwert", Rechner.Kehrwert (Zahl));
```

Die Verbindung zwischen unserem selbst vereinbarten Objekt und seiner Methode erfolgt wieder über den **Zugriffsoperator**, also das Punktsymbol (.). Damit sagen wir unserem Objekt `Rechner`, welche Methode es aktivieren soll.

EINE HAND VOLL SET UND GET

Wozu dieser Unterschied? Klassenmethoden (mit static) lassen sich innerhalb der Klassengrenzen beliebig einsetzen, Objektmethoden (ohne static) sind an ein Objekt gebunden. Dadurch können mehrere Objekte unabhängig voneinander über mehrere Versionen derselben Methoden verfügen. Das kann durchaus sinnvoll und praktisch sein, zumal hier jedes Objekt seine eigenen Daten zu verwalten hat. Verständlicher wird das hoffentlich, wenn wir uns jetzt an ein größeres Klassenprojekt wagen. Hier ist das Vereinbarungsgerüst:

```
class JZins
{
  float Kapital;
  float Prozent;
  float Zinsen;
  JZins () {}
  void setKapital (String Text) {}
  void setProzent (String Text) {}
  void setZinsen  (String Text) {}
  String getKapital () {}
  String getProzent (){}
  String getZinsen  (){}
}
```

Wie du am Namen von JZins siehst, soll es hier um (die einfache) Zinsrechnung gehen. Ein Objekt dieses Typs soll die Werte für Kapital, Zinssatz und Zinsen übernehmen und daraus einen anderen Wert berechnen können. Zunächst gibt es die drei Attribute Kapital, Prozent und Zinsen. Was noch fehlt, sind die Inhalte für die Methoden.

Die set-Methoden übernehmen jeweils einen String wie z.B. den einer Eingabe. Den wandeln sie dann in eine Dezimalzahl um und versehen dann jeweils Kapital, Prozent oder Zinsen mit einem Wert (→ MATHE5):

```
void setKapital (String Text)
{
  Kapital = Float.parseFloat (Text);
}

void setProzent (String Text)
{
  Prozent = Float.parseFloat (Text);
}
```

```
void setZinsen (String Text)
{
  Zinsen = Float.parseFloat (Text);
}
```

Die get-Methoden berechnen aus zwei Attributen den Wert der dritten – nach den üblichen Formeln der Zinsrechnung (→ MATHE5):

```
String getKapital ()
{
  Kapital = Zinsen * 100 / Prozent;
  return (Float.toString (Kapital) + " Euro");
}

String getProzent ()
{
  Prozent = Zinsen * 100 / Kapital;
  return (Float.toString (Prozent) + " Prozent");
}

String getZinsen ()
{
  Zinsen = Kapital * Prozent / 100;
  return (Float.toString (Zinsen) + " Euro");
}
```

Ebenso wie parseInt bzw. parseFloat dafür sorgen, dass aus einem String mit Ziffern eine Zahl wird, erledigt toString das Umgekehrte: Aus einer Zahl wird eine Zeichenkette.

Außerdem gibt es da noch eine Methode, die offenbar denselben Namen trägt wie die Klasse. Auf die kommen wir jetzt zu sprechen (→ MATHE5):

```
JZins ()
{
  Kapital = 0;
  Prozent = 0;
  Zinsen  = 0;
}
```

Das ist der so genannte **Konstruktor**. Er hat allgemein die Aufgabe, einem Objekt bei seiner Entstehung (»Konstruktion«) zu helfen. Konstruktor und Klasse haben in Java immer denselben Namen! Deshalb hat ein Konstruktor auch keinen Typ (nicht einmal void).

In unserem Falle sorgt der Konstruktor auch für die richtige Initialisierung, denn er gibt den drei Eigenschaften der Klasse `JZins` jeweils einen Startwert.

> Variablen, die innerhalb einer Klasse, aber außerhalb der `main`-Funktion vereinbart werden, sind entweder Klassenvariablen (dann brauchen sie den Vorsatz `static`) oder Objektvariablen. Dann kann man auch von Eigenschaften oder Attributen sprechen, die ein Objekt hat. Alle diese Variablen machen also die »Eigenheiten« eines Objekts aus.

≫ Tippe in einem neuen Projekt den oben stehenden Quelltext samt Variablenvereinbarung oberhalb der `main`-Methode ein.

ZINSOBJEKT IM EINSATZ

Nun fehlt noch die Hauptfunktion, die natürlich `static` vereinbart sein muss (→ MATHE5):

```
public static void main (String[] args)
{
  // Startwerte
  String Eingabe = ""; int Modus = 0;
  JZins Zins1 = new JZins ();
  // Daten einsammeln
  Eingabe = JOptionPane.showInputDialog
    ("Gib das Kapital ein (0=gesucht):");
  if (Eingabe.equals("0")) Modus++;
  else Zins1.setKapital (Eingabe);
  Eingabe = JOptionPane.showInputDialog
    ("Gib den Zinssatz ein (0=gesucht):");
  if (Eingabe.equals("0")) Modus+=10;
  else Zins1.setProzent (Eingabe);
  Eingabe = JOptionPane.showInputDialog
    ("Gib die Zinsen ein (0=gesucht):");
  if (Eingabe.equals("0")) Modus+=100;
  else Zins1.setZinsen (Eingabe);
  // Gesuchtes berechnen
  switch (Modus)
  {
    case 1:
      Eingabe = Zins1.getKapital (); break;
    case 10:
```

```
      Eingabe = Zins1.getProzent (); break;
    case 100:
      Eingabe = Zins1.getZinsen  (); break;
    default:
      Eingabe = "Keine oder zu viele Nullen!";
  }
  // Ergebnis anzeigen
  JOptionPane.showMessageDialog
    (null, "Ergebnis: " + Eingabe);
}
```

Neben der Erzeugung eines Objekts `Zins1` benutzen wir eine Variable `Modus`, die folgende Rolle spielt:

```
if (Eingabe.equals("0")) Modus++;
if (Eingabe.equals("0")) Modus+=10;
if (Eingabe.equals("0")) Modus+=100;
```

Je nach Fall wird aus der anfänglichen Null eine Eins, eine Zehn oder eine 100. Und nur diese drei Werte sind auch bei der folgenden `switch`-Abfrage gültig. Je nachdem, wo die Null stand, werden Kapital, Zinssatz oder Zinsen berechnet und dann sofort an das entsprechende Eingabefeld weitergeleitet:

```
Eingabe = Zins1.getKapital ();
Eingabe = Zins1.getProzent ();
Eingabe = Zins1.getZinsen  ();
```

Sollte aber irgendwo eine zweite (oder dritte) Null auftauchen, erhält `Modus` einen »falschen« Wert, und das Objekt `Zins1` bleibt untätig. Denn dann ist nicht eindeutig, was berechnet werden soll.

Deshalb gibt es bei dieser `switch`-Struktur noch einen `default`-Zweig:

```
default:
  Eingabe = "Keine oder zu viele Nullen!";
```

Der entspricht ja dem `else`-Zweig bei der `if`-Struktur: Wenn alle anderen `case`-Möglichkeiten nicht in Frage kommen, wird der Anweisungsblock ausgeführt, der im `default`-Zweig steht.

- Ergänze deinen Quelltext entsprechend. (Die letzte geschweifte Klammer gehört zur Hauptfunktion, es muss dann also noch eine abschließende für die Klasse `JZins` folgen.)

> Dann probiere das Programm aus. (Beachte, dass du für den Wert, den du berechnen willst, eine Null eingeben musst.)

KLASSE IM PAKET

Nehmen wir an, du hast eine Klasse vereinbart, die du für so nützlich hältst, dass du sie auch gern in anderen Projekten verwenden möchtest. Nach unserem jetzigen Stand könnte man den Quelltext einfach ins jeweils neue Projekt kopieren.

Wir wissen aber auch, dass von Java zur Verfügung gestellte Klassen »einfach so« eingesetzt werden können, wenn man zuvor das Paket einbindet, das die betreffenden Klassen samt ihren Methoden enthält.

So etwas hätten wir auch gern für unsere eigenen (jetzigen und künftigen) Klassen. Einfach die `import`-Anweisung mit unserem selbst geschnürten Paket aufrufen und schon können wir über unsere neu definierte Klasse – z.B. `JZins` – verfügen. Dabei gibt es diese beiden Möglichkeiten:

```
import zinscalc.JZins;
import zinscalc.*;
```

Im ersten Fall wird nur die Klasse `JZins` eingebunden, im zweiten Falle das gesamte Paket `zinscalc`, was hier noch das Gleiche wäre, weil wir ja erst eine Klasse haben. (Aber es könnte ja sein, dass du das Paket künftig noch um eine ganze Reihe von Klassen für die Finanzmathematik bereicherst.)

`import`-Anweisungen können in ihrer ausführlichen Form so aussehen:

```
import paketname.paketname.Klassenname;
```

Denn viele Java-Bibliotheken sind noch in weitere Pakete unterteilt. Je nach Lage ist dann eine dieser Abkürzungen möglich:

```
import paketname.paketname.*;
import paketname.*;
```

Damit wir überhaupt etwas einbinden können, brauchen wir ein neues Paket. Das lässt sich natürlich im gleichen Projektordner unterbringen, in dem schon das Paket mit dem bisherigen Zinsprogramm liegt. Der Vorteil für uns liegt darin, dass der Java-Compiler nicht lange nach dem benötigten Paket suchen muss: Es liegt ja sozusagen gleich »um die Ecke«.

> Erzeuge ein neues Projekt mit dem Namen `Mathe6`. Darin erzeugst du zwei neue Pakete, von denen du das eine z.B. `rechnen6` nennen kannst. Das andere

package sollte zinscalc heißen (wenn es zu dem Beispiel im Buch passen soll).

≫ Wenn du die neue Klasse für das Paket zinscalc erzeugst, achte darauf, dass diesmal vor PUBLIC STATIC VOID MAIN (STRING[] ARGS) **kein** Häkchen steht. Denn diesmal brauchen wir keine main-Methode in unserer Klasse!

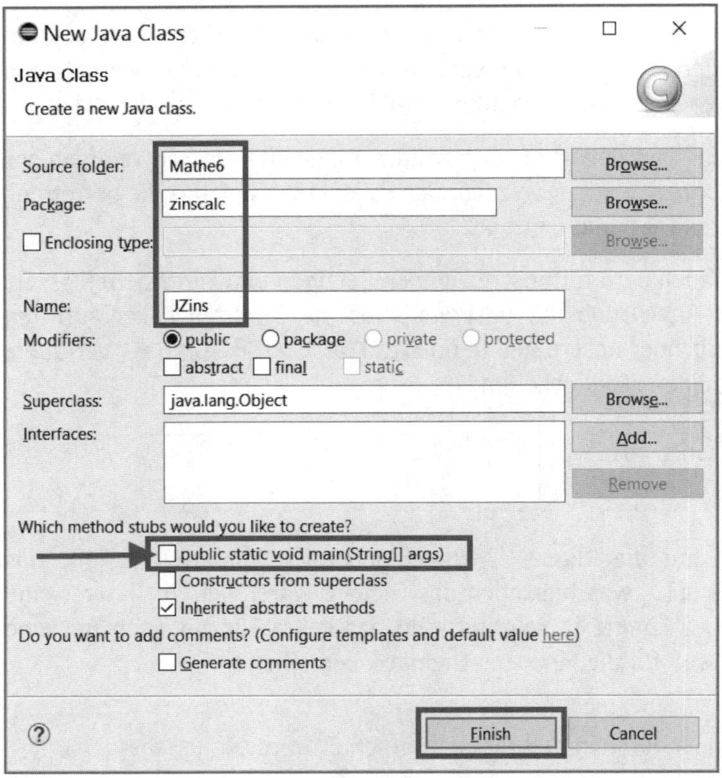

Am Schluss erwartet uns dieser spärliche Quelltext im Editorfenster:

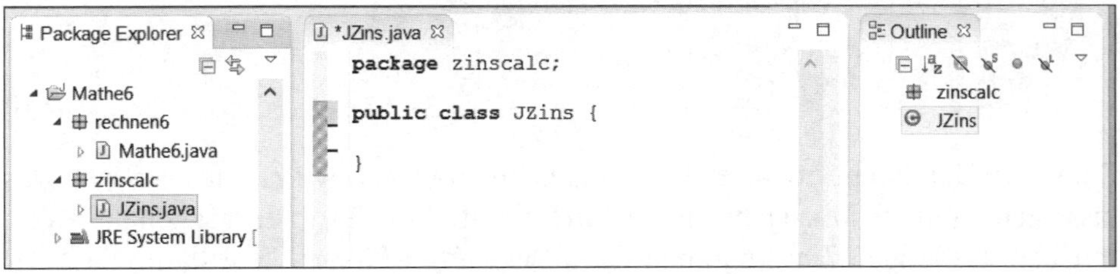

Den erweitern wir jetzt um unsere Klassenvereinbarungen aus dem letzten *Mathe*-Projekt (→ JZINS.JAVA):

```
package zinscalc;

public class JZins
{
  private float Kapital;
  private float Prozent;
  private float Zinsen;

  public JZins ()
  {
    Kapital = 0;
    Prozent = 0;
    Zinsen  = 0;
  }

  public void setKapital (String Text)
  {
    Kapital = Float.parseFloat (Text);
  }

  public void setProzent (String Text)
  {
    Prozent = Float.parseFloat (Text);
  }

  public void setZinsen (String Text)
  {
    Zinsen = Float.parseFloat (Text);
  }

  public String getKapital ()
  {
    Kapital = Zinsen * 100 / Prozent;
    return (Float.toString (Kapital) + " Euro");
  }

  public String getProzent ()
  {
    Prozent = Zinsen * 100 / Kapital;
    return (Float.toString (Prozent) + " Prozent");
  }

  public String getZinsen ()
  {
    Zinsen = Kapital * Prozent / 100;
    return (Float.toString (Zinsen) + " Euro");
  }
}
```

JZins.java

VERÖFFENTLICHUNG

Sieht auf den ersten Blick aus wie der vorige Quelltext ohne main-Teil. Aber dann fällt recht schnell auf, dass da sämtliche Attribute und Methoden mit jeweils einem der Begriffe private und public gekennzeichnet wurden.

> Aus welchem Grund habe ich alle Eigenschaften von JZins als private und die Methoden als public vereinbart?
>
> Auf ein mit private gekennzeichnetes Element kann nur das Objekt zugreifen, in dem sich diese Elemente befinden. Man sagt: Der Zugriffsmodus ist privat.
>
> Das bedeutet für JZins, dass die Hauptfunktion main nichts mit Kapital, Prozent und Zinsen anfangen kann. Wozu auch? Es genügt doch, wenn ein Objekt vom Typ JZins diese Elemente selbst bearbeitet.
>
> Ganz anders sieht es bei Methoden (und Attributen) aus, die unter public vereinbart sind: Damit stehen sie jedem anderen Objekt und natürlich auch der main-Methode zur Verfügung. Man sagt: Der Zugriffsmodus ist öffentlich.
>
> Damit unser Programm überhaupt funktionieren kann, muss ein anderes Programm auf einige Methoden von JZins zugreifen können. Und ausschließlich die werden dann auch als öffentlich (= public) vereinbart.

Was bleibt nun vom Hauptprogramm übrig? Während unsere selbst vereinbarte Klasse in der **gleichnamigen** Datei JZINS.JAVA untergebracht wurde, liegt der Rest ja in einer anderen Datei. Deren Inhalt schauen wir uns jetzt an (→ MATHE6):

```
package rechnen6;
import javax.swing.*;
import zinscalc.*;

public class Mathe6
{
  public static void main (String[] args)
  {
    String Eingabe = ""; int Modus = 0;
    JZins Zins1 = new JZins ();
    Eingabe = JOptionPane.showInputDialog
      ("Gib das Kapital ein (0=gesucht):");
    if (Eingabe.equals("0")) Modus++;
    else Zins1.setKapital (Eingabe);
    Eingabe = JOptionPane.showInputDialog
      ("Gib den Zinssatz ein (0=gesucht):");
    if (Eingabe.equals("0")) Modus+=10;
    else Zins1.setProzent (Eingabe);
    Eingabe = JOptionPane.showInputDialog
      ("Gib die Zinsen ein (0=gesucht):");
```

```
        if (Eingabe.equals("0")) Modus+=100;
        else Zins1.setZinsen (Eingabe);
        switch (Modus)
        {
          case 1:
            Eingabe = Zins1.getKapital (); break;
          case 10:
            Eingabe = Zins1.getProzent (); break;
          case 100:
            Eingabe = Zins1.getZinsen  (); break;
          default:
            Eingabe = "Keine oder zu viele Nullen!";
        }
        JOptionPane.showMessageDialog
          (null, "Ergebnis: " + Eingabe);
      }
    }
```

Da hat sich eigentlich nichts geändert – allerdings gibt es ganz oben eine zusätzliche `import`-Zeile:

```
import zinscalc.*;
```

Damit ist gewährleistet, dass unsere selbst vereinbarte Klasse bzw. das Paket, das sie enthält, ins Projekt mit eingebunden wird.

VERSELBSTÄNDIGUNG

Völlig universell ist unsere Lösung nicht, denn unsere neue Klasse bzw. das sie enthaltende Paket liegt in demselben Ordner, in dem sich das aktuelle Projekt befindet. Eine neue Klasse soll aber künftig auch in anderen Projekten nutzbar sein. Da müssten wir dann jedes Mal den kompletten Klassenordner in den Ordner des neuen Projekts kopieren. Besser wäre es, dem Projekt einen Hinweis zu geben, wo denn die jeweils benötigte Klasse zu finden ist.

Das ist für die mitgelieferten Java-Klassen unter Eclipse bereits voreingestellt. Für eine neue Klasse müssen wir das »per Hand« erledigen.

Zuerst erzeugen wir ein neues Projekt, in dem sich nur der Quelltext der Datei MATHE6.JAVA befindet. (Wegen der nahen Verwandtschaft heißt das neue Projekt bei mir MATHE6A.)

Dann erzeugen wir ein zweites Projekt, das ich FMATHE genannt habe (soll eine Abkürzung für »Finanzmathematik« sein). Dort hinein gehört die Datei mit dem Quelltext für die neue Klasse, die ihren Namen ebenso wie die `package` beibehält: ZINSCALC und JZINS.

Nachdem dies geschehen ist, müsste der Versuch, das neue Projekt zum Laufen zu bringen, mit einer Fehlermeldung enden, dass weder das `import`-Paket `zinscalc` noch die Klasse `JZins` bekannt bzw. auffindbar sind.

Und so weisen wir einem Projekt den Weg zu einer neuen Klasse:

➢ Klicke auf PROJECT und PROPERTIES.

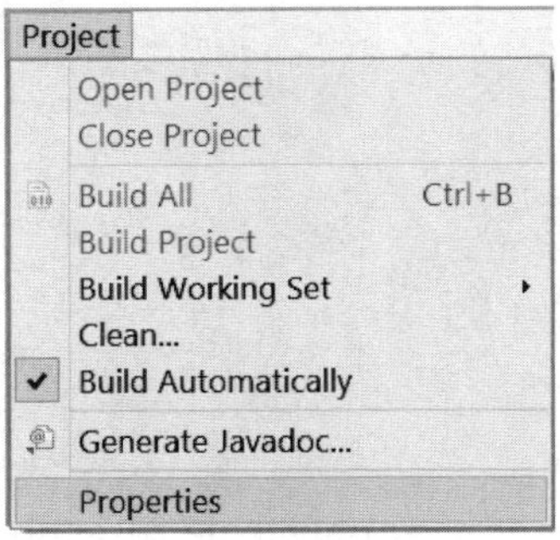

➢ Wechsle im Dialogfeld JAVA BUILD PATH auf die Seite LIBRARIES.

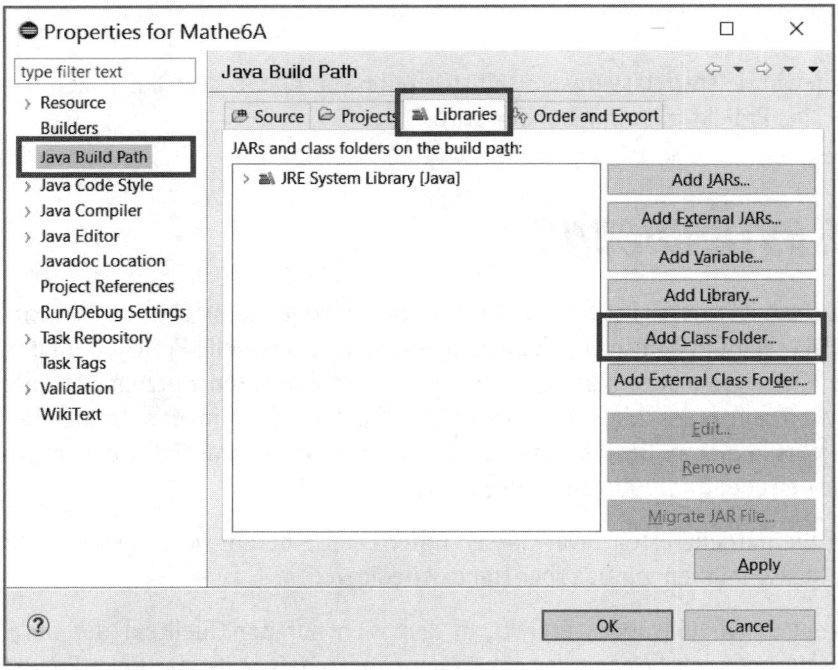

➢ Klicke dort auf ADD CLASS FOLDER.

Wie du weißt, habe ich den Ordner, in dem Paket und Klasse liegen, FMATHE genannt.

≫ In der nächsten Dialogbox sorgst du dafür, dass vor dem Ordner ein Häkchen steht, dessen Pfad zum aktuellen Projekt hinzugefügt werden soll (in meinem Fall ist das FMATHE). Dann klickst du auf OK.

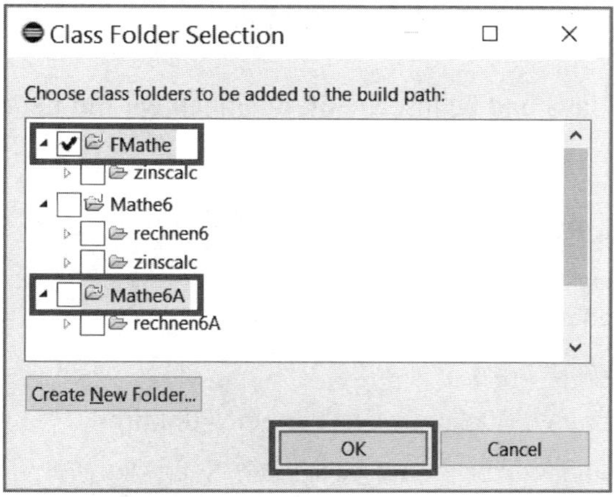

Anschließend findet sich ein neuer Eintrag in der Liste unter JAVA BUILD PATH:

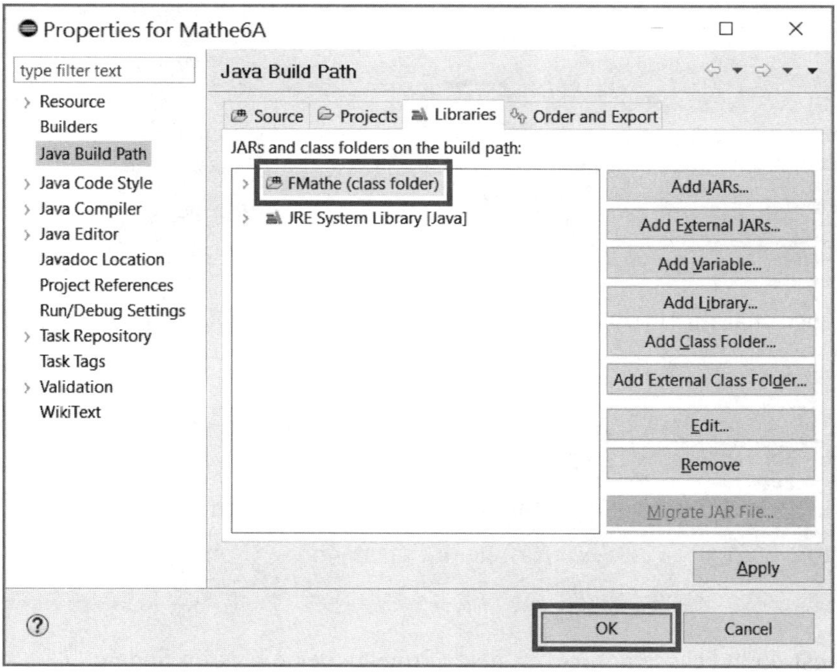

≫ Klicke auf OK.

≫ Dann kannst du das Programm erneut starten – und es sollte nunmehr laufen.

ZUSAMMENFASSUNG

Das war's für dieses Kapitel. Du hast deine erste eigene Klasse vereinbart und ein eigenes Objekt geschaffen. Wie Gott solltest du dich allerdings nicht fühlen (denn die Entstehung von Objekten der Klasse `Mensch` ist doch um einiges aufwändiger).

Schauen wir mal, was du Neues von Java und Eclipse weißt. Beginnen wir mit dem Java-Wortschatz:

`package`	Damit werden Pakete bzw. Bibliotheken vereinbart.
`import`	Damit werden Pakete oder Klassen in ein Projekt eingebunden.
`class`	Damit werden Klassen vereinbart.
`return`	Erzeugt einen Rückgabewert für eine Funktion
`public`	Damit sind Attribute und Methoden einer Klasse öffentlich zugänglich.
`private`	Damit sind Attribute und Methoden einer Klasse nur innerhalb von Instanzen einer Klasse (Objekten) zugänglich, also »privatisiert«.
`new`	Platz für ein neues Objekt schaffen
`void`	Der NICHTS-Typ für Prozeduren, weil die keinen Wert zurückgeben (müssen)
`toString`	Methode, um Objekt oder Zahl in String umzuwandeln

Und hier noch mal im Überblick, was es nun an verschiedenen Methoden-Typen gibt:

Funktion	Vereinbarung mit Typ; gibt immer einen Wert zurück
Prozedur	Vereinbarung mit `void`, gibt keinen Wert zurück
Konstruktor	Vereinbarung mit Klassenname, initialisiert ein Objekt

Und so sorgst du in Eclipse dafür, dass deine Projekte deine Klassen finden:

Eclipse-Hauptmenü	Klicke auf PROJECT und PROPERTIES
Dialogfeld für Projekteigenschaften	Klicke unter JAVA BUILD PATH auf LIBRARIES

Seite für Bibliotheken und Pakete	Klicke auf ADD CLASS FOLDER
Liste der Ordner mit (möglichen) Klassen	Markiere den/die gewünschten Ordner und klicke auf OK

EIN PAAR FRAGEN ...

1. Was sind Klassenmethoden und Klassenattribute (bzw. -eigenschaften)?
2. Was geschieht, wenn du innerhalb der Klassenvereinbarung das `public` einfach weglässt oder gar durch `private` ersetzt?
3. Was bedeutet Kapselung?

... UND EIN PAAR AUFGABEN

1. Wandle das MATHE5-Projekt so um, dass alle Elemente zu Klassenattributen und Klassenmethoden werden.
2. Ergänze das Projekt MATHE5, indem du dort gleich noch eine vierte `get`-Methode hinzufügst, die die Eingabe der Werte übernimmt.
3. Schau dir das *Raten*-Projekt an und versuche dort auch, ein paar eigene Klassenmethoden zu vereinbaren. Dann probier es noch mal mit Objektmethoden.

6 EINSTIEG IN SWING

Da verwenden wir die ganze Zeit eine grafische Oberfläche, öffnen in Eclipse Menüs, klicken uns durch Dialogboxen mit Schaltflächen, Anzeige- oder Eingabefeldern. Doch unsere Java-Projekte fristeten bisher nur ein karges Dasein ohne »schnöde« Optik. Das soll sich jetzt ändern. Hier bekommst du es mit Fenstern und Knöpfen zu tun.

In diesem Kapitel lernst du

- was Swing ist
- Frames, Panels und Buttons kennen
- etwas über den Umgang mit Ereignissen
- wie eine Klasse eine andere beerben kann

ERST MAL EIN FENSTER

Sieht man einmal von den kleinen Dialogboxen ab, die wir für die Eingabe und Ausgabe von Zahlen und Text verwendet haben, so sind wir bis jetzt ohne die vielen Komponenten ausgekommen, die Windows uns bietet.

Dabei wäre es durchaus reizvoll, wenigstens erst mal ein Fenster auf den Bildschirm zu zaubern. Und wenn uns das gelungen ist, können wir daran gehen, dieses Fenster mit einigen Komponenten zu füllen.

Was sind **Komponenten**? Man versteht darunter Objekte, die in der Regel zur Bedienung von Programmen verwendet werden, also z.B. Schaltflächen (Buttons), Menüs, Anzeige- und Eingabefelder (Labels, TextFields).

Wir brauchen gar nicht lange nach einer Bibliothek zu suchen, um fündig zu werden, bleiben wir einfach bei diesem Import:

```
import javax.swing.*;
```

Das Swing-Paket enthält all die vielen Komponenten, mit denen sich eine grafische Benutzeroberfläche gestalten lässt. Die Besonderheit dieser Sammlung ist, dass sie unabhängig von dem funktioniert, was ein Betriebssystem an Material zur Verfügung stellt.

Zum Java-Standard gehört das Paket `java.awt` (= Abstract Windows Tools). Die dort enthaltenen Komponenten sind direkt mit denen verbunden, die das jeweilige Betriebssystem – meist Windows oder Linux – zur Verfügung stellt. Damit beschränkt sich die Leistungsfähigkeit auf das, was das jeweilige System zu bieten hat. Und sie sehen so aus, wie wir es z.B. von Windows oder Linux gewohnt sind. Eine Erweiterung stellt Eclipse mit dem Paket `org.eclipse.swt` zur Verfügung.

Für das Paket `javax.swing` wurden sämtliche Komponenten neu erstellt, sie funktionieren unabhängig vom jeweiligen Betriebssystem und sehen überall gleich aus (es stehen mehrere Layouts zur Verfügung). Weil das ganze Paket in Java programmiert wurde und die Quelltexte verfügbar sind, kann man selbst einzelne Komponenten beliebig ändern oder erweitern.

Wir benutzen hier vorwiegend das **Swing**-Paket, werden aber auf die AWT-Bibliothek nicht verzichten, weil Swing auf AWT aufbaut.

> Und hier ist schon das erste Projekt, das du natürlich erst neu erzeugen musst. Dann tippe den folgende Quelltext ein (→ FENSTER1):

```
package rahmen1;
import javax.swing.*;

public class Fenster1
{
  public static void main (String[] args)
```

```
  {
    JFrame Rahmen = new JFrame();
    Rahmen.setSize (400,300);
    Rahmen.setDefaultCloseOperation
      (JFrame.EXIT_ON_CLOSE);
    Rahmen.setVisible (true);
  }
}
```

Was nach einem Programmlauf herauskommt, könnte etwa so aussehen:

Schauen wir uns die Zeilen an, die uns zu diesem (noch recht mager aussehenden) Fenster führen. Zuerst wird aus der Klasse `JFrame` ein Objekt mit dem Namen `Rahmen` erzeugt:

```
JFrame Rahmen = new JFrame();
```

Damit hätten wir einen Rahmen ohne eindeutige Größe. Die muss nämlich auch festgelegt werden:

```
Rahmen.setSize (400,300);
```

Lässt man diese Anweisung weg, so erscheint später nur die obere Titelleiste. (Probier es selbst aus!)

> Die Klassen der Swing-Bibliothek beginnen alle mit einem »J«, das bei gleichnamigen Klassen im AWT-Paket weggelassen wurde. So entspricht die Klasse `Button` aus dem AWT der Klasse `JButton` und `JFrame` in Swing heißt im AWT-Paket `Frame`. (Dass das »J« auch hier die Abkürzung für »Java« ist, kannst du dir denken.)

Nun wäre das Fenster eigentlich schon komplett (inklusive Buttons zum Minimieren und Maximieren der Größe sowie Möglichkeiten zum Verschieben und zur Größenänderung).

Lediglich der Button zum Schließen des Fensters und damit zum Beenden des Programms ist noch funktionslos. Damit wir nachher aber auch wieder aus dem Programm herauskommen, müssen wir diese Eigenschaft hinzufügen:

```
Rahmen.setDefaultCloseOperation
  (JFrame.EXIT_ON_CLOSE);
```

Solltest du diese Anweisung einmal weglassen, kommst du nur zu einem Programmschluss, indem du Eclipse komplett beendest. Und um überhaupt etwas vom Fenster sehen zu können, muss es sichtbar gemacht werden:

```
Rahmen.setVisible (true);
```

Der Wert `true` ist das Gegenteil von `false`. Diese beiden Werte können Bedingungen annehmen:

Bedingung erfüllt	wahr/richtig bzw. `true`
Bedingung nicht erfüllt	falsch bzw. `false`

Es gibt neben `int` oder `float` einen Datentyp `boolean`, mit dem sich Variablen vereinbaren lassen, die nur einen dieser beiden Werte annehmen können. (Vergleichbar mit einer Zahlvariablen, die nur z.B. 1 oder 0 als Wert haben kann.)

Demnach lässt sich ein Fenster auch so (wieder) unsichtbar machen:

```
Rahmen.setVisible (false);
```

HALLO, WIE GEHT ES?

Wie wäre es, das fast schon vergessene (?) *Hallo*-Projekt wieder hervorzukramen und ihm ein neues Kleid zu verpassen? Zum Beispiel könnte das Ergebnis unserer Bemühungen dann so aussehen:

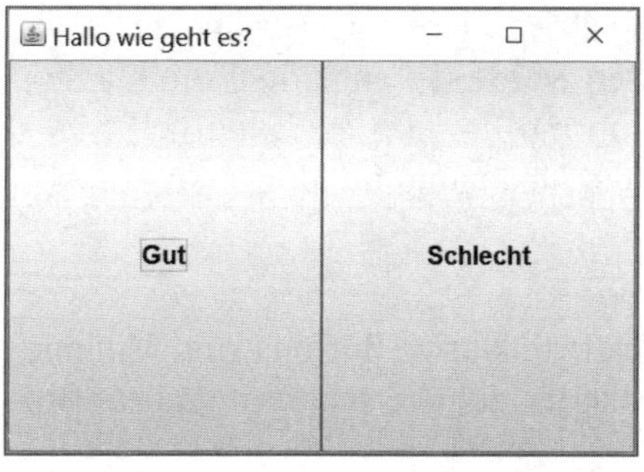

Dazu müssen wir unser Projekt um ein paar Zeilen erweitern (→ FENSTER2):

```
package rahmen2;
import javax.swing.*;

public class Fenster2
{
  public static void main (String[] args)
  {
    JFrame Rahmen =
      new JFrame("Hallo, wie geht es?");
    Rahmen.setSize (400,300);
    Rahmen.setDefaultCloseOperation
      (JFrame.EXIT_ON_CLOSE);
    JPanel Platte = new JPanel ();
    Platte.add (new JButton ("Gut"));
    Platte.add (new JButton ("Schlecht"));
    Rahmen.setContentPane (Platte);
    Rahmen.setVisible (true);
  }
}
```

Die ersten Zeilen sind – ebenso wie die allerletzte – dieselben wie beim Anfangsbeispiel. Doch dazwischen hat sich einiges getan. Hinzugekommen sind zwei neue Komponententypen mit den Namen `JPanel` und `JButton`.

Der letzte Typ muss nicht weiter erläutert werden, hier haben wir gleich zwei Objekte der Klasse `JButton` mit zwei verschiedenen Aufschriften. Die lassen sich allerdings nicht einfach in unser (leeres) Fenster setzen, sondern wir benötigen dazu einen Behälter (englisch: Container). Und genau dies ist der Typ `JPanel`. Darunter kann man eine Art Platte als Auflagefläche verstehen – auch »Content Pane« genannt:

```
JPanel Platte = new JPanel ();
```

Nachdem das neue Objekt erzeugt wurde, sorgt die Methode `add` dafür, dass beide Buttons integriert werden:

```
Platte.add (new JButton ("Gut"));
Platte.add (new JButton ("Schlecht"));
```

Zuletzt muss die Platte (sowie die darin befindlichen Schaltflächen) noch mit dem Fensterrahmen »verschraubt« werden:

```
Rahmen.setContentPane (Platte);
```

≫ Ergänze den Quelltext und lass das Programm laufen.

Heraus kommt nicht so ganz das, was wir uns eigentlich gewünscht hätten.

Das lässt sich aber leicht ändern, indem wir das Layout neu setzen:

```
Platte.setLayout (new GridLayout());
```

Allerdings müssen wir für die Eigenschaft `GridLayout` auf die Bibliotheken der AWT zurückgreifen. Deshalb binden wir auch die gleich mit ein:

```
import java.awt.*;
```

Wenn du das Projekt um diese Zeilen erweiterst, bekommst du zwei Buttons, die sich die gesamte Fensterfläche teilen (→ FENSTER2A).

ES PASSIERT ETWAS

Beim Ausprobieren des Projekts kommt schnell Frust auf, wenn sich Buttons zwar anklicken lassen, dies aber nichts weiter bewirkt. Eigentlich müsste doch eine Meldung wie »Das freut mich« oder »Das tut mir leid« kommen – je nachdem, auf welchen Knopf ich klicke.

Wie aber bringen wir das den beiden Komponenten bei? Naheliegend wäre eine Lösung wie diese:

```
if (Knopf1.pressed)
  JOptionPane.showMessageDialog
    (null, "Das freut mich!");
if (Knopf2.pressed)
  JOptionPane.showMessageDialog
    (null, "Das tut mir leid!");
```

Wobei Knopf1 und Knopf2 zuvor so erzeugt werden müssen:

```
JButton Knopf1 = new JButton ("Gut");
JButton Knopf2 = new JButton ("Schlecht");
```

Leider gibt es keine solche Eigenschaft oder Methode, mit der sich das Drücken eines Buttons direkt abfragen lässt.

> Ein Betriebssystem wie Windows oder Linux arbeitet ereignisorientiert. Das heißt, dass alles, »was so abläuft« – also z.B. Buttonklicks, das Öffnen oder Schließen, Verschieben oder Ändern der Größe von Fenstern – von Windows oder Linux als Ereignis angesehen wird. Das englische Wort dafür ist **Event**.
>
> Auch Java stützt sich auf diese Ereignissteuerung und verwendet dazu einen »Beobachter«, z.B. den so genannten **Listener**. Für eine Buttonaktion z.B. heißen die entsprechenden Java-Elemente ActionEvent und ActionListener.

Um einen solchen Kontrolleur für Ereignisse zu installieren, die z.B. von unseren beiden Schaltflächen kommen, müssen diese mit einem Ereignis und der gewünschten Reaktion verknüpft werden. Hier siehst du, wie das für den ersten Button geschieht:

```
Knopf1.addActionListener (new ActionListener()
{
  public void actionPerformed (ActionEvent x)
  {
    JOptionPane.showMessageDialog
      (null, "Das freut mich!");
  }
});
```

Die Methode addActionListener ordnet dem Objekt bzw. Button Knopf1 einen »Ereigniswächter« zu. Sie übernimmt ihn in einem Parameter, der hier sehr lang ausfällt.

Der betreffende ActionListener muss nämlich erst über new erzeugt werden:

```
new ActionListener()
```

Er verfügt mit actionPerformed über eine Methode, die erst einmal nichts tut, solange sie nicht mit mindestens einer Anweisung gefüllt wird. Und dies ist die Aufgabe des Programmierers. Aus

```
public void actionPerformed (ActionEvent x)
{
}
```

wird hier z.B.:

```
public void actionPerformed (ActionEvent x)
{
  JOptionPane.showMessageDialog (null, Text);
}
```

Unter »Text« kannst du dann eintragen, was nach einem Buttonklick angezeigt werden soll, z.B. » Das freut mich!« oder »Das tut mir leid!«.

Wichtig ist die schließende runde Klammer ganz zum Schluss, sie beendet die Parameterliste für `addActionListener`!

Genau besehen handelt es sich bei `ActionListener` nicht um eine Klasse, sondern ein **Interface**. Interfaces enthalten nur »leere« Methodendefinitionen, so genannte Prototypen wie `actionPerformed (ActionEvent x) ;`

Hier steht am Schluss statt der geschweiften Klammern einfach nur ein Semikolon. Bei Erzeugung und Verwendung einer entsprechenden Klasse oder eines Objekts müssen diese Methoden dann mit Inhalt gefüllt werden – wie z.B. oben geschehen.

Außer Prototypen dürfen Interfaces auch Konstanten enthalten, jedoch keine Attribute (Variablen).

Hat auch der zweite Button seinen »Ereigniswächter«, werden beide Schaltflächen in den Container `Platte` von Typ `JPanel` eingepasst:

```
Platte.add (Knopf1);
Platte.add (Knopf2);
```

Bei dieser Gelegenheit könnten wir uns außerdem noch eine größere **Schrift** gönnen, indem wir diese beiden Zeilen hinzufügen:

```
Knopf1.setFont(new Font("Arial", 1, 20));
Knopf2.setFont(new Font("Arial", 1, 20));
```

Mit der Methode `setFont` lässt sich die Schriftart ebenso wie ihre Größe und ihr Schnitt (Fett, Kursiv) einstellen. Und `Font` ist das Objekt, das uns die neue Schrift liefert.

GUT ODER SCHLECHT?

Und so sieht dann der gesamte Quelltext unseres Projekts aus (→ FENSTER3):

```
package rahmen3;
import javax.swing.*;
import java.awt.*;
import java.awt.event.*;

public class Fenster3
{
  public static void main (String[] args)
  {
    JFrame Rahmen =
      new JFrame("Hallo, wie geht es?");
    Rahmen.setSize (400,300);
    Rahmen.setDefaultCloseOperation
      (JFrame.EXIT_ON_CLOSE);
    JPanel Platte = new JPanel ();
    Platte.setLayout (new GridLayout());
    // Buttons erzeugen
    JButton Knopf1 = new JButton("Gut");
    JButton Knopf2 = new JButton ("Schlecht");
    // Schriftart und -größe
    Knopf1.setFont(new Font("Arial", 1, 20));
    Knopf2.setFont(new Font("Arial", 1, 20));
    // Buttons mit Ereignissen verknüpfen
    Knopf1.addActionListener (new ActionListener()
    {
      public void actionPerformed (ActionEvent x)
      {
        JOptionPane.showMessageDialog
          (null, "Das freut mich!");
        }
    });
    Knopf2.addActionListener (new ActionListener()
    {
      public void actionPerformed (ActionEvent x)
      {
        JOptionPane.showMessageDialog
          (null, "Das tut mir leid!");
      }
    });
    // Alles einsetzen und sichtbar machen
    Platte.add (Knopf1);
    Platte.add (Knopf2);
    Rahmen.setContentPane (Platte);
    Rahmen.setVisible (true);
  }
}
```

≫ Erweitere deinen Quelltext entsprechend und überprüfe dann in mehreren Programmläufen die Funktion der beiden Schaltflächen.

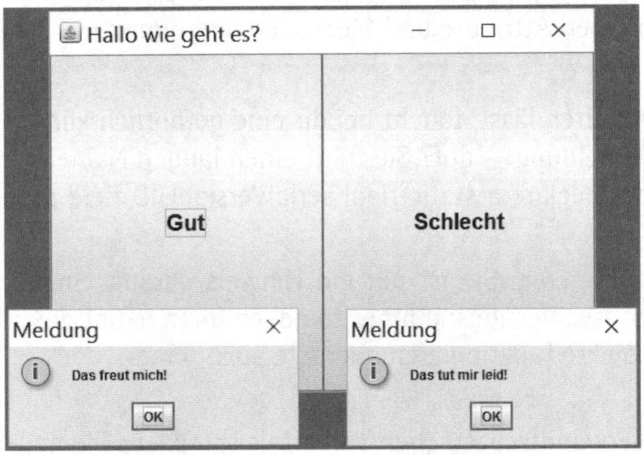

Warum ist hier die folgende `import`-Anweisung nötig:

```
import java.awt.event.*;
```

wo doch mit der folgenden Zeile alle Pakete von AWT samt Klassen eingebunden wurden?

```
import java.awt.*;
```

Wenn du die zusätzliche Anweisung weglässt, erhältst du eine Fehlermeldung, die auf `ActionListener` verweist.

Immer wenn eine Klasse oder ein Interface nicht eindeutig einem Paket zuzuordnen ist, sollte noch einmal durch eine weitere genauere »Ortsangabe« (sprich: `import`-Anweisung) klargestellt werden, aus welchem Paket die betreffende Klasse stammt.

ES GIBT WAS ZU ERBEN

Es kann uns einiges an Arbeit ersparen, wenn wir von einem Mechanismus Gebrauch machen, den die objektorientierte Programmierung (OOP) anbietet. Zuerst einmal benennen wir die Klasse in `HalloFenster` um (das muss nicht sein, ist aber der aktuellen Lage »angemessen«).

Schön wäre es, wenn diese Klasse nun alles hätte, was die vorhandene Java-Swing-Klasse `JFrame` hat. Deshalb erweitern wir unsere Vereinbarung so:

```
public class HalloFenster extends JFrame
```

Und schon haben wir neben der Kapselung eine weitere wichtige Eigenschaft der objektorientierten Programmierung (OOP) kennen gelernt. Durch **Vererbung** (englisch inheritance) ist es möglich, neue Klassen zu erstellen, und dabei bereits vorhandene zu nutzen, indem man deren Attribute und Methoden übernimmt.

> Wenn du das aktuelle Projekt laufen lässt, taucht bei dir eine gefährlich klingende Warnung – nicht Fehlermeldung! – auf? Sie trägt einen langen Namen: »The serializable class does not declare a static final serialVersionUID field of type long«.
>
> Die kannst du jetzt getrost ignorieren. Sie ist nur ein Hinweis darauf, einer Klasse eine Art Seriennummer bzw. Versionsnummer zu geben (man nennt das auch Serialisieren). Unsere Projekte funktionieren aber alle auch ohne.

Man kann hier also von einem verwandtschaftlichen Verhältnis sprechen: Die neue Klasse ist das Kind, die von einer Mutter (oder einem Vater) gute wie schlechte Eigenschaften und Gewohnheiten erbt. (So ähnlich, wie du von deinen Eltern einiges oder eine ganze Menge abbekommen hast.)

Vererbung

> Noch mal: Was ist **OOP**? Das ist die Abkürzung für »**O**bjekt**o**rientierte **P**rogrammierung« (bzw. englisch »**O**bject **O**riented **P**rogramming«).
>
> **Objekte** haben **Eigenschaften** bzw. **Attribute** und dazu **Methoden**, um mit diesen Eigenschaften umzugehen. Statt Eigenschaften könnte man auch **Daten** sagen. Dann dienen die Methoden dazu, die Daten zu bearbeiten.
>
> Um alle Merkmale von gleichartigen Objekten zusammenzufassen, gibt es **Klassen**. In denen ist alles zusammengepackt, was ein Objekt ausmachen kann. Das nennt man **Kapselung**.
>
> Damit man nicht immerzu Klassen neu erfinden muss, kann man bereits vorhandene benutzen: Man baut deren Eigenschaften und Methoden einfach in eine neue Klasse ein. Das nennt man **Vererbung**.

Dann erweitert man die neue Klasse um beliebige Eigenschaften und Methoden. Das alles lässt sich natürlich wiederum an neue Klassen vererben und so fort. Dadurch entsteht eine (große) Familie an Klassen und Objekten. Man spricht von **Klassenhierarchie**.

Und wenn man Klassen, die thematisch zueinander passen bzw. gehören, zusammenpackt, entsteht ein **Paket** (englisch package). Und auch aus mehreren Paketen lässt sich wiederum ein (dickes) Paket schnüren (Beispiel: `java.awt.event`).

Das Zauberwort, das die Vererbung »besiegelt«, heißt `extends` (was zu Deutsch so viel wie »erweitert« bedeutet).

ZUGABE

Das soll in unserem Fall aber noch nicht genug sein. Wir packen nämlich gleich noch etwas hinzu:

```
public class HalloFenster
  extends JFrame implements ActionListener
```

Nun übernimmt `HalloFenster` noch etwas, nämlich die »Eigenheiten« des Interface `ActionListener`. Dies geschieht hier über das Hilfswort `implements` (zu Deutsch »implementiert«, hier wird also etwas eingesetzt bzw. eingebaut).

Damit verfügt unsere Klasse `HalloFenster` über eine ganze Menge, was den bisherigen Quelltext um einiges ändert (weshalb ich das Projekt als Fortsetzung unseres *Hallo*-Projekts eingestuft habe (→ HALLO3):

```
package einaus3;
import javax.swing.*;
import java.awt.*;
import java.awt.event.*;

public class HalloFenster
  extends JFrame implements ActionListener
{
  // Attribute
  private JButton Knopf1;
  private JButton Knopf2;

  // Konstruktor
  public HalloFenster ()
  {
    super ("Hallo, wie geht es?");
```

```
    JPanel Platte = new JPanel ();
    Platte.setLayout (new GridLayout());
    // Buttons erzeugen
    Knopf1 = new JButton ("Gut");
    Knopf2 = new JButton ("Schlecht");
    // Schriftart und -größe
    Knopf1.setFont(new Font("Arial", 1, 20));
    Knopf2.setFont(new Font("Arial", 1, 20));
    // Buttons mit Ereignissen verknüpfen
    Knopf1.addActionListener (this);
    Knopf2.addActionListener (this);
    // Alles einsetzen
    Platte.add (Knopf1);
    Platte.add (Knopf2);
    setContentPane (Platte);
  }

  public void actionPerformed (ActionEvent Ereignis)
  {
    Object Quelle = Ereignis.getSource();
    if (Quelle == Knopf1)
      JOptionPane.showMessageDialog
        (null, "Das freut mich!");
    if (Quelle == Knopf2)
      JOptionPane.showMessageDialog
        (null, "Das tut mir leid!");
  }

  public static void main (String[] args)
  {
    HalloFenster Rahmen = new HalloFenster ();
    Rahmen.setSize (400,300);
    Rahmen.setDefaultCloseOperation
      (JFrame.EXIT_ON_CLOSE);
    Rahmen.setVisible(true);
  }
}
```

SUPER, THIS UND ANDERE ERBSTÜCKE

Ein paar neue Wörter gibt es auch wieder. Da wäre zuerst diese Anweisung innerhalb des von uns vereinbarten Konstruktors:

```
super ("Hallo, wie geht es?");
```

Aktiviert wird damit der Konstruktor der Klasse `JFrame`, deren Kind `HalloFenster` ja ist. (Und nebenbei bekommt so die Titelleiste gleich ihren Text.)

Das ist üblich und sinnvoll, weil damit auch alle Initialisierungen stattfinden, die für ein Objekt vom Typ JFrame vorgesehen sind. Dann folgen unsere eigenen Anweisungen, um die wir unsere Klasse HalloFenster erweitert haben.

So werden dort die beiden Schaltflächen (Buttons) erzeugt und eingefügt, die zuvor als private Attribute (Eigenschaften) von HalloFenster vereinbart wurden. Interessant ist, wie einfach diesmal die Zuordnung der »Ereigniswächter« abläuft:

```
Knopf1.addActionListener (this);
Knopf2.addActionListener (this);
```

Weil ActionListener in HalloFenster implementiert wurde, beziehen wir uns mit dem Parameter this auf die Klasse selbst, die ja alle Eigenschaften von ActionListener besitzt. Diesen Parameter bekommt jedes Objekt automatisch bei seiner Geburt mit. (So könnten wir also die Attribute von HalloFenster auch ausführlicher mit this.Knopf1 und this.Knopf2 ansprechen.)

Weil die Methode actionPerformed nun für beide Buttons eingesetzt werden soll, müssen wir innerhalb dieser Methode den aktuellen Knopf ermitteln, der gerade angeklickt wurde. Das erledigt die Methode getSource:

```
Object Quelle = Ereignis.getSource();
```

Wobei Quelle als einfaches Objekt vereinbart und eingesetzt wird, um diese Daten »aufzufangen«. Dann wird abgetestet und je nach Button entsprechend geantwortet:

```
if (Quelle == Knopf1) JOptionPane.showMessageDialog
  (null, "Das freut mich!");
if (Quelle == Knopf2) JOptionPane.showMessageDialog
  (null, "Das tut mir leid!");
```

Im Hauptprogrammteil bleiben nur noch einige wenige Zeilen übrig, darunter die Erzeugung eines Objekts mit dem Namen Rahmen (wenn du einen besseren weißt, nimm ihn!):

```
HalloFenster Rahmen = new HalloFenster ();
```

> Wenn du genau hingeschaut hast, ist dir der Unterschied aufgefallen: Der Konstruktor der Mutter JFrame übernimmt einen Parameter, der des Kindes HalloFenster keinen. Was soll daran außergewöhnlich sein?
>
> Das Besondere daran ist, dass wir unseren Konstruktor auch hätten so vereinbaren können:
>
> `public HalloFenster (String Text)`

Womit der Aufruf des geerbten Konstruktors sich so ändern müsste:

```
super (Text);
```

Und beim Erzeugen des Objekts Rahmen wird dann der Text für die Titelleiste übergeben:

```
HalloFenster Rahmen =
  new HalloFenster ("Hallo, wie geht es?");
```

Sogar dieser Konstruktor wäre möglich:

```
public HalloFenster
  (String Titel, String BtnTxt1, String BtnTxt2)
```

Innerhalb des Konstruktors würden die beiden Schaltflächen dann so erzeugt:

```
Knopf1 = new JButton("Gut");
Knopf2 = new JButton ("Schlecht");
```

Und wir hätten diese Initialisierung:

```
HalloFenster Rahmen = new HalloFenster
  ("Hallo, wie geht es?", "Gut", "Schlecht");
```

Es können sogar mehrere Konstruktoren gleichzeitig definiert werden. Sie müssen sich allerdings jeweils voneinander in der Parameterliste unterscheiden.

ZUSAMMENFASSUNG

Nun sind wir mit Schwung eingestiegen – in Swing. Wie du gesehen hast, gibt es dabei einiges mehr einzutippen, was aber auch mit höherem Programmkomfort belohnt wird. In den nächsten Kapiteln schauen wir mal, was Swing noch so an Komponenten zu bieten hat.

Hier sind eine ganze Reihe neuer Wörter aufgetaucht. Welche davon noch hängen geblieben sind, kannst du in der Liste nachprüfen. Da wären zunächst ein paar Komponenten sowie Elemente und Methoden zur Verknüpfung und Ereignissteuerung:

JFrame	Rahmen, der als Basis (Fenster) für die Swing-Komponenten dient
JPanel	Behälter, in den die Komponenten eingepasst werden (»Grundplatte«)
JButton	Knopf bzw. Schaltfläche
setContentPane	Behälter mit Rahmen verbinden
setLayout	Layout/Aussehen im Behälter (auf der »Platte«) festlegen
add	Methode, die Komponenten in einen Behälter einfügt

`ActionListener`	»Wächter« bzw. Beobachter für Aktionen als Ereignisse
`ActionEvent`	Ereignis, in diesem Falle eine Aktion, z.B. ein Mausklick auf einen Button
`addActionListener`	Methode, die Aktion/Ereignis in Liste »zur Beobachtung« aufnimmt
`actionPerformed`	Methode, die Ereignisse »auffängt« und behandelt
`getSource`	Quelle eines aktuellen Ereignisses ermitteln
`setFont`	eine neue Schriftart setzen
`Font`	Klasse für Schrift(en)

Auch zum Thema Vererbung kennst du ein paar Java-Wörter:

`extends`	Verbindung mit einer »Mutterklasse«, um diese zu beerben
`implements`	Verbindung mit einem Interface, um deren Eigenheiten zu übernehmen
`super`	Aufruf der übergeordneten (geerbten) Methode
`this`	In jedes Objekt eingebauter »Zeiger«, der als Parameter eingesetzt werden kann, wenn das Objekt selbst gemeint ist

Und ganz nebenbei hast du auch noch einen neuen Datentyp kennen gelernt:

`boolean`	Typ für Variablen – mit zwei möglichen Werten: `true` und `false`

EIN PAAR FRAGEN ...

1. Welche Swing-Komponenten kennst du?
2. Wie werden Komponenten und Ereignisse verknüpft?

... UND EIN PAAR AUFGABEN

1. Erstelle ein Horoskop-Programm, das zu jedem Sternzeichen einen Button bietet und auf Mausklick eine kurze Meldung abgibt.
2. Spendiere dem Projekt LOTTO3 aus dem vierten Kapitel ein Feld von `boolean`-Variablen, um dort den Zustand der »Lottokugeln« als `false` (= noch verfügbar) bzw. als `true` (= schon gezogen) zu markieren.

7 COMBO, RADIO ODER CHECK?

Jetzt kennst du ja bereits einige wichtige Komponenten, aber das Swing-Paket hat noch eine ganze Menge mehr zu bieten. Eigentlich könnte man doch in einem Fenster auch mal ein paar dieser Dinger mischen. Das *Hallo*-Projekt aus dem letzten Kapitel bietet dazu schon noch etwas Spielraum – wie du gleich sehen wirst.

In diesem Kapitel lernst du

- Kombinationsfelder kennen
- etwas über den Unterschied zwischen Options- und Kontrollfeldern
- was ein Gruppenfeld ist
- den Nutzen von Boxen kennen
- ein bisschen mehr über das Layout von Komponenten

KLEINE KNOPFPARADE

Zwei Antworten auf die Frage »Wie geht es dir?« sind recht mickrig. Deshalb erweitern wir unser Projekt mal ganz mutig auf insgesamt sechs Schaltflächen. In der Tabelle findest du meinen Vorschlag für die Aufschriften auf den Buttons und die zugehörigen Antwortsätze:

Button	Diagnose
Prima	Das ist ja toll!
Gut	Das freut mich!
Mäßig	Das geht ja noch!
Schlecht	Das tut mir leid!
Miserabel	Das ist ja schlimm!
Sag ich nicht	Wenn du meinst ...

Damit sind die statistisch gesehen wohl meisten Antworten unserer Bevölkerung erfasst. Lediglich die mehr oder weniger aufmunternden Worte sind von Seelsorger zu Seelenklempner verschieden.

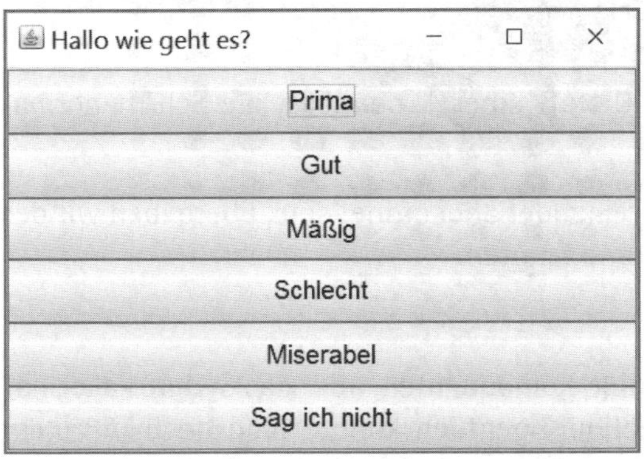

Nun ist einiges an Tipparbeit angesagt – das eigentliche Programm ändert sich im Wesentlichen nur in seinem Umfang.

Da sich im Quelltext – bis auf Kleinigkeiten – vieles wiederholt, solltest du hier von den Optionen COPY und PASTE im EDIT-Menü reichlich Gebrauch machen. Oder du benutzt die von Windows bekannten Tastenkombinationen `Strg` `C` und `Strg` `V`.

Dann musst du nur noch ein paar Zahlen und etwas Text ändern.

Beginnen wir mit den (privaten) Eigenschaften bzw. Attributen (→ HALLO4):

```
private JButton Knopf1;
private JButton Knopf2;
private JButton Knopf3;
private JButton Knopf4;
private JButton Knopf5;
private JButton Knopf6;
```

Im Konstruktor wird jeder Knopf mit einem anderen Text erzeugt:

```
Knopf1 = new JButton ("Prima");
Knopf2 = new JButton ("Gut");
Knopf3 = new JButton ("Mäßig");
Knopf4 = new JButton ("Schlecht");
Knopf5 = new JButton ("Miserabel");
Knopf6 = new JButton ("Sag ich nicht");
Knopf1.setFont(new Font("Arial", 0, 20));
Knopf2.setFont(new Font("Arial", 0, 20));
Knopf3.setFont(new Font("Arial", 0, 20));
Knopf4.setFont(new Font("Arial", 0, 20));
Knopf5.setFont(new Font("Arial", 0, 20));
Knopf6.setFont(new Font("Arial", 0, 20));
```

Bei der Schriftart steht diesmal eine 0 statt einer 1, damit ist die Schrift normal statt fett.

Damit die Buttons in einer Reihe untereinander angeordnet sind, übergeben wir der Layoutmethode die Anzahl der Zeilen und Spalten:

```
Platte.setLayout (new GridLayout(6,1));
```

Anschließend kommt die »Massenzuordnung« zum `ActionListener` und das Einfügen in den Container `Platte` (→ HALLO4):

```
Knopf1.addActionListener (this);
Knopf2.addActionListener (this);
Knopf3.addActionListener (this);
Knopf4.addActionListener (this);
Knopf5.addActionListener (this);
Knopf6.addActionListener (this);
Platte.add (Knopf1);
Platte.add (Knopf2);
Platte.add (Knopf3);
Platte.add (Knopf4);
Platte.add (Knopf5);
Platte.add (Knopf6);
setContentPane (Platte);
```

Was jetzt noch fehlt, sind die passenden Antworten für die Meldungsfenster. Die gehören alle in die `actionPerformed`-Methode. Hier der ganze Text am Stück (→ HALLO4):

```
public void actionPerformed (ActionEvent Ereignis)
{
  Object Quelle = Ereignis.getSource();
  if (Quelle == Knopf1)
    JOptionPane.showMessageDialog
      (null, "Das ist ja toll!");
  if (Quelle == Knopf2)
    JOptionPane.showMessageDialog
      (null, "Das freut mich!");
  if (Quelle == Knopf3)
    JOptionPane.showMessageDialog
      (null, "Das geht ja noch!");
  if (Quelle == Knopf4)
    JOptionPane.showMessageDialog
      (null, "Das tut mir leid!");
  if (Quelle == Knopf5)
    JOptionPane.showMessageDialog
      (null, "Das ist ja schlimm!");
  if (Quelle == Knopf6)
    JOptionPane.showMessageDialog
      (null, "Wenn du meinst ...");
}
```

≫ Erweitere dein (altes) Projekt entsprechend. Und achte darauf, dass Button-Aufschrift und Meldungstext zusammenpassen! Dann starte das Programm und probier es aus.

FELDOPTIMIERUNG

Gar nicht auszudenken, wenn man mal mehr als sechs Buttons braucht: Das wird ja ein Wust von Quelltext, der dabei entsteht. Gäbe es da nicht eine Möglichkeit, das kräftig zu vereinfachen?

Etwas Vergleichbares hatten wir doch schon einmal: Damals waren es die »Lottokugeln«, die wir allesamt in ein Feld gepackt haben. Ob so etwas auch mit Komponenten funktioniert? Probieren wir's aus:

```
private JButton[] Knopf = new JButton[6];
```

Damit hätten wir zunächst sechs Knöpfe vereinbart. Die müssen nun im Konstruktor erzeugt und dann ins Fenster eingefügt werden. Das ließe sich mit einer Zählschleife elegant lösen. Allerdings müssen wir dazu ein weiteres Feld zur Hilfe nehmen, das wir direkt unter der obigen Attributvereinbarung erzeugen (→ HALLO4A):

```
private String[] Text =
  {"Prima", "Gut", "Mäßig", "Schlecht", "Miserabel",
   "Sag ich nicht"};
```

Dabei lernst du gleich eine Technik kennen, einem kompletten Variablenfeld schon bei der Vereinbarung Werte zuzuweisen. (Und wieder mal mit geschweiften Klammern.) Damit erübrigt sich später ein erneutes Erzeugen des Stringfeldes über `new`.

Und wenn wir schon einmal dabei sind, erschaffen wir uns doch gleich ein weiteres Textfeld, das wir mal `Diagnose` nennen wollen, weil es die seelsorgenden Texte enthalten soll, die als Reaktion auf einen Buttonklick ausgegeben werden:

```
private String[] Diagnose =
  {"Das ist ja toll!", "Das freut mich!",
  "Das geht ja noch!", "Das tut mir leid!",
  "Das ist ja schlimm!", "Wenn du meinst ..."};
```

Damit schrumpft der Konstruktor wie 30-Grad-Wäsche nach dem Kochen (→ HALLO4A):

```
public HalloFenster ()
{
  super ("Hallo, wie geht es?");
  JPanel Platte = new JPanel ();
  Platte.setLayout (new GridLayout(6,1));
  for (int i = 0; i < 6; i++)
  {
    Knopf[i] = new JButton (Text[i]);
    Knopf[i].setFont(new Font("Arial", 0, 20));
    Knopf[i].addActionListener (this);
    Platte.add (Knopf[i]);
  }
  setContentPane (Platte);
}
```

Die Buttons werden in einer `for`-Schleife erzeugt, mit dem `ActionListener` verknüpft und in die `Platte` eingesetzt.

Eine ebensolche Zählschleife bekommt auch die Methode `actionPerformed` verpasst und damit jeder Knopf seine Diagnose (→ HALLO4A):

```
public void actionPerformed (ActionEvent Ereignis)
{
  Object Quelle = Ereignis.getSource();
  for (int i = 0; i < 6; i++)
```

```
    if (Quelle == Knopf[i])
      JOptionPane.showMessageDialog
        (null, Diagnose[i]);
}
```

Nun müsste das Programm das Gleiche leisten wie die vorhergehende Version, nur hat der Quelltext um einiges abgespeckt.

LISTENWAHL

Auf der Suche nach Alternativen kramen wir jetzt ein bisschen in der Komponentensammlung von Swing. Schließlich willst du es nicht immer nur mit Knöpfen zu tun haben. Ganz ohne Schaltflächen könnte unser Projekt funktionieren, wenn wir uns für eine Liste entschieden, in der alle Aufschriften stehen, die du den Buttons verpasst hast. Dann benötigen wir aber die Schaltknöpfe nicht mehr. Du musst sie also entfernen – oder du legst ein ganz neues Projekt an und kopierst dort die benötigten Quelltextabschnitte hinein.

Die Komponente, die wir jetzt benutzen, heißt `JComboBox` bzw. Kombinationsfeld. Dort müssen nun alle sechs Texte untergebracht werden, die vorher auf den Knöpfen standen.

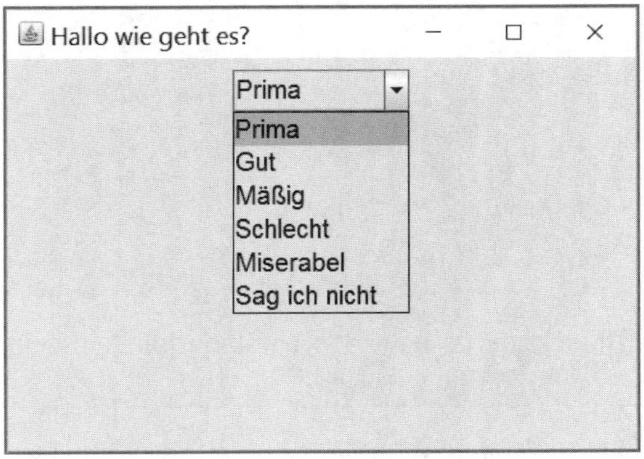

Nun haben wir es nur mit einer Komponente zu tun, die wir so vereinbaren:

```
private JComboBox Liste;
```

Die Stringfelder übernehmen wir so, wie sie sind, und nutzen sie für die neue Komponente. Der Konstruktor bleibt weiter angenehm kurz (→ HALLO5):

```
public HalloFenster ()
{
  super ("Hallo, wie geht es?");
```

```
    JPanel Platte = new JPanel ();
    Platte.setLayout (new FlowLayout());
    Liste = new JComboBox(Text);
    Liste.setFont(new Font("Arial", 0, 16));
    Liste.addActionListener (this);
    Platte.add (Liste);
    setContentPane (Platte);
  }
```

Die Zeile, in der das Layout gesetzt wird, könnte man eigentlich weglassen, denn `FlowLayout` ist der Standard, wenn nichts angegeben wurde.

```
Platte.setLayout (new FlowLayout());
```

Bei Erzeugen des Kombinationsfeldes bzw. der ComboBox wird das Stringfeld als Parameter übergeben – vergleichbar mit der Aufschrift für einen Button:

```
Liste = new JComboBox(Text);
```

Die Methode `actionPerformed` muss nun ein paar kleine Änderungen über sich ergehen lassen, denn nun werden ja nicht sechs Buttons, sondern die Einträge in einer Liste abgefragt (→ HALLO5):

```
public void actionPerformed (ActionEvent Ereignis)
{
  Object Quelle = Ereignis.getSource();
  if (Quelle != Liste) return;
  for (int i = 0; i < 6; i++)
    if (Liste.getSelectedIndex() == i)
      JOptionPane.showMessageDialog
        (null, Diagnose[i]);
}
```

Sollte die Ereignisquelle nicht das Objekt `Liste` bzw. das Kombinationsfeld sein, dann wird die Methode verlassen – es gibt nichts zu tun:

```
if (Quelle != Liste) return;
```

Ansonsten wird überprüft, welcher Eintrag ausgewählt wurde:

```
if (Liste.getSelectedIndex() == i)
```

Die Methode `getSelectedIndex` gibt die Nummer des aktuell gewählten Listeneintrags zurück. Hier hat der erste Eintrag den Wert 0, denn da beginnt auch die Zählung.

VON PÜNKTCHEN ...

Es gibt noch eine weitere Möglichkeit, deine Stimmungslage bzw. seelische Verfassung optisch darzustellen. Dazu kannst du dein altes Projekt übernehmen, wenn du bereit bist, dich dort vom Kombinationsfeld zu trennen. Sonst fängst du eben ein neues Projekt an.

Die neue Komponente trägt den Namen `JRadioButton` und wird auch **Optionsfeld** genannt. Ein solches Objekt hat vor dem angezeigten Text als Symbol einen Kreis. Befindet sich darin ein Punkt, gilt der Eintrag als markiert.

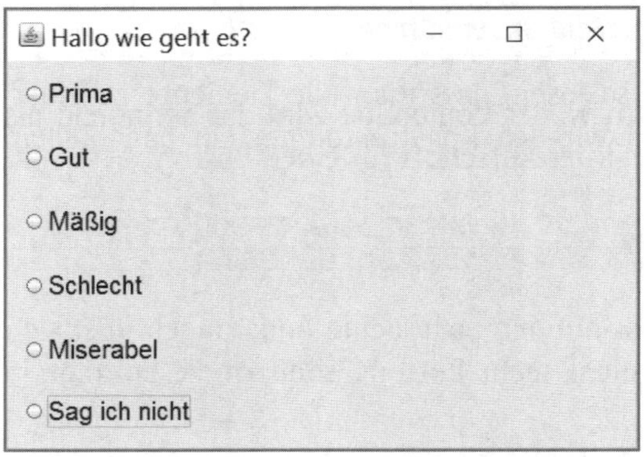

Von diesen Komponenten brauchen wir wie schon bei den Buttons sechs Stück, die wir wiederum als Feld anlegen:

```
private JRadioButton[] Option = new JRadioButton[6];
```

Die Textfelder sind die gleichen wie schon bei den Projekten mit dem Button- und dem Kombinationsfeld. Und der Konstruktor und die `actionPerformed`-Methode unterscheiden sich von dem *Button*-Projekt nicht allzu sehr (→ HALLO6):

```
public HalloFenster ()
{
  super ("Hallo, wie geht es?");
  JPanel Platte = new JPanel ();
  Platte.setLayout (new GridLayout(6,1));
  for (int i = 0; i < 6; i++)
  {
    Option[i] = new JRadioButton (Text[i]);
    Option[i].setFont(new Font("Arial", 0, 20));
    Option[i].addActionListener (this);
    Platte.add (Option[i]);
  }
  setContentPane (Platte);
}
```

```
public void actionPerformed (ActionEvent Ereignis)
{
  Object Quelle = Ereignis.getSource();
  for (int i = 0; i < 6; i++)
    if (Quelle == Option[i])
      JOptionPane.showMessageDialog
        (null, Diagnose[i]);
}
```

Beim Programmlauf wirst du den Haken schnell entdecken, den das Projekt hat: Nach und nach werden alle angeklickten Einträge markiert und behalten ihr »Pünktchen« bei. Normalerweise – das kennst du von Dialogfeldern unter Windows – ist immer nur ein Optionsfeld markiert, die anderen nicht.

Dieses Problem lässt sich unter Java so lösen, dass man alle Elemente zu einer Gruppe zusammenfasst. Dazu müssen wir den Konstruktor um ein paar Zeilen erweitern (→ HALLO6A):

```
public HalloFenster ()
{
  super ("Hallo, wie geht es?");
  ButtonGroup Gruppe = new ButtonGroup();
  JPanel Platte = new JPanel ();
  Platte.setLayout (new GridLayout(6,1));
  for (int i = 0; i < 6; i++)
  {
    Option[i] = new JRadioButton (Text[i]);
    Option[i].setFont(new Font("Arial", 0, 20));
    Option[i].addActionListener (this);
    Gruppe.add (Option[i]);
    Platte.add (Option[i]);
  }
  Option[0].setSelected (true);
  setContentPane (Platte);
}
```

`ButtonGroup` heißt der neue Typ (mal ohne »J«). Außer in die `Platte` muss jedes Optionsfeld zuvor in eine `Gruppe` eingefügt werden (deshalb je zweimal `add`).

Und dass beim Programmstart eine Option markiert ist (in der Regel ist das wie hier die erste), dafür sorgt `setSelected` mit dem Parameter `true`.

... UND HÄKCHEN

Auch die moderne Medizin des Westens hat inzwischen erkannt, dass es offenbar außer einem Körper noch einen Geist und eine Seele gibt. Berücksichtigen wir also den neuesten Stand der Wissenschaft auch bei unserem *Hallo*-Projekt.

Dazu verwenden wir ein neues Objekt vom Typ JCheckBox, auch als **Kontrollfeld** bezeichnet. Diese Komponente hat vor dem angezeigten Text als Symbol ein Quadrat. Befindet sich darin ein Häkchen, gilt der Eintrag als markiert.

Um alle Bereiche (Seele, Geist und Körper) abzudecken, ergänzen wir unser Programm um drei Checkboxen:

```
private JCheckBox[] Wahl = new JCheckBox[3];
```

Außerdem benötigen wir ein weiteres Stringfeld:

```
private String[] Bereich =
  {"Seele", "Geist", "Körper"};
```

Natürlich wächst unser Konstruktor nun wieder um einige Anweisungen und Strukturen an (→ HALLO7):

```
public HalloFenster ()
{
  super ("Hallo, wie gehts?");
  ButtonGroup Gruppe = new ButtonGroup();
  JPanel Platte = new JPanel ();
  Box Links  = Box.createVerticalBox();
  Box Rechts = Box.createVerticalBox();
  Platte.setLayout (new FlowLayout());
  for (int i = 0; i < 6; i++)
  {
    Option[i] = new JRadioButton (Text[i]);
    Option[i].setFont(new Font("Arial", 0, 20));
    Option[i].addActionListener (this);
    Gruppe.add (Option[i]);
    Links.add  (Option[i]);
  }
  Option[0].setSelected (true);
  for (int i = 0; i < 3; i++)
  {
    Wahl[i] = new JCheckBox (Bereich[i]);
    Wahl[i].setFont(new Font("Arial", 0, 20));
    Wahl[i].addActionListener (this);
    Rechts.add (Wahl[i]);
  }
  Platte.add (Links);
  Platte.add (Rechts);
  setContentPane (Platte);
}
```

Und schon wieder taucht mit Box eine neue Klasse auf, die dem Layout dient. Das sähe nämlich ohne Box normalerweise etwa so aus (FlowLayout):

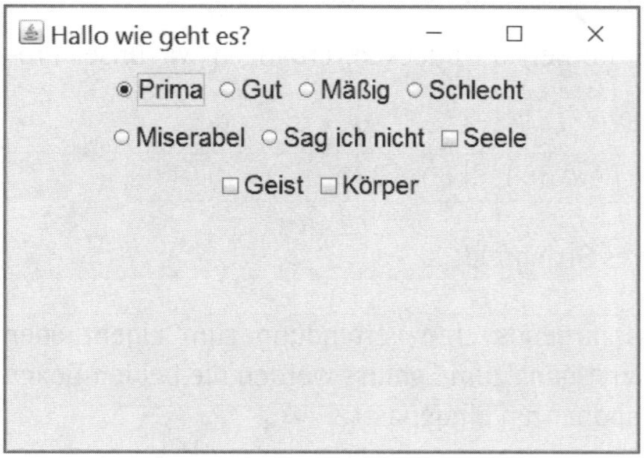

Weil ich die Optionsfelder und die Kontrollfelder gern optisch voneinander getrennt haben möchte, muss ich beide Gruppen in einer unsichtbaren »Schachtel« unterbringen. Deshalb die Namen Links (für die Radiobuttons) und Rechts (für die Checkboxen). Die Einstellung FlowLayout passt sich dieser neuen Situation an.

Mit createVerticalBox erzeugen wir zwei Umgebungsboxen, deren Elemente von oben nach unten angeordnet werden. (Eine andere Möglichkeit wäre z.B. createHorizontalBox für eine Anordnung der Elemente in der Box von links nach rechts.)

```
Box Links  = Box.createVerticalBox();
Box Rechts = Box.createVerticalBox();
```

In der for-Schleife für die Optionsfelder wird dann jede einzelne Komponente dort eingefügt:

```
for (int i = 0; i < 6; i++)
{
  Option[i] = new JRadioButton (Text[i]);
  Option[i].setFont(new Font("Arial", 0, 20));
  Option[i].addActionListener (this);
  Gruppe.add (Option[i]);
  Links.add  (Option[i]);
}
```

Die Zugehörigkeit zu einer Gruppe hat damit nichts zu tun, die dient ja nur der Verwaltung der Ereignisse für alle Optionsfelder (damit nur eines davon aktivierbar ist).

Neu ist eine weitere Schleife, in der die Checkboxen bedient werden:

```
for (int i = 0; i < 3; i++)
{
  Wahl[i] = new JCheckBox (Bereich[i]);
  Wahl[i].setFont(new Font("Arial", 0, 20));
  Wahl[i].addActionListener (this);
  Rechts.add (Wahl[i]);
}
```

Vielleicht ist dir aufgefallen, dass nirgends eine Verbindung zum eigentlichen Hauptbehälter `Platte` vorkommt. Erst ganz zum Schluss werden die beiden Boxen mitsamt der darin enthaltenen Komponenten eingepasst:

```
Platte.add (Links);
Platte.add (Rechts);
```

KÖRPER, GEIST UND SEELE

Nun soll auch irgendetwas passieren, wenn die Kontrollfelder angeklickt wurden. Wie wäre es z.B., wenn der jeweilige »Diagnosebereich« zusätzlich oben in der Titelleiste erscheinen würde?

Dazu vereinbaren wir zuerst einen String:

```
String Titel = "Hallo, wie gehts? ";
```

Ich habe den Text fast unmerklich gekürzt, damit die Zeile nicht zu lang wird. (Du kannst aber auch das Fenster einfach breiter machen.)

In einer `for`-Schleife testen wir nun über `isSelected` ab, welche Checkbox aktiviert (bzw. selektiert) ist:

```
for (int i = 0; i < 3; i++)
  if (Wahl[i].isSelected())
    Titel = Titel + "(" + Bereich[i] + ")";
```

Und für jede aktivierte Auswahl wird hinter den aktuellen Titel der Bereich gesetzt. Und diese Titelzeile bekommt das Hauptfenster dann verpasst:

```
setTitle (Titel);
```

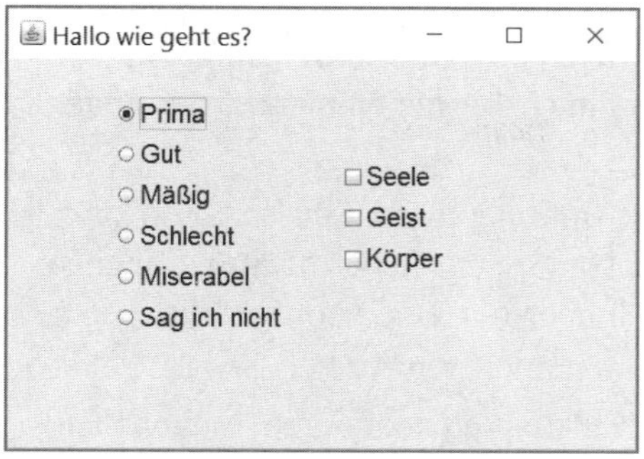

So ist die Methode `actionPerformed` wieder um einiges reicher an Quelltext geworden (→ HALLO7):

```
public void actionPerformed (ActionEvent Ereignis)
{
  Object Quelle = Ereignis.getSource();
  String Titel = "Hallo, wie gehts? ";
  for (int i = 0; i < 3; i++)
    if (Wahl[i].isSelected())
      Titel = Titel + "(" + Bereich[i] + ")";
  setTitle (Titel);
  for (int i = 0; i < 6; i++)
    if (Quelle == Option[i])
      JOptionPane.showMessageDialog
        (null, Diagnose[i]);
}
```

Optionsfeld und Kontrollfeld, was genau ist da eigentlich der Unterschied? Beim **Optionsfeld** ist da ein Kreis, in den man mit Mausklick ein Pünktchen setzen kann. Beim **Kontrollfeld** klickt man in ein Quadrat und erhält dafür ein Häkchen. Vielleicht verschafft dir diese Tabelle etwas Überblick:

Name	Funktion	Andere Namen	Symbol
Optionsfeld (RadioButton)	Bei einer Gruppe von zusammengehörenden Komponenten kann **immer nur eine aktiviert** sein	Schaltfeld, Schaltknopf, Optionsschaltfeld	aktiviert = Punkt im Kreis
Kontrollfeld (CheckBox)	Bei einer Gruppe von zusammengehörenden Komponenten können **beliebig viele** aktiviert sein	Wahlfeld, Markierungsfeld, Kontrollkästchen	aktiviert = Häkchen im Quadrat

Da stehen auch gleich ein paar andere Namen, wie sie dir in der Hilfe von Java oder Windows begegnen können. Ich habe mich für die Namen in der ersten Spalte entschieden, weil man

bei Optionsfeldern (= `JRadioButton`) eine Option ein- oder ausschalten kann. »Schaltfeld« wäre auch gut, klingt aber zu stark nach »Schaltfläche«. Dabei ist das z.B. wie bei den Tasten eines Radios: Immer nur eine kann gedrückt sein. (Rate mal, woher der Name »Radiobutton« kommen könnte!)

bei Kontrollfeldern (= `JCheckBox`) eine Einstellung markieren (= abhaken) kann. Auch nicht schlecht wäre der Begriff »Wahlfeld«.

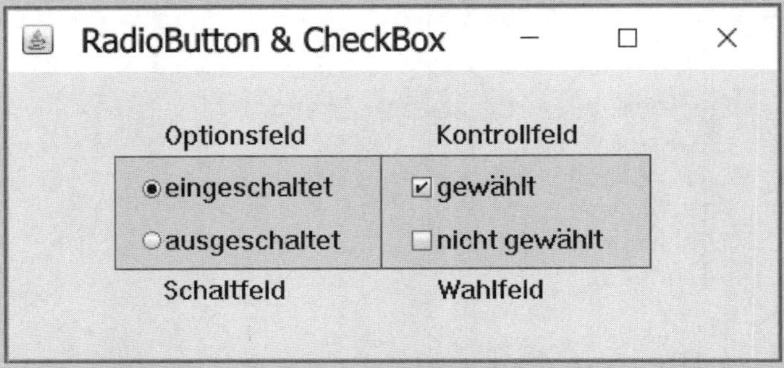

DER LETZTE SCHLIFF

Ein bisschen verloren wirken sie schon, die ganzen anklickbaren Boxen mit ihren Pünktchen und Häkchen. Mal sehen, ob wir das etwas »zurechtbiegen« können. Beginnen wir mit einer weiteren Box, die ich gern über die beiden Gruppen aus Options- und Kontrollfeldern anordnen würde:

```
Box Oben = Box.createHorizontalBox();
```

Diese Fläche kann unsichtbar bleiben, allerdings müssen wir ihr eine feste Größe geben, da sie sonst durch das Layout auf ihre optimale Größe gesetzt wird – und die ist 0 mal 0, weil ja nichts Sichtbares in der Box drin ist. Es gibt zwar eine Methode `setSize`, die aber hier offenbar unwirksam bleibt. Deshalb greifen wir gleich zur »schärferen« Form `setPreferredSize`:

```
Oben.setPreferredSize  (new Dimension (300,20));
Links.setPreferredSize (new Dimension (200,200));
Rechts.setPreferredSize(new Dimension (140,200));
```

Wie du siehst, habe ich die Gelegenheit genutzt und auch gleich den anderen Boxen feste Maße mitgegeben. Das verwendete `FlowLayout` muss sich dann darum kümmern, alle drei Boxen im Container (`Platte`) zu verteilen. Mit `Dimension` verwenden wir dabei einen zweidimensionalen Zwischentyp, der Breite und Höhe einer Fläche enthält.

Wichtig ist, am Schluss die neue Box als Erstes in die Platte einzufügen, denn `FlowLayout` ordnet die Elemente im Container der Reihe nach von oben nach unten.

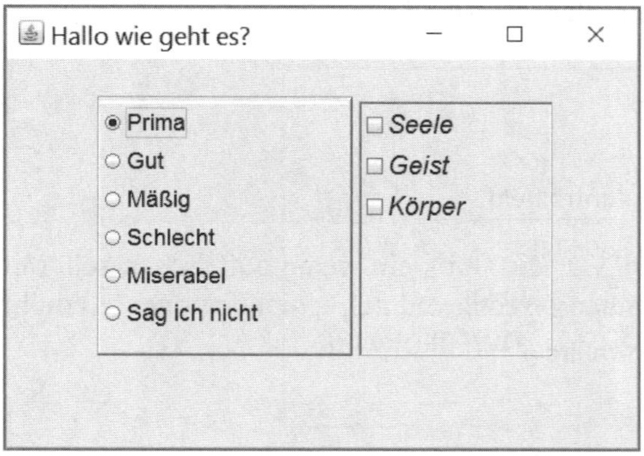

Und so sähe der Quelltext für den Konstruktor unserer nächsten *Hallo*-Version aus (→ HALLO8):

```
public HalloFenster ()
{
  super ("Hallo, wie gehts?");
  ButtonGroup Gruppe = new ButtonGroup();
  JPanel Platte = new JPanel ();
  Box Oben   = Box.createHorizontalBox();
  Box Links  = Box.createVerticalBox();
  Box Rechts = Box.createVerticalBox();
  Oben.setPreferredSize   (new Dimension (300,20));
  Links.setPreferredSize  (new Dimension (200,200));
  Rechts.setPreferredSize (new Dimension (140,200));
  Links.setBorder
    (BorderFactory.createBevelBorder(0));
  Rechts.setBorder
    (BorderFactory.createBevelBorder(1));
  Platte.setLayout (new FlowLayout());
  for (int i = 0; i < 6; i++)
  {
    Option[i] = new JRadioButton (Text[i]);
    Option[i].addActionListener (this);
    Option[i].setFont
     (new Font ("Arial", Font.PLAIN, 18));
```

```
    Gruppe.add (Option[i]);
    Links.add  (Option[i]);
  }
  Option[0].setSelected (true);
  for (int i = 0; i < 3; i++)
  {
    Wahl[i] = new JCheckBox (Bereich[i]);
    Wahl[i].addActionListener (this);
    Wahl[i].setFont
      (new Font ("Arial", Font.ITALIC, 20));
    Rechts.add (Wahl[i]);
  }
  Platte.add (Oben);
  Platte.add (Links);
  Platte.add (Rechts);
  setContentPane (Platte);
}
```

Da ist noch einiges dazugekommen, was die Optik ein wenig auffrischen soll. Mit `setBorder` lässt sich eine Umrahmung setzen, wodurch eine Komponente erhöht (Wert 0 = RAISED) oder vertieft (Wert 1 = LOWERED) wird:

```
Links.setBorder
  (BorderFactory.createBevelBorder(0));
Rechts.setBorder
  (BorderFactory.createBevelBorder(1));
```

Ein bisschen umständlich sieht das Ganze schon aus. Es muss nämlich eine ganze »Fabrik« bemüht werden und eigentlich müssten diese beiden Zeilen sogar noch etwas länger sein:

```
Links.setBorder (BorderFactory.createBevelBorder
  (BevelBorder.RAISED));
Rechts.setBorder (BorderFactory.createBevelBorder
  (BevelBorder.LOWERED));
```

Mit der 0 und 1 habe ich hier einfach die Werte der oben stehenden Konstanten direkt benutzt. (Das erspart mir auch eine zusätzliche `import`-Anweisung.)

In den beiden `for`-Schleifen habe ich diesmal bei der Schriftart sowie die Form direkt gesetzt (Normal (0) – `PLAIN`, Fett (1) – `BOLD`, Kursiv (2) – `ITALIC`):

```
Option[i].setFont
  (new Font ("Arial", Font.PLAIN, 18));
Wahl[i].setFont
  (new Font ("Arial", Font.ITALIC, 20));
```

Mit dem Layoutmanager von Java ist das so eine Sache. Verändert man die Maße eines Fensters, so sorgt `FlowLayout` für eine neue Anordnung.

Oft hilft da nur geduldiges Experimentieren und Nachschauen in der Java-Hilfe – z.B. über [F1], wobei du auch mal andere Möglichkeiten wie z.B. `BorderLayout` oder `GridBagLayout` ausprobieren kannst.

ZUSAMMENFASSUNG

Damit beenden wir dieses Kapitel. War ja auch einige Mühe nötig, vor allem um beim letzten *Hallo*-Projekt ein bisschen an der Optik zu feilen. Dabei hast du einige neue Komponenten, Attribute und Methoden kennen gelernt:

`JComboBox`	Ein Kombination aus Anzeigefeld und (aufklappbarer) Liste, in dem man einen von mehreren Einträgen auswählen kann
`getSelectedIndex`	Methode, die die Nummer des Eintrages zurückgibt, der aus einer Liste von `JComboBox` ausgewählt wurde (Zählung beginnt bei 0)
`JRadioButton`	Ein Optionsfeld, mit dem man Optionen ein/ausschalten kann
`JCheckBox`	Ein Kontrollfeld, mit dem man Einstellungen anwählen kann (in einer Gruppe von Kontrollfeldern sind mehrere Aktivierungen möglich)
`isSelected`	Eine Eigenschaft von `JCheckBox` und `JRadioButton`. Hat den Wert `true`, wenn ein Kontrollfeld angewählt wurde (= Häkchen/Punkt), sonst den Wert `false`.
`setSelected`	Aktivierung/Auswahl eines Options- oder Kontrollfeldes an- oder ausschalten (= Häkchen/Punkt setzen)
`ButtonGroup`	Eine Komponente, die (unsichtbar) eine Gruppe von Optionsfeldern zusammenfasst, damit nur eines von ihnen aktiviert werden kann
`Box`	Eine Box, die Komponenten für das Layout zusammenfasst oder als »Füllmittel« benutzt wird
`createHorizontalBox`	Komponenten horizontal in einer Box anordnen
`createVerticalBox`	Komponenten vertikal in einer Box anordnen

setFont	Methode, um Schriftart, -form und -größe einer Komponente zu setzen
setBorder	Methode, um eine Komponente mit einem Rand zu versehen
setSize	Methode, um die Größe des Hauptfensters zu setzen
setPreferredSize	Methode zum Festlegen einer Komponentengröße
setTitle	Methode, um die Titelleiste des Hauptfensters zu beschriften
Font	Klasse für Schriftarten (inkl. Form und Größe)
Dimension	Hilfsmittel für (rechteckige) Fläche, enthält Länge und Breite

EIN PAAR FRAGEN ...

1. Wie ermittelt man in einem Kombinationsfeld, welcher Eintrag ausgewählt worden ist?
2. Wie kontrolliert man, ob ein Optionsfeld bzw. ein Kontrollfeld aktiviert bzw. selektiert ist?
3. Wozu dienen Boxen, wenn sie eigentlich doch unsichtbar sind?

... UND EIN PAAR AUFGABEN

1. Ersetze im *Horoskop*-Projekt aus der ersten Aufgabe in Kapitel 6 (HOROSKOP1) die einzelnen Schaltflächen (`JButton`) durch ein Buttonfeld.
2. Setze im gleichen Projekt stattdessen ein Kombinationsfeld (`JComboBox`) ein.
3. Verwende im gleichen *Horoskop*-Projekt anstelle der Schaltflächen eine Gruppe von Optionsfeldern (`JRadioButton`).
4. Passe auch im *Hallo*-Projekt mit den Buttons das Layout so an, dass sich die Buttons mit gleicher Größe möglichst mittig im Fenster befinden.

8 AKTION SEELENKLEMPNER

Eigentlich furchtbar, dieser ganze Stress in Schule und Beruf. Dann diese Hektik überall. Nur vor dem eigenen PC findet man mal ein paar Takte Ruhe – bis einen das Programmier- oder Spielfieber wieder gepackt hat.

Das schreit ja geradezu nach einer Therapie, die einen wieder ins Lot bringt. Doch weshalb einen Haufen Geld zum Psychiater tragen? Denn wozu lernst du eigentlich programmieren? Warum bastelst du dir nicht deinen eigenen Therapeuten?

In diesem Kapitel lernst du

- Labels und Textfelder kennen
- etwas über den Umgang mit Listen
- Rollbalken kennen
- wie man Textdaten speichern und laden kann
- neue Ereignisgruppen kennen

ZWEI BUTTONS, DREI PANELS UND EIN PAAR BOXEN

Das letzte *Hallo*-Projekt hat mich zu einer Neuauflage inspiriert, die ich mal ganz großspurig als »Seelenklempner« bezeichnen möchte. Die ersten *Hallo*-Versionen haben nicht mehr als ein nettes Kurzgespräch geboten. Und das kriegt man ja auch kostenlos im Bäckerladen oder beim Frisör.

Unser neues Projekt aber soll einiges mehr an Diagnosen bieten. Dazu könnte es zunächst dieses »Gesicht« haben:

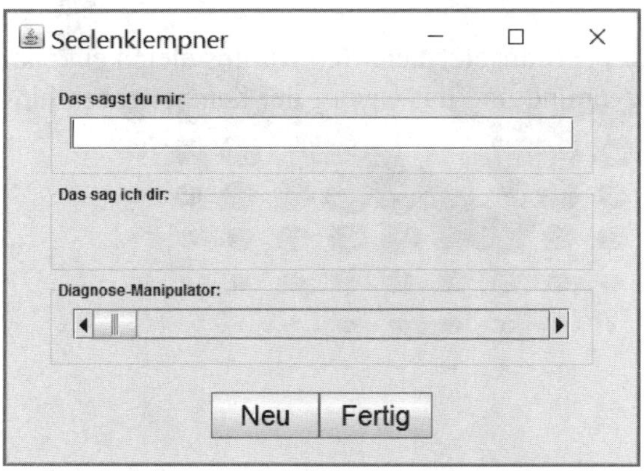

Mit

```
public class Klempner
  extends JFrame implements ActionListener
```

geben wir der Hauptklasse auch gleich einen passenden Namen. Weil sich da einiges an Komponenten tummelt, solltest du in der `main`-Funktion das Fenster ein bisschen größer ansetzen, z.B. mit `setsize (450,350)`.

Neben zwei Schaltflächen (`JButton`) brauchst du noch drei »Platten« vom Typ `JPanel`. Die verwenden wir auch hier als Unterlage. Später kommen dort drei neue Komponenten hinein (deshalb gebe ich ihnen mal einen Namen, der mit `Gruppe` anfängt).

```
private JButton Knopf1, Knopf2;
private JPanel Gruppe1, Gruppe2, Gruppe3;
private Box Oben, Unten, Knoepfe;
```

Alle werden als Attribute vereinbart, hinzu kommen drei Boxen, die zum Teil als optisches Füllwerk dienen. Einer aber soll die Knöpfe aufnehmen, damit sie schön nebeneinander liegen.

Diese Beschriftung sollen die Komponenten haben:

Komponente	Text/Titel
Gruppe1	Das sagst du mir
Gruppe2	Das sag ich dir
Gruppe3	Diagnose-Manipulator
Button1	Neu
Button2	Fertig
Rahmen	Seelenklempner

Damit unser Konstruktor nicht zu viel Fett ansetzt, schaffen wir uns gleich ein paar eigene Methoden, in die wir die Erzeugung und das Layout der Komponenten hineinpacken. Hier die erste (→ KLEMP1):

```
public void createComponents ()
{
  Knopf1  = new JButton("Neu");
  Knopf2  = new JButton ("Fertig");
  Gruppe1 = new JPanel ();
  Gruppe2 = new JPanel ();
  Gruppe3 = new JPanel ();
  Oben    = Box.createHorizontalBox();
  Knoepfe = Box.createHorizontalBox();
  Unten   = Box.createHorizontalBox();
  Knopf1.addActionListener (this);
  Knopf2.addActionListener (this);
}
```

Statt des englischen Methodennamens `createComponents` kannst du auch z.B. `erzeugeKomponenten` oder `KomponentenErzeugen` nehmen. Doch international wird mit englischen Namen gearbeitet. Wenn auch du dich daran gewöhnst, kannst zum »internationalen Programmierer« aufsteigen.

Während die Knöpfe ihre Beschriftung bereits bei der Erzeugung erhalten haben, kommen die anderen Komponenten beim »Design« dran (→ KLEMP1):

```
public void setFormLayout ()
{
  Knopf1.setFont
    (new Font ("Arial", Font.PLAIN, 20));
  Knopf2.setFont
    (new Font ("Arial", Font.PLAIN, 20));
  Gruppe1.setPreferredSize (new Dimension (430,70));
```

```
  Gruppe2.setPreferredSize (new Dimension (430,70));
  Gruppe3.setPreferredSize (new Dimension (430,70));
  Oben.setPreferredSize (new Dimension (430,10));
  Unten.setPreferredSize (new Dimension (430,10));
  Gruppe1.setBorder (BorderFactory.createTitledBorder
    ("Das sagst du mir: "));
  Gruppe2.setBorder (BorderFactory.createTitledBorder
    ("Das sag ich dir: "));
  Gruppe3.setBorder (BorderFactory.createTitledBorder
    ("Diagnose-Manipulator: "));
}
```

Hier werden die Schriften vergeben, Maße festgelegt und zuletzt über setBorder um jedes Gruppen-Panel ein Rahmen gesetzt, diesmal über createTitledBorder mit Überschrift.

WEITERE BAUMASSNAHMEN

Das bleibt jetzt vom Konstruktor übrig (→ KLEMP1):

```
public Klempner ()
{
  super ("Seelenklempner");
  createComponents ();
  setFormLayout ();
  JPanel Platte  = new JPanel ();
  Platte.setLayout (new FlowLayout());
  Knoepfe.add (Knopf1);
  Knoepfe.add (Knopf2);
  Platte.add (Oben);
  Platte.add (Gruppe1);
  Platte.add (Gruppe2);
  Platte.add (Gruppe3);
  Platte.add (Unten);
  Platte.add (Knoepfe);
  setContentPane (Platte);
}
```

Ehe wir uns näher damit beschäftigen, was denn in der Ereignismethode actionPerformed stehen soll, brauchen wir noch ein paar weitere Komponenten.

Fangen wir ganz oben mit dem ersten Bereich an. Dort steht als Titel DAS SAGST DU MIR. Also benötigen wir jetzt eine Komponente für die Eingabe von Text. Die Klasse dazu heißt JTextField. In diesem **Eingabefeld** sollst du später deinen Satz eintippen, den du dem »Seelenklempner« anvertrauen willst.

Als Nächstes genügt für den Bereich DAS SAG ICH DIR ein einfaches **Anzeigefeld**, genannt Label (Klasse `JLabel`). Hier steht später der Satz, mit dem der Seelenklempner dir Trost spenden will.

> Für mehrzeilige Eingaben – und natürlich auch Anzeigen – bietet sich außerdem noch die Klasse `JTextArea` an.

Und nun zum nächsten Neuling in unserer Komponentensammlung. Es handelt sich um eine so genannte **Bildlaufleiste**, wie du sie z.B. aus einer Textverarbeitung kennst. Manchmal hört man auch den Begriff Rollbalken.

Auch Java Swing hat so etwas mit der Klasse `JScrollBar` zu bieten. Diese Komponente brauchen wir jetzt auch noch als Schieberegler. Damit können wir später noch ein bisschen nachhelfen, wenn uns die Diagnose nicht so recht passt.

Um diese Attribute erweitert sich also unsere Klempner-Klasse:

```
private JTextField Eingabe;
private JLabel Anzeige;
private JScrollBar Schieber;
```

Und diese Zeilen kommen in `createComponents` hinzu (→ KLEMP1):

```
Eingabe  = new JTextField ("",28);
Anzeige  = new JLabel ("");
Schieber = new JScrollBar (Adjustable.HORIZONTAL);
```

Bei der Erzeugung des Eingabefeldes werden eine Leerkette und die Anzahl der Zeichen als Parameter übernommen, die als Text eingegeben werden können. (Unter einer Leerkette versteht man einen String ohne Zeichen.)

Auch die Anzeige hat ja beim Programmstart noch nichts zu bieten, deshalb steht auch hier ein leerer String. Beim Rollbalken sorgen wir dafür, dass er horizontal verläuft.

Während Eingabe- und Anzeigefeld noch eine Schriftart bekommen, benötigt der Schieberegler noch die passenden Maße. Dies erledigen wir in der Methode `setFormLayout`:

```
Anzeige.setFont (new Font ("Arial", Font.PLAIN, 18));
Eingabe.setFont (new Font ("Arial", Font.PLAIN, 18));
Schieber.setPreferredSize (new Dimension (390,25));
```

BEREIT ZUR DIAGNOSE

Würde dein Programm jetzt gestartet, dann könntest du im Eingabefeld etwas eintippen, den Rollbalken bedienen und auf die zwei Schaltflächen klicken. Ansonsten aber würde nichts weiter passieren: Der Seelenklempner hat offenbar noch keine Sprechstunde.

Kein Wunder, denn es gibt ja auch für `actionPerformed` noch nichts Besonderes zu tun. Erst mal benötigt der Seelenklempner ein bisschen Diagnosematerial. Und weil das gleich beim Programmstart zur Verfügung stehen soll, ist das eine Aufgabe für eine neue Methode, die ich `getDiagnosetext` nennen möchte (man beachte die englischdeutsche Wortmixtur):

```
public void getDiagnosetext ()
{
  Diagnose[0] = "Hm...";
  Diagnose[1] = "Das ist ein Ding!";
  Diagnose[2] = "Sieh mal an!";
  Diagnose[3] = "Was soll ich sagen?";
  Diagnose[4] = "Tatsächlich?";
  Diagnose[5] = "So geht es dir also.";
  Diagnose[6] = "Du hast Probleme.";
  Diagnose[7] = "Das kann ich verstehen.";
  Diagnose[8] = "Ich bin sprachlos.";
  Diagnose[9] = "Na ja ...";
}
```

Der Aufruf dieser Methode gehört in den Konstruktor:

```
getDiagnoseText ();
```

Natürlich muss das Variablenfeld `Diagnose` vereinbart werden. Dazu kommt mit `Max` eine Konstante für den Maximalwert und mit `Nr` eine Variable als Zähler:

```
final int Max = 10;
private String[] Diagnose = new String[Max];
private int Nr;
```

Diese Vereinbarungen stehen ganz oben im Quelltext unter den Attributen.

Und nun kommen wir endlich zur Methode `actionPerformed`, damit auch auf Knopfdruck etwas passiert (→ KLEMP1):

```
if (Quelle == Knopf2)  // Fertig
{
  Nr = (int)(Math.random()*Max);
```

```
  Anzeige.setText (Diagnose[Nr]);
}
```

Erst wird eine zufällige Zahl zwischen 0 und 9 (dem vereinbarten Maximum –1) erzeugt. Dann bekommt `Anzeige` über `setText` den entsprechenden Satz aus dem `Diagnose`-Stringfeld zugewiesen.

Nun kannst du nach einem Programmstart etwas im Eingabefeld eintippen. Mit einem Klick auf die Schaltfläche FERTIG erhältst du einen zufälligen Satz aus dem Diagnosewortschatz deines Seelenklempners.

Willst du dieses Spiel mehrmals wiederholen, wird es etwas umständlich: Um einen neuen Satz eintippen zu können, müsstest du zuerst den alten komplett löschen. Diese Arbeit kann dir auch der Button NEU abnehmen (→ KLEMP1):

```
if (Quelle == Knopf1)  // Neu
{
  Eingabe.setText ("");
  Anzeige.setText ("");
  Eingabe.requestFocus();
}
```

Die Texte im Anzeige- und im Eingabefeld werden gelöscht. Und die Methode `requestFocus` sorgt dafür, dass das Eingabefeld wieder den Fokus erhält, also zur erneuten Eingabe bereit ist. (Sonst müsstest du extra darauf klicken, ehe du etwas eingibst.)

≫ Und nun solltest du – nach Eingabe aller Vereinbarungen und Anweisungen – das Programm starten und dich schon einmal ein bisschen therapieren lassen. Überzeuge dich von der richtigen Funktion der Schaltflächen NEU und FERTIG.

SCHIEBEREIEN

Jetzt möchtest du sicher wissen, was es mit dem Rollbalken auf sich hat. Was ist eigentlich ein »Diagnose-Manipulator«?

Je nach Stellung des kleinen Schiebers auf dem Rollbalken soll eine bestimmte Diagnose auf der Anzeigetafel erscheinen. Weil du damit die Diagnose durch Verschieben selbst in der Hand hast, kann man hier von Manipulation sprechen. Und so wird ein Schieberegler zum Diagnose-Manipulator.

Wie erwecken wir jetzt den Manipulator zum Leben? Indem wir der Ereignismethode eine passende Anweisung spendieren, die auf eine Bewegung des Schiebers reagiert.

Mit actionPerformed können wir allerdings nichts anfangen, denn hier haben wir es mit einem anderen Ereignis zu tun, das für die Veränderungen an einem Rollbalken AdjustmentEvent heißt. Und der »Ereigniswächter« trägt den Namen AdjustmentListener. Damit wir über diese neue Möglichkeit verfügen können, erweitern wir unsere Hauptklasse so (→ KLEMP2):

```
public class Klempner extends JFrame
  implements ActionListener, AdjustmentListener
```

In der Methode createComponents kommt eine Anweisung hinzu, die den Rollbalken mit dem neuen Listener verknüpft:

```
Schieber.addAdjustmentListener(this);
```

Auch hier übernimmt addAdjustmentListener als Parameter this, weil ja unsere Hauptklasse nun auch über die Fähigkeiten dieses Listeners verfügt.

Und nun kommt das Wichtigste, die neue Methode adjustmentValueChanged (→ KLEMP2):

```
public void adjustmentValueChanged
  (AdjustmentEvent Ereignis)
{
  Nr = Schieber.getValue();
  Anzeige.setText (Diagnose[Nr]);
}
```

Mit getValue bekommen wir die aktuelle Position des Schiebereglers. Und die nächste Zeile sorgt dafür, dass der zugehörige Diagnosetext angezeigt wird.

Das alles funktioniert natürlich nur dann reibungslos, wenn wir in der Methode createComponents die Erzeugung des Rollbalkens noch ein wenig präzisieren:

```
Schieber = new JScrollBar
  (Adjustable.HORIZONTAL, 0,1,0,Max);
```

Die ersten beiden Zahlwerte hinter der Festlegung als Horizontalbalken geben den Startwert für die Schieberposition (hier 0, also am Anfang) und die Schrittweite (hier Verschiebbarkeit in Einerschritten) an. Mit den letzten beiden Werten bestimmt man den Bereich, den getValue zurückgeben kann.

NOCH MEHR DIAGNOSEN?

Passen dir die Texte für die Diagnose nicht mehr, lassen sie sich jederzeit leicht ändern. Erhöhst du den Wert der Konstanten Max, dann kannst du deine Diagnosetexte auch selbst vermehren.

Mit der Zeit aber wirst du dir einen komfortableren Weg wünschen, um auch an größere Mengen von Text für den Seelenklempner zu gelangen.

Wie wäre es, wenn man seine Texte einfach mit einem Editor oder Textprogramm eingibt und als normale Textdatei speichert? Und der Seelenklempner sammelt alle Sätze aus dieser Datei und baut sie in seinen Diagnosekasten ein.

Weil wir nicht wissen, wie viele Diagnosestrings in der Datei sind und wir außerdem flexibel sein wollen, ersetzen wir das Array durch eine Liste: Während unser Feld jeweils eine bestimmte maximale Anzahl von Strings »verdauen« kann, benötigen wir einen Datenbehälter, der beliebig viele Strings verwalten kann und seine Größe nach Bedarf ändert.

Eine ganze Reihe solcher Behälterklassen finden wir im Paket `java.utils`. Ich entscheide mich für `ArrayList`. Dort lassen sich unsere Texte gut unterbringen und auch ein »nummerierter« (= indexierter) Zugriff ist leicht möglich. Zuerst müssen wir die benötigte Paketgruppe importieren:

```
import java.util.*;
```

Dann **streichen** wir diese Vereinbarungen:

```
final int Max = 10;
private String[] Diagnose = new String[Max];
private int Nr;
```

und ersetzen sie hiermit (→ KLEMP3):

```
private int Max = 0, Nr = 0;
private ArrayList Diagnose = new ArrayList();
```

Nun brauchen wir eine Datei, in der unsere Diagnosesätze stehen. Die dafür benötigte Klasse liegt neben zahlreichen anderen im Paket `java.io` (wobei I = Input und O = Output bedeutet). Damit hätten wir eine `import`-Zeile mehr:

```
import java.io.*;
```

> Du kennst bereits den normalen »Eingabe-Ausgabe-Strom« über Tastatur und Monitor. Da haben wir z.B. das `Scanner`-Objekt für die Tasten-Eingabe und `System.out` für die Bildschirm-Ausgabe verwendet.
>
> Nun bekommen wir es mit dem Typ »Datenstrom« zu tun, auch hier geht es um die Ein- und Ausgabe, aber eben die über Festplatten und andere Datenträger.

Als Nächstes brauchen wir einen Namen für unsere Datei, z.B.:

```
final String Dateiname = "Diagnose.txt";
final String Dateiname =
  "d:\\Java\\Projekte\\Diagnose.txt";
final String Dateiname =
  "d:\\Java\\Projekte\\Text\\Diagnose.txt";
```

Du kannst natürlich auch einen anderen Namen verwenden. Aber ich kann dir eine Datei mit diesem Namen anbieten, in der schon eine ganze Reihe von Diagnosetexten steht. Du findest diese Datei im Ordner PROJEKTE\TEXT.

Wichtig ist, dass der Pfad mit angegeben wird. Beachte, dass in Java-Strings statt einem zwei Backslashs (\\) benutzt werden müssen. Nur wenn die betreffende Datei im selbem Ordner wie das aktuelle Projekt liegt, ist der komplette Pfadname nicht nötig.

Schauen wir uns jetzt die neu gestaltete Methode `readDiagnoseText` im Ganzen an, ehe wir ins Detail gehen (→ KLEMP3):

```
public void readDiagnoseText ()
{
  try
  {
    BufferedReader Datei = new BufferedReader
      (new FileReader(Dateiname));
    boolean Dateiende = false;
    while (!Dateiende)
    {
      String Zeile = Datei.readLine();
      if (Zeile == null) Dateiende = true;
      else Diagnose.add (Zeile);
      Nr++;
    }
    Datei.close();
  }
  catch (IOException x)
  {
    JOptionPane.showMessageDialog
      (null, "Kann Daten nicht laden!");
    System.exit (0);
  }
  Max = Nr-1;
}
```

DATENTRANSFER

Die Methode getDiagnoseText kannst du behalten oder ganz löschen, wir brauchen sie nicht mehr, weil readDiagnoseText sie ersetzt.

Wie du siehst, haben wir hier wieder eine try-catch-Struktur eingesetzt. Das ist auch unbedingt nötig, denn es kann leicht passieren, dass eine gesuchte Datei nicht aufzufinden ist. Dann sorgt der catch-Teil dafür, dass das Programm ordnungsgemäß beendet wird:

```
catch (IOException x)
{
  JOptionPane.showMessageDialog
    (null, "Kann Daten nicht laden!");
  System.exit (0);
}
```

Nachdem der Misserfolg gemeldet wurde, wird das Programmfenster mit exit verlassen.

Zuvor aber – in der »Versuchsabteilung« – erzeugen wir eine neue Datei. Weil wir nur eine zum Lesen brauchen (wir wollen den Inhalt dieser Datei ja nicht verändern), probieren wir es mit dem Paar BufferedReader und FileReader:

```
BufferedReader Datei = new BufferedReader
  (new FileReader(Dateiname));
```

Zusätzlich zum FileReader benötigen wir den BufferedReader zum Erfassen kompletter Zeichenketten (sonst müssten wir alle Zeichen einzeln einlesen).

Um aus einer Datei etwas lesen oder dort etwas hineinschreiben zu können, ist ein Kanal für den Datenstrom nötig. Denn unter Java findet Datentransport über **Streams** (Deutsch: Ströme) statt.

Das ist sozusagen die Verbindung zwischen einer Datenquelle (z.B. Arbeitsspeicher, Festplatte, Tastatur) und einem Datenziel oder -empfänger (z.B. Festplatte, Monitor, Drucker).

Dabei ist InputStream für den Strom **in** den Arbeitsspeicher, OutputStream für den Strom **aus** dem Arbeitsspeicher zuständig.

Reader und Writer sind Weiterentwicklungen, um Zeichen bzw. Strings lesen oder schreiben zu können.

Der eigentliche Ladevorgang findet in einer Schleife statt, für die wir zuerst eine Startvariable vereinbaren und mit dem Schaltwert `false` versehen, weil das Ende der Datei noch nicht erreicht ist:

```
boolean Dateiende = false;
```

Solange dieser Wert auf `false` bleibt, wird Zeile für Zeile per `readLine` eingelesen:

```
while (!Dateiende)
{
  String Zeile = Datei.readLine();
  // ...
}
```

Wahrscheinlich hast du eher so etwas als Bedingung erwartet:

`while (Dateiende == false)`

oder

`while (Dateiende != true)`

Das habe ich hier auf `!Dateiende` verkürzt, weil `Dateiende` vom Typ `boolean` ist. Das Ausrufezeichen »!« kehrt eine Bedingung oder den Wert einer `boolean`-Variablen einfach in ihr Gegenteil um. Man spricht hier vom **Umkehroperator** oder Not-Operator. (NOT hat nichts mit Notfall zu tun, sondern ist das englische Wort für NICHT – gesprochen »Nott«.)

Jeder eingelesene Zeile wird nun kontrolliert, ob sie »etwas wert« ist, wenn nicht (`Zeile == null`), wird `Dateiende` auf `true` gesetzt, was heißt: Das Ende der Datei ist erreicht:

```
if (Zeile == null) Dateiende = true;
```

Ansonsten kann der verwertbare String in die Diagnoseliste eingefügt werden:

```
else Diagnose.add (Zeile);
```

Zusätzlich wird der Zähler um eins heraufgesetzt:

```
Nr++;
```

Am Schluss wird die Datei ordnungsgemäß geschlossen:

```
Datei.close();
```

Und – nicht zu vergessen! – `Max` erhält den Wert des Zählers minus 1 (weil zum Schleifenende 1 zu viel heraufgezählt wurde):

```
Max = Nr-1;
```

Wichtig ist die Reihenfolge, in der die Methoden im Hauptprogramm (`main`) aufgerufen werden: `readDiagnoseText` muss **vor** `createComponents` stehen, denn dort braucht der Rollbalken den richtigen Wert für `Max`!

Nun folgen noch zwei kleine Änderungen in den Ereignismethoden `actionPerformed` und `adjustmentValueChanged`. Es betrifft jeweils nur die eine Zeile, in der dem Anzeigefeld der Diagnosestring übergeben wird (→ KLEMP3):

```
Anzeige.setText (Diagnose.get(Nr).toString());
```

Weil jedes Element einer Liste vom Typ `ArrayList` ein allgemeines Objekt sein kann, muss es in einen String (zurück)verwandelt werden. Das erledigt die Methode `toString`.

> Und nun starte das Programm und begib dich in die Obhut des Seelenklempners.

So richtig hast du noch nicht kapiert, wie der Seelenklempner jetzt funktionieren soll?

- Im **Eingabefeld** kannst du eintippen, was du willst. Dabei brauchst du kein Blatt vor den Mund zu nehmen, denn eine Zensur findet nicht statt.
- Anschließend klickst du auf FERTIG und erhältst in der Anzeige unter DAS SAG ICH DIR einen Antwortsatz, der natürlich nicht unbedingt immer zu deinem eingegebenen Text passen muss.
- Mit einem Klick auf NEU wird dein alter Satz im Eingabefeld gelöscht und du kannst etwas Neues eingeben. Das kann eine Bemerkung zur Diagnose sein oder irgendetwas anderes.
- Wenn dir die Antworten des Seelenklempners unpassend erscheinen, kannst du dir mit dem Rollbalken eine andere Antwort suchen.
- Geht dir der Seelenklempner total auf die Nerven, dann weißt du ja, wie man ein Programm beendet.

KEINE SPRECHSTUNDE?

Zu verbessern gibt es sicher noch eine ganze Menge am Seelenklempner. Und wenn ein Problem dich sehr belastet, wäre ein menschlicher Therapeut vielleicht doch besser. Aber welcher Programmierer hat eigentlich noch Freunde?

Nun hast du eine ganze Menge Auswahl an Diagnosesätzen, die aus einer Textdatei geladen werden. Wenn du ein Textprogramm benutzt und dort die Datei DIAGNOSE.TXT öffnest, kannst du selbst beliebig viele Sätze ändern, löschen oder eigenen Text hinzufügen.

Der Vorteil dabei ist, dass wir dazu nur ein einfaches Textprogramm brauchen – z.B. den Editor von Windows (NOTEPAD.EXE). Wichtig ist, den Text anschließend als einfache Textdatei wieder zu speichern (Dateityp mit der Kennung TXT).

Möchtest du die Datei DIAGNOSE.TXT aber so lassen, wie sie ist, und lieber eine oder einige weitere Dateien dieser Art selbst erstellen? Nur zu! Speichern kannst du diese Textdatei ja in demselben Verzeichnis – nur unter einem anderen Namen.

Der Name deiner neuen Datei muss für einen Testlauf mit deinen eigenen Diagnosetexten allerdings in der Konstanten `Dateiname` stehen, z.B.:

```
final String Dateiname = "MeinKram.txt";
```

Beachte, dass gegebenenfalls der komplette Pfad angegeben werden muss, wenn die Datei nicht im aktuellen Projektordner landen soll.

Eine Sache könnten wir der aktuellen Version auf jeden Fall noch spendieren: Sollte keine Diagnosedatei vorhanden sein, würde das Programm mit einer Fehlermeldung abgebrochen. Besser wäre ein netterer Hinweis für den geplagten Patienten:

```
catch (IOException x)
{
  Diagnose.add ("Keine Sprechstunde");
  Diagnose.add ("Praxis geschlossen");
  Diagnose.add ("Hilf dir selbst!");
  Nr = 4;
}
```

Zum Testen dieses Zusatzes musst du den Dateinamen vorübergehend umbenennen.

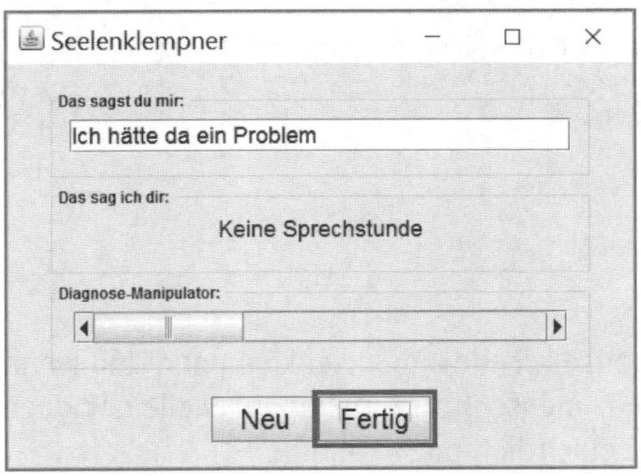

THERAPIEPROTOKOLL

Damit du nun auch noch die Möglichkeit kennen lernst, wie man Strings aus einer Liste wieder in einer Datei speichert, erweitern wir unseren Seelenklempner noch ein bisschen. Dazu brauchen wir noch eine von diesen Stringlisten. Gleichzeitig vereinbaren wir auch schon eine Konstante für den Namen der neuen Datei:

```
final String SammelName = "PsychoX.txt";
private ArrayList Psychose = new ArrayList();
```

Die Liste `Psychose` soll all das, was du dem Seelenklempner über das Eingabefeld mitteilst, sammeln und am Schluss der Therapiesitzung in der Datei PSYCHOX.TXT speichern. Für das »X« kannst du auch eine Zahl einsetzen, falls du mehrere dieser Dateien sammeln willst. (Weißt du einen besseren Namen? Dann nimm den!)

Damit deine Eingabetexte und die Antworten dazu gesammelt werden, ist noch eine Erweiterung der Methode `actionPerformed` nötig. Die Anweisungen

```
Psychose.add (Eingabe.getText());
Psychose.add (Anzeige.getText());
```

müssen im Block unter der Bedingung `Quelle == Knopf2` stehen, sie sorgt dafür, dass bei Klick auf den FERTIG-Knopf jeder Eingabetext zur Stringliste hinzugefügt wird. (Auch wenn im Eingabefeld nichts steht, dann ist dieser String eben leer.)

Nun muss die Stringliste noch auf deine Festplatte gebracht werden. Das geschieht am besten ganz am Schluss, wenn du auf das X ganz oben rechts im Formular klickst. Da ist doch schon wieder ein neuer »Ereigniswächter« fällig. Diesmal heißt das Ereignis `WindowEvent`. Und für den zugehörigen `WindowListener` vereinbaren wir ein Objekt direkt in der Klasse `Klempner`, denn einfach nur die `implements`-Liste zu erweitern, hat bei mir zu Problemen geführt (→ KLEMP4):

```
public WindowListener Fensterwaechter =
  new WindowAdapter()
{
  public void windowClosing (WindowEvent Ereignis)
  {
    writeDiagnoseText ();
    System.exit(0);
  }
};
```

Die Ereignismethode `windowClosing` führt zuerst die Methode `writeDiagnoseText` aus (die von uns noch zu definieren ist). Und dann wird das Programm beendet. (Beachte, dass hier ganz am Schluss ein Semikolon stehen muss!)

Weil das Interface `WindowListener` über eine ganze Reihe von Ereignismethoden verfügt, wir aber nur eine einzige benötigen und daher installieren wollen, benutzen wir als Hilfsmittel den `WindowAdapter` – ohne den müssten wir alle Methoden in unserer Definition aufführen. Bei vielen Interfaces wie z.B. `ActionListener` und `AdjustmentListener` ist ein Adapter nicht nötig, weil diese nur eine einzige Ereignismethode zu bieten haben.

Im Konstruktor ist noch diese Zeile zu ergänzen, in der das gesamte Fenster mit dem Ereigniswächter verbunden wird:

```
addWindowListener(Fensterwaechter);
```

Fehlt noch das Speichern der Daten: Dazu bedienen wir uns ein wenig bei `readDiagnoseText` (→ KLEMP4):

```
public void writeDiagnoseText ()
{
  try
  {
    BufferedWriter Datei = new BufferedWriter
      (new FileWriter(Sammelname));
    for (int i = 0; i < Psychose.size(); i++)
      Datei.write(Psychose.get(i).toString()+"\r\n");
    Datei.close();
  }
  catch (IOException x)
  {
    JOptionPane.showMessageDialog
      (null, "Kann Daten nicht speichern!");
  }
}
```

Nicht wirklich neu ist die Erzeugung des Datenstroms, nur geht es diesmal in die andere Richtung:

```
BufferedWriter Datei = new BufferedWriter
  (new FileWriter(Sammelname));
```

Hier ist das Paar `BufferedWriter` und `FileWriter` im Einsatz. Mit `Psychose.size()` ermitteln wir die Größe der Liste. So können wir in einer `for`-Schleife die Daten in die Datei schreiben:

```
for (int i = 0; i < Psychose.size(); i++)
  Datei.write(Psychose.get(i).toString()+"\r\n");
```

Allerdings gibt es hier kein `writeLine`, weshalb wir der `write`-Methode ein bisschen unter die Arme greifen müssen: Das angefügte `"\r\n"` bewirkt, dass auch jeder String seine eigene (neue) Zeile bekommt.

> Ebenso wie `write` bei `Writer`-Klassen gibt es auch für `Reader` die Methode `read`. Beide Methoden können nicht nur Strings lesen oder schreiben, sondern auch Einzelzeichen oder Zahlen.

Nach getaner Arbeit wird die Datei wieder geschlossen. Und sollte etwas misslungen sein, wird das über den `catch`-Zweig gemeldet.

ZUSAMMENFASSUNG

Also jetzt ist erst mal eine größere Pause fällig! Man sieht ja vor lauter Komponenten den restlichen Quelltext nicht mehr. Neu davon sind ja nur ein paar, dazu kommen zwei neue Interfaces für Ereignisse:

`JLabel`	Ein Anzeigefeld, mit der man eine Textzeile anzeigen kann
`JTextField`	Ein Eingabefeld, in das man eine Textzeile eintippen kann
`getText`	Methode, um den Textinhalt eines Anzeige- oder Eingabefeldes zu ermitteln
`setText`	Methode, um den Textinhalt eines Anzeige- oder Eingabefeldes zu setzen
`JScrollBar`	Eine Bildlaufleiste, mit der man unter anderem Inhalte eines Fensters verschieben kann. Sie lässt sich aber auch zum Einstellen von Werten durch Verschieben benutzen.
`getValue`	Methode von `JScrollBar`, um die aktuelle Position des Schiebers auf dem Rollbalken zu ermitteln
`requestFocus`	Methode, um den aktuellen Fokus zu bekommen
`AdjustmentListener`	»Wächter« bzw. Beobachter für Veränderungen beim Rollbalken
`AdjustmentEvent`	Ereignis, in diesem Falle eine Veränderung beim Rollbalken

addAdjustment Listener	Methode, die Ereignis/Veränderung in Liste »zur Beobachtung« aufnimmt
adjustmentValue Changed	Methode, die diese Ereignisse »auffängt« und behandelt
WindowListener	»Wächter« bzw. Beobachter für Veränderungen des Hauptfensters
WindowAdapter	Hilfsmittel (Adapter), um nur eine Ereignismethode definieren zu müssen
WindowEvent	Ereignis, in diesem Falle Veränderungen beim Hauptfenster
addWindowListener	Methode, die Ereignis/Veränderung in Liste »zur Beobachtung« aufnimmt
windowClosing	Methode, die das Ereignis »Fenster schließen« behandelt

Auch über den Umgang mit Dateien hast du nun einiges erfahren und kennst einen passenden Datenbehälter:

FileReader	Stream, um aus einer Datei zu lesen
FileWriter	Stream, um in eine Datei zu schreiben
BufferedReader	Stream, der Textdaten aus einem Pufferspeicher liest
BufferedWriter	Stream, der Textdaten in einen Pufferspeicher schreibt
readLine	einzelne Textzeilen (inklusive Zeilenende) lesen
read	einzelne Zeichen, Strings, Zahlen lesen
write	einzelne Zeichen, Strings, Zahlen schreiben
ArrayList	Eine (nummerierte) Liste von Objekten – z.B. Zeichenketten
size	Eigenschaft von ArrayList. Enthält die Anzahl der Objekte in der Liste.
get(Index)	Methode, um das Element zu ermitteln, das durch einen Indexwert bezeichnet ist
add	Methode, um ein neues Element zur Liste hinzuzufügen
toString	Methode, um ein Element aus der Liste in einen String umzuwandeln

Und schließlich gibt es noch je ein Wörtchen und einen Operator aus dem Standardwortschatz von Java:

`exit`	Methode, um das Programm zu beenden
`!`	NICHT-Operator: kehrt Bedingung um, diese wird zum Gegenteil

EIN PAAR FRAGEN ...

1. Was ist der Unterschied zwischen den Komponenten von Typ `JLabel` und `JTextField`?
2. Was bedeutet es, wenn eine Komponente den Fokus besitzt?
3. Wie kann man Textdateien vom Programm aus öffnen und speichern?

... UND EIN PAAR AUFGABEN

1. Erstelle ein Programm, das einen Wert zwischen 0 und 100% anzeigt, der sich mit einem Rollbalken einstellen lässt.
2. Programmiere einen kleinen Vokabeltrainer. Er soll aus einer Textdatei deutsche und fremdsprachige Vokabeln in zwei getrennte Listen einlesen und zu einer zufällig ausgegebenen Vokabel drei Lösungsmöglichkeiten zum Anklicken anzeigen.

9 Menüs und Dialoge

Die Möglichkeit des Seelenklempners aus dem letzten Kapitel, Text zu laden und zu speichern, ist ja ganz nett. Aber man kann eben nur eine bestimmte Diagnose-Datei öffnen und seine Psycho-Ergüsse nur in einer ganz bestimmten Datei speichern. Mir genügt das nicht – ich will mehr!

Weil du mit mir sicherlich einer Meinung bist, lass uns den Seelenklempner jetzt so erweitern, dass du selbst bestimmst, welche Datei geöffnet bzw. unter welchem Namen deine Eingabetexte gespeichert werden sollen.

In diesem Kapitel lernst du

- wie man Menüs in ein Programm einbindet
- die Klasse `JFileChooser` kennen
- wie du Dialoge für das Öffnen und Speichern nutzen kannst
- etwas über das Drucken in Java
- etwas über den Einsatz von Popupmenüs
- eine neue Ereignisgruppe für Mausereignisse kennen

EIN MENÜ FÜR DEN KLEMPNER

Zuerst brauchen wir ein Menü, in dem wir auswählen können, ob wir etwas öffnen oder speichern wollen.

Mit einer Komponente kommen wir allerdings dabei nicht aus, denn zu einem Menü gehört neben den Menüeinträgen auch eine Menüleiste. Und damit bekommt die Attributfamilie weiteren Zuwachs (→ KLEMP5):

```
private JMenuBar Menuleiste;
private JMenu Menu;
private JMenuItem[] Eintrag = new JMenuItem[4];
```

Hier sind es mit JMenuBar, JMenu und JMenuItem gleich drei Klassen, die sich um das Gesamtmenü kümmern.

Weil nun die Methode createComponents schon recht umfangreich geworden ist, spendieren wir der Klasse mit createMenu eine neue Methode (→ KLEMP5):

```
public void createMenu ()
{
  Menuleiste = new JMenuBar();
  Menu = new JMenu ("Datei");
  Eintrag[0] = new JMenuItem ("Öffnen");
  Eintrag[1] = new JMenuItem ("Speichern");
  Eintrag[2] = new JMenuItem ("Drucken");
  Eintrag[3] = new JMenuItem ("Ende");
  setJMenuBar (Menuleiste);
  Menuleiste.add (Menu);
  for (int i = 0; i < 4; i++)
  {
    Menu.add (Eintrag[i]);
    Eintrag[i].addActionListener(this);
  }
}
```

Zuerst werden die Menüleiste und das komplette Menü erzeugt und dabei bereits die entsprechenden Texte vergeben:

```
Menuleiste = new JMenuBar();
Menu = new JMenu ("Datei");
Eintrag[0] = new JMenuItem ("Öffnen");
Eintrag[1] = new JMenuItem ("Speichern");
Eintrag[2] = new JMenuItem ("Drucken");
Eintrag[3] = new JMenuItem ("Ende");
```

Dann »hängen« wir die Menüleiste ins Fenster ein:

```
setJMenuBar (Menuleiste);
```

Und schließlich werden erst der Menükopf und dann alle zugehörigen Einträge hinzugefügt. Außerdem verbinden wir gleich die einzelnen Einträge mit dem `ActionListener`:

```
Menuleiste.add (Menu);
for (int i = 0; i < 4; i++)
{
  Menu.add (Eintrag[i]);
  Eintrag[i].addActionListener(this);
}
```

Wenn du das Programm startest, kannst du bereits über das Menü verfügen – allerdings ohne dass das Anklicken der Einträge irgendeine Wirkung zeigt.

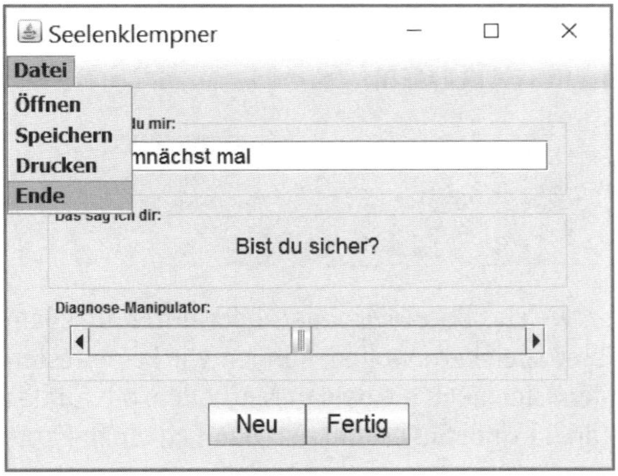

Zur »Veredelung« habe ich noch die Schrift des Menüs geändert und in der Hauptfunktion das Fenster noch etwas in der Höhe vergrößert, damit die neue Menüleiste mehr Platz hat.

ZWEI DIALOGE

Beginnen wir mit den Optionen ÖFFNEN und SPEICHERN. Was wäre wünschenswert?

- Beim **Öffnen** soll sich erst ein Dialogfeld auftun, in dem wir uns eine Textdatei auswählen können. Anschließend soll diese Datei geladen werden.

- Auch beim **Speichern** soll es die Möglichkeit geben, in einem Dialogfeld einen Namen einzugeben. Anschließend soll die Datei gesichert werden.

Das mit den Dialogfeldern klingt nach viel Aufwand, ist es aber nicht, wenn wir uns vom Java-Paket verwöhnen lassen. Das hat nämlich mit `JFileChooser` eine Klasse zu bieten, deren Methoden uns viel Arbeit abnehmen: `showOpenDialog` und `showSaveDialog` – so heißen die beiden netten Helfer.

Zuerst vereinbaren wir ein weiteres Attribut unserer Klempner-Klasse:

```
private JFileChooser DateiSucher;
```

Dann ergänzen wir die Methode `createMenu` um diese Anweisungen:

```
DateiSucher = new JFileChooser();
DateiSucher.setCurrentDirectory (new File(Pfad));
```

Nachdem das Objekt `DateiSucher` erzeugt wurde, wird es mit `setCurrent-Directory` auf die Suche im richtigen Ordner angesetzt.

Die Konstante `Pfad` habe ich neu vereinbart und dabei auch gleich `Dateiname` und `Sammelname` zu Variablen gemacht (→ KLEMP5):

```
final String Pfad = "d:\\Java\\Projekte\\";
private String Dateiname  = "Diagnose.txt";
private String Sammelname = "PsychoX.txt";
```

Denn weil wir ja frei wählen wollen, welche Datei wir laden oder unter welchem Namen wir unsere »seelischen Ergüsse« speichern wollen, können wir keine festen Dateinamen gebrauchen. Und so ändern sich auch die beiden Methoden, die für das Lesen und Schreiben von Daten zuständig sind. Sie bekommen nämlich einen Parameter verpasst:

```
public void readDiagnoseText  (String DName)
public void writeDiagnoseText (String DName)
```

Dieser übernimmt den jeweils gültigen Namen der aktuellen Datei, die geladen oder gespeichert werden soll, weshalb wir auch diese beiden Zeilen entsprechend angleichen müssen:

```
BufferedReader Datei =
  new BufferedReader (new FileReader(DName));
BufferedWriter Datei =
  new BufferedWriter (new FileWriter(DName));
```

Die Aufrufe von readDiagnoseText und writeDiagnoseText beim Start und beim Beenden des Programms müssen sich ebenfalls an die neue Lage anpassen:

```
readDiagnoseText  (Pfad + Dateiname);
writeDiagnoseText (Pfad + Sammelname);
```

ÖFFNEN UND SPEICHERN

Richtig zu tun bekommt die Methode actionPerformed, denn dort werden die neuen Ereignisquellen abgearbeitet. Für den ersten Menüeintrag sieht das so aus (→ KLEMP5):

```
if (Quelle == Eintrag[0])  // Öffnen
{
  int Wahl = DateiSucher.showOpenDialog (this);
  if (Wahl == JFileChooser.APPROVE_OPTION)
  {
    Dateiname =
      DateiSucher.getSelectedFile().getName();
    Diagnose.clear(); Nr = 0;
    readDiagnoseText (Pfad + Dateiname);
    Schieber.setMaximum(Nr-1);
  }
}
```

Zuerst wird das Dialogfenster zum Öffnen aktiviert:

```
DateiSucher.showOpenDialog (this);
```

Mit showOpenDialog wird nicht nur eine Dialogbox angeboten, sondern auch der Dateiname aufgenommen, den du auswählst. Der ist dann in einem Attribut gespeichert und kann als Parameter an die Methode readDiagnoseText übergeben werden:

```
Dateiname = DateiSucher.getSelectedFile().getName();
readDiagnoseText (Pfad + Dateiname);
```

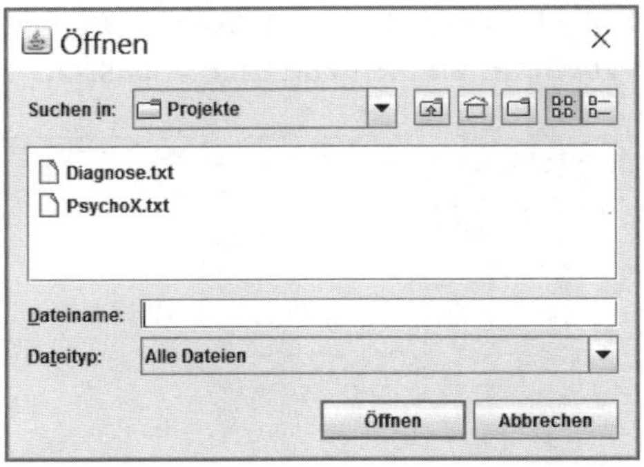

Einen Namen allerdings wirst du über `getName` nur bekommen, wenn du im Dialogfeld einen ausgewählt und per Mausklick bestätigt hast. Andernfalls könnte es Probleme beim Versuch geben, den Stream für die Datenübertragung (`FileReader`) zu erzeugen. Deshalb nutzen wir die Möglichkeit, den Wert zu überprüfen, den `showOpenDialog` zurückgibt:

```
int Wahl = DateiSucher.showOpenDialog (this);
if (Wahl == JFileChooser.APPROVE_OPTION)
// ...
```

(Der Wert `CANCEL_OPTION` wird zurückgegeben, wenn du auf einen Button wie ABBRECHEN bzw. CANCEL geklickt hast.)

Wenn der Dateiname ausgewählt wurde, muss zuerst der alte Diagnosetext gelöscht werden:

```
Diagnose.clear(); Nr = 0;
```

Außerdem wird `Nr` auf null gesetzt. Dann kann die Methode `readDiagnoseText` aktiviert werden. Und zuletzt dürfen wir nicht vergessen, den Maximalwert für den Rollbalken anzupassen:

```
Schieber.setMaximum(Nr-1);
```

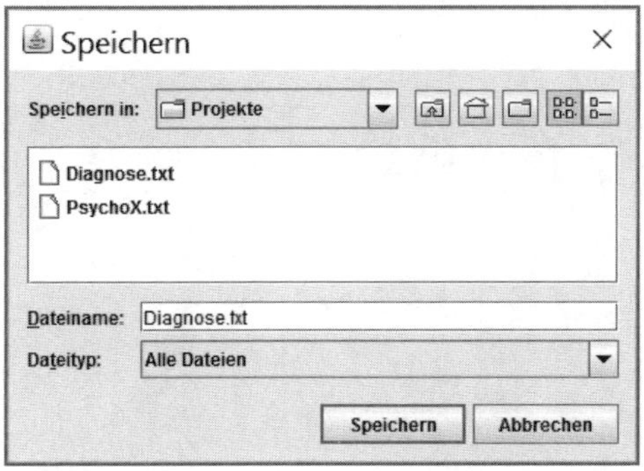

Im Prinzip ebenso, aber ein klein wenig einfacher, verläuft das Speichern in einer Datei (→ KLEMP5):

```
if (Quelle == Eintrag[1])  // Speichern
{
  int Wahl = DateiSucher.showSaveDialog (this);
  if (Wahl == JFileChooser.APPROVE_OPTION)
  {
    Sammelname =
      DateiSucher.getSelectedFile().getName();
    writeDiagnoseText (Pfad + Sammelname);
  }
}
```

≫ Und nun bring deinen Quelltext auf den neuesten Stand. Dann lass das Programm laufen.

Wenn du deine Eingaben gespeichert hast, kannst du sie auch als Diagnosetexte wieder öffnen. Dann bekommst du das als Antworten vorgesetzt, was du in der letzten Therapiesitzung von dir gegeben hast.

DIAGNOSEN DRUCKEN

Wozu hat man eigentlich einen Drucker? Hast du keinen, dann kannst du diesen Abschnitt überspringen.

Ansonsten spricht nichts dagegen, dem Seelenklempner auch noch das Drucken beizubringen. Dann hast du deine Therapien sogar schwarz auf weiß. Auch hier können wir uns bei Java bedienen. Zuerst muss dazu das entsprechende Paketangebot importiert werden:

```
import javax.print.*;
```

Als Nächstes machen wir uns an die Prozedur `printDiagnoseText`, die sich darum kümmert, die entsprechenden Daten aufzubereiten und an den Drucker zu schicken (→ KLEMP6):

```
public void printDiagnoseText (String DName)
{
  try
  {
    FileInputStream Datei =
      new FileInputStream (DName);
```

```
    DocFlavor Druckformat =
      DocFlavor.INPUT_STREAM.AUTOSENSE;
    Doc Dokument =
      new SimpleDoc (Datei, Druckformat, null);
    PrintService Drucker =
    PrintServiceLookup.lookupDefaultPrintService();
    DocPrintJob Druckauftrag =
      Drucker.createPrintJob ();
    Druckauftrag.print (Dokument, null);
    Datei.close ();
  }
  catch (IOException x)
  {
    JOptionPane.showMessageDialog
      (null, "Kann Daten nicht laden!");
  }
  catch (PrintException x)
  {
    JOptionPane.showMessageDialog
      (null, "Kann Daten nicht drucken!");
  }
}
```

Die Daten, die gedruckt werden sollen, besorgen wir uns aus einer Datei. In unserem Falle ist das eine Textdatei. Weil es um eine »Eingabe« geht (wir wollen die Datei ja laden), erzeugen wir für den Datenstrom das entsprechende Objekt:

```
FileInputStream Datei = new FileInputStream (DName);
```

Nun benötigen wir ein passendes Datenformat:

```
DocFlavor Druckformat =
  DocFlavor.INPUT_STREAM.AUTOSENSE;
```

Die Klasse `DocFlavor` bietet eine ganze Reihe von Formaten für Dateien, Texte und Bilder. Allein für `INPUT_STREAM` gibt es neben `AUTOSENSE` zahlreiche andere Formate. Während `AUTOSENSE` eine Art automatische Datenerkennung ist, zielen Formate wie GIF und JPEG auf Bilddateien, `TEXT_HTML` sowie `TEXT_PLAIN` auf HTML- oder reine Textdateien. (Wobei es auch da wiederum verschiedene Untergruppen gibt.)

Als Nächstes kommt das Dokument selbst. Die Daten aus der Datei werden mit dem Format »druckgerecht vereint«:

```
Doc Dokument =
  new SimpleDoc (Datei, Druckformat, null);
```

Wobei wir uns hier mit SimpleDoc begnügen – sozusagen die einfache Ausführung der Oberklasse Doc. Tja, und nun machen wir uns auf die Suche nach einem geeigneten Drucker:

```
PrintService Drucker =
  PrintServiceLookup.lookupDefaultPrintService();
```

Zuständig dafür ist die Klasse PrintService, die natürlich auch mehr als einen Drucker verwalten bzw. abfragen kann. Hier reicht es, mit lookupDefaultPrintService den Standarddrucker zu aktivieren, während man mit lookupPrintServices auch nach mehreren Druckern Ausschau halten kann.

Endlich ist es so weit. Der Druckauftrag wird erteilt:

```
DocPrintJob Druckauftrag = Drucker.createPrintJob ();
Druckauftrag.print (Dokument, null);
```

DocPrintJob heißt die entsprechende Klasse und print die Methode. Der zweite Parameter kann auch vorher vereinbarte Druckereinstellungen (z.B. Größe der Papierseite usw.) übernehmen, die über die Klasse AttributeSet vereinbart werden müssen.

Ist alles erledigt, kann die Datei wieder geschlossen werden:

```
Datei.close ();
```

Bei Fehlern werden über zwei catch-Zweige entsprechende Meldungen ausgegeben (einmal für Dateitransfer- und einmal für Druckerfehler).

Leider unterstützen nicht alle Drucker das Docflavor-Format von Java. Es kann also passieren, dass dein Drucker keinen Mucks tut, obwohl ein Druckvorgang gemeldet wird. Vielleicht hilft es dann, denselben Drucker mehrmals unter Windows anzumelden – jeweils mit verschiedenen Grundeinstellungen und Treibern.

Was noch fehlt, ist die Aktivierung von printDiagnoseText in actionPerformed (→ KLEMP6):

```
if (Quelle == Eintrag[2])  // Drucken
{
  printDiagnoseText (Pfad + Sammelname);
}
```

SICHER IST SICHER

Ein Eintrag unseres DATEI-Menüs ist noch unbesetzt: der für das Programmende. Es sollte schon eine Möglichkeit geben, das Programm anders zu verlassen als nur durch das Schließen des Formulars. Was den Profiprogrammen recht ist, sollte auch uns billig sein.

Eigentlich wäre es mit einer einfachen exit-Anweisung getan:

```
if (Quelle == Eintrag[3])
{
  System.exit (0);
}
```

Doch ein bisschen mehr Komfort sollten wir uns doch noch leisten: Es wäre nett, wenn uns das Programm vor seinem Ableben noch einmal fragen würde, ob wir noch etwas zu speichern haben.

Zuerst brauchen wir eine Variable vom Typ boolean:

```
boolean Sicher;
```

Beim Start bekommt Sicher den Wert false. Das bedeutet, dass die aktuellen Eingabedaten noch nicht gesichert wurden. Also kommt diese Anweisung in den Konstruktor:

```
Sicher = false;
```

Nach jedem Speichervorgang wird Sicher dann auf true gesetzt. Das geschieht im try-Zweig der Methode writeDiagnoseText (→ KLEMP7):

```
try
{
  BufferedWriter Datei =
    new BufferedWriter (new FileWriter(DName));
  for (int i = 0; i < Psychose.size(); i++)
    Datei.write(Psychose.get(i).toString()+"\r\n");
  Datei.close();
  Sicher = true;
}
```

Sollte das Speichern aus irgendeinem Grund nicht klappen, muss Sicher den Wert false haben. Das steht dann im catch-Teil derselben Methode:

```
catch (IOException x)
{
  JOptionPane.showMessageDialog
    (null, "Kann Daten nicht speichern!");
  Sicher = false;
}
```

Außerdem wird `Sicher` jedes Mal auf `false` gesetzt, wenn mit Klick auf FERTIG eine neue Eingabe bestätigt wurde. In `actionPerformed` muss also an der entsprechenden Stelle (unter `Quelle == Knopf2`) auch noch eine solche Zuweisung stehen:

```
Sicher = false;
```

... UND SCHLUSS

Nun wimmelt es nur so von Zuweisungen an die Variable `Sicher`. Einen Sinn hat der ganze Aufwand aber nur, wenn wir in den Ereigniszweig für den ENDE-Eintrag auch eine Möglichkeit zum Sichern einbauen (→ KLEMP7):

```
if (Quelle == Eintrag[3])  // Ende
{
  if (!Sicher)
  {
    int Wahl = JOptionPane.showConfirmDialog
      (null, "Daten speichern?", "Ende der Therapie",
       JOptionPane.YES_NO_CANCEL_OPTION);
    if (Wahl == JOptionPane.YES_OPTION)
    {
      Sammelname = "PsychoX.txt";
      writeDiagnoseText (Pfad + Sammelname);
    }
    if (Wahl != JOptionPane.CANCEL_OPTION)
      System.exit (0);
  }
  else  // wenn schon gesichert
    System.exit (0);
}
```

Hier treffen wir mit JOptionPane eine alte Bekannte wieder: War das nicht die Klasse, die uns schon recht früh – ohne Kenntnis von Swing – mit mehr Komfort bei Eingabe und Anzeige versorgt hat, als es die Standardmethoden aus dem Systempaket zu bieten haben?

showConfirmDialog ist eine dritte Möglichkeit für ein Dialogfeld, das hier für unsere Zwecke ideal geeignet ist: Es kann eine Meldung ausgegeben werden und wir haben über Buttons die Möglichkeit zu reagieren:

```
int Wahl = JOptionPane.showConfirmDialog
  (null, "Daten speichern?", "Ende der Therapie",
   JOptionPane.YES_NO_CANCEL_OPTION);
```

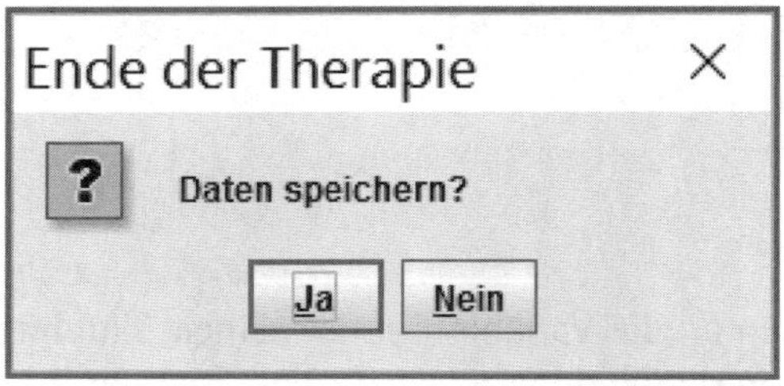

Der erste String ist die Meldung, der zweite Text kommt in die Titelleiste. Der letzte Parameter gibt an, welche Schaltflächen gezeigt werden sollen. Die Variable Wahl bekommt den Wert des gedrückten Knopfes. Wir benutzen hier die Buttons JA, NEIN und ABBRECHEN. In Java gibt es dafür vordefinierte Konstanten mit den Namen YES_OPTION, NO_OPTION und CANCEL_OPTION. Und das soll passieren:

- Bei JA soll gespeichert und anschließend das Programm beendet werden.
- Bei NEIN soll das Programm ohne Speichern beendet werden.
- Bei ABBRECHEN läuft das Programm (ohne Speichern) weiter.

Für die erste Option wird vor dem Ende gespeichert:

```
if (Wahl == JOptionPane.YES_OPTION)
{
  Sammelname = "PsychoX.txt";
  writeDiagnoseText (Pfad + Sammelname);
}
```

Wurde **nicht** die letzte Option gewählt, so kann Schluss gemacht werden:

```
if (Wahl != JOptionPane.CANCEL_OPTION)
  System.exit (0);
```

Die ganze Operation erfolgt aber nur, wenn direkt zuvor nicht gesichert wurde:

```
if (!Sicher)
```

(Du erinnerst dich: `!Sicher` bedeutet `Sicher == false` bzw. `Sicher != true`.)

Ansonsten kann auch hier einfach das Programm verlassen werden:

```
else
  System.exit (0);
```

Nun sind wir ja fast fertig, aber eben nicht ganz: Denn wenn sich jemand entschließt, das Programm nicht über den Menüeintrag ENDE, sondern über das Schließsymbol zu verlassen, dann sollte er auch von dem neuen Komfort Gebrauch machen können.

Der Block, der für `YES_OPTION` gilt, lässt sich einfach markieren und rüberkopieren. Aber eine kleine Änderung gibt's doch, denn die Meldungsbox braucht hier einen Knopf weniger (ABBRECHEN ist überflüssig, weil anschließend das Programm auf jeden Fall beendet wird). Damit sieht die Ereignismethode für das Schließen des Programmfensters so aus (→ KLEMP7):

```
public void windowClosing (WindowEvent Ereignis)
{
  if (!Sicher)
  {
    int Wahl = JOptionPane.showConfirmDialog
      (null, "Daten speichern?", "Ende der Therapie",
       JOptionPane.YES_NO_OPTION);
    if (Wahl == JOptionPane.YES_OPTION)
    {
      Sammelname = "PsychoX.txt";
      writeDiagnoseText (Pfad + Sammelname);
    }
  }
  System.exit(0);
}
```

POP IT UP!

Das Bessere ist des Guten Feind – so heißt es. Und zu verbessern gibt es immer etwas. Das siehst du schon daran, das viele Software-Firmen ihre Produkte in gewissen Zeitabständen neu herausbringen. Manchmal wird dabei auch mal wieder etwas verschlechtert.

Wir sind bescheiden und fügen unserem Projekt noch eine weitere Menüversion hinzu, die du von Windows kennst, wenn du mal mit der rechten Maustaste klickst: Ab und zu taucht da etwas auf, das man als **Popupmenü** bezeichnet. Das ist ein Menü, das nicht an einer Menüleiste »hängt«. Was spricht dagegen, dass wir unserer nächsten *Klempner*-Version auch so ein »Ding« spendieren?

Der erste Schritt ist wieder eine Erweiterung des Attribute-Parks:

```
private JPopupMenu Popup;
private JMenuItem[] Eintrag = new JMenuItem[8];
```

`JPopupMenu` allein genügt natürlich nicht, sondern wir benötigen auch noch ein paar Einträge. Die sind ebenfalls wie bei `JMenu` vom Typ `JMenuItem`, womit wir die passenden Einträge schon haben, wenn wir einfach die Anzahl für das Eintragfeld auf 8 verdoppeln. Allerdings müssen wir dann die Zeilen mit der Erzeugung der Einträge kopieren.

Dann werden sie ins Popupmenü eingebunden. Den Quelltext packen wir in die Methode `createMenu` (→ KLEMP8). Zuvor muss allerdings das Menü samt der neuen Einträge (mit den »alten« Texten) erzeugt werden:

```
Popup = new JPopupMenu();
Eintrag[4] = new JMenuItem ("Öffnen");
Eintrag[5] = new JMenuItem ("Speichern");
Eintrag[6] = new JMenuItem ("Ende");
```

Dann fügen wir die neuen Menüeinträge noch in unser Popupmenü und verbinden sie mit dem `ActionListener`:

```
for (int i = 0; i < 4; i++)
{
  Menu.add (Eintrag[i]);
  Popup.add (Eintrag[i+4]);
  Eintrag[i].addActionListener(this);
  Eintrag[i+4].addActionListener(this);
}
```

Fehlt nur noch die entsprechende Berücksichtigung in der Ereignismethode `actionPerformed`. Dazu sind nur einige Erweiterungen der Bedingungen für die `if`-Abfragen nötig:

```
// Öffnen
if ((Quelle == Eintrag[0]) || (Quelle == Eintrag[4]))
// ...
```

```
// Speichern
if ((Quelle == Eintrag[1]) || (Quelle == Eintrag[5]))
// ...
// Drucken
if ((Quelle == Eintrag[2]) || (Quelle == Eintrag[6]))
// Ende
if ((Quelle == Eintrag[3]) || (Quelle == Eintrag[7]))
// ...
```

Und nun können auch die Einträge dieses Menüs aktiviert werden. Aber wie öffnen wir das Popupmenü? Offenbar zeigt es keine Anstalten, auf einen Klick der **rechten** Maustaste zu reagieren. Ja, das Menü zeigt sich überhaupt nicht. Also muss wieder ein neuer »Ereigniswächter« her.

`MouseListener` ist sein (passender) Name und `MouseEvent` heißt das Ereignis. Weil dieses Interface wieder gleich einige Mausereignisse verwaltet, muss auch hier ein geeignetes Objekt über einen Adapter direkt in der Klasse `Klempner` vereinbart werden (→ KLEMP8):

```
public MouseListener Mauswaechter =
  new MouseAdapter()
{
  public void mouseReleased (MouseEvent Ereignis)
  {
    if (Ereignis.isPopupTrigger())
      Popup.show
        (Platte, Ereignis.getX(),Ereignis.getY());
  }
};
```

(Auch hier ist das Semikolon am Schluss wichtig!)

Zur Verfügung stehen die Methoden `mouseClicked` für den Mausklick, sowie `mousePressed` und `mouseReleased` für das Drücken und Loslassen einer Maustaste. Bei mir funktionierte nur die letzte Methode zuverlässig unter Windows, deshalb habe ich sie benutzt. Du kannst aber dieselbe Definition für die anderen beiden Methoden wiederholen:

```
if (Ereignis.isPopupTrigger())
  Popup.show
    (Platte, Ereignis.getX(),Ereignis.getY());
```

Die Methode `isPopupTrigger` sorgt dafür, dass das Popupmenü »betriebssystemgerecht« geöffnet werden kann. Bei Windows heißt das: durch Klick mit der rechten Maustaste.

Mit getX und getY lassen sich die aktuellen Koordinaten des Mauszeigers ermitteln. So tut sich das Menü an der Stelle auf, an die gerade geklickt wurde. Und show sorgt dafür, dass das Menü auch sichtbar wird.

Damit du die gesamte Platte zur Verfügung hast, muss die jetzt an anderer Stelle vereinbart werden. Sie rutscht ganz nach oben zu den Attributen:

```
private JPanel Platte;
```

Erzeugt wird sie weiterhin im Konstruktor, wo sie auch mit dem neuen Ereigniswächter verbunden wird:

```
Platte  = new JPanel ();
Platte.addMouseListener(Mauswaechter);
```

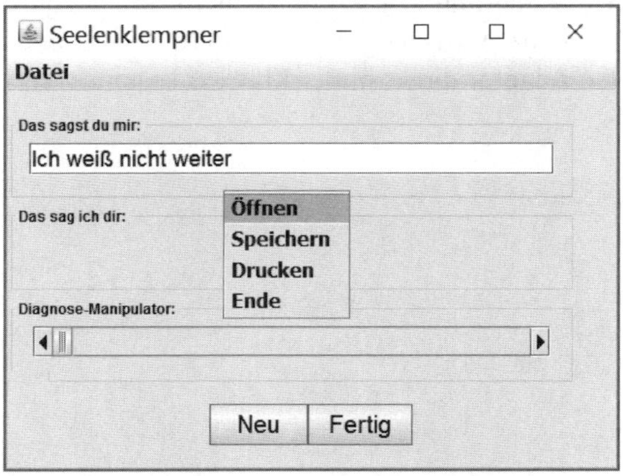

Nun kannst du fast überall mit der rechten Maustaste hinklicken, um das Popupmenü zu öffnen (ausgenommen auf die Komponenten, die stellenweise die Fensterfläche überdecken).

≫ Wenn du dein Projekt entsprechend aktualisiert hast, kannst du experimentieren, so viel du willst, und das *Seelenklempner*-Projekt auf Herz und Nieren testen. Dabei wird dir sicher noch die ein oder andere Verbesserung einfallen.

ZUSAMMENFASSUNG

Eine ganze Menge an neuen Komponenten hatte dieses Kapitel zu bieten. Nicht, dass das Programm jetzt perfekt wäre. Aber zumindest für den Augenblick kannst du dich zurücklehnen und die Früchte deiner Arbeit genießen. Immerhin bist du nun schon ein richtiger Java-Baumeister (mit bestandener Gesellenprüfung).

Auch in diesem Kapitel hat sich wieder einiges an Klassen und Methoden sowie ein Interface für Ereignisse angesammelt:

JMenuBar	Menüleiste, an die Menüs und Einträge eingehängt werden (können)
JMenu	Einzelnes Menü, in das Einträge eingehängt werden (können)
JMenuItem	Einzelner Eintrag in einem Menüsystem
JPopupMenu	Popupmenü (wird per Mausklick rechts geöffnet)
show	Methode, um z.B. ein Popupmenü auftauchen zu lassen
isPopupTrigger	Methode, die anzeigt, ob ein Ereignis durch ein Popupmenü ausgelöst wurde
JFileChooser	Eine Klasse zur Auswahl/Suche von Dateien und Ordnern
showOpenDialog	Methode, die ein Dialogfeld für das Öffnen einer Datei anzeigt
showSaveDialog	Methode, die ein Dialogfeld für das Speichern einer Datei anzeigt
setCurrentDirectory	Methode, um einen Verzeichnispfad als aktuell zu setzen
getSelectedFile	Methode, die eine ausgewählte Datei ermittelt
getName	Methode, die den Namen einer Datei zurückgibt
JOptionPane	Klasse zur Anzeige verschiedener Dialogfelder
showConfirmDialog	Methode, die ein Informationsfeld anzeigt, mit verschiedenen Buttons zur Auswahl
MouseListener	»Wächter« bzw. Beobachter für Aktionen mit der Maus
MouseAdapter	Hilfsmittel (Adapter), um nur eine Ereignismethode definieren zu müssen
MouseEvent	Ereignis, in diesem Falle Aktionen mit der Maus
addMouseListener	Methode, die Mausereignis in Liste »zur Beobachtung« aufnimmt
mouseClicked	Methode, die den Klick mit einer Maustaste behandelt
mousePressed	Methode, die das Drücken einer Maustaste behandelt

mouseReleased	Methode, die das Loslassen einer Maustaste behandelt
getX	Methode, die die x-Koordinate der Position des Mauszeigers zurückgibt
getY	Methode, die die y-Koordinate der Position des Mauszeigers zurückgibt

Neu hast du auch einige der Klassen von javax.print kennen gelernt:

PrintService	Klasse für Drucker (einzeln oder mehrere)
lookupDefaultPrint Service	Methode, um Standarddrucker zu ermitteln
lookupPrintServices	Methode, um alle verfügbaren Drucker zu ermitteln
DocFlavor	Klasse für Aufbereitung des Datenformates
Doc, SimpleDoc	Klassen für Dokumententypen
DocPrintJob	Klasse für Druckauftrag
print	Methode, um Druckauftrag an Drucker zu schicken
AttributeSet	Klasse für Druckereinstellungen

EIN PAAR FRAGEN ...

1. Aus welchen Komponenten stellt man ein Menü zusammen?
2. Was unterscheidet ein Popupmenü von einem »normalen« Menü, auch Pulldownmenü genannt?
3. Woran erkennt man bei Dialogfeldern, die über showOpenDialog oder showSaveDialog aktiviert wurden, ob ein Dialog bestätigt oder abgebrochen wurde?

... UND EIN PAAR AUFGABEN

1. Spendiere im letzten *Klempner*-Projekt den Einträgen für das Öffnen und Speichern in actionPerformed eine try-catch-Struktur, denn es könnte ja mal an dem Dateinamen oder der Datei »etwas faul« sein.
2. Erweitere das *Vokabel*-Projekt um die Möglichkeit (über Menü und Dialogbox), wahlweise verschiedene Sprachdateien zu laden.

10 GRAFIK IN JAVA

Bisher hast du viel Text gesehen. Obwohl wir mit grafischen Elementen unter Swing schon einiges zu tun hatten. Kann man denn in Java überhaupt zeichnen und malen? Und ob. Hier lernst du mit Graphics eine Klasse kennen, deren Methoden für dich recht hübsche Grafiken ins Fenster zaubern. Dabei hängt es aber auch von dir ab, wie du die vorgestellten Methoden weiter verwendest.

In diesem Kapitel lernst du

- einige neue grafische Möglichkeiten von Java kennen
- mit der Klasse `Graphics` umzugehen
- wie man Linien und Figuren darstellen kann
- wie man Text direkt im Fenster anzeigt
- wie man die Farben fürs Zeichnen, Malen oder die Schrift ändert

VON PUNKTEN UND KOORDINATEN

Wenn wir von Grafik sprechen wollen, müssen wir auch vom Koordinatenkreuz reden. Da denkst du gleich an deine Mathelehrer, wie die sich da vorn an der Tafel abgemüht haben oder abmühen, dir etwas von x-Achse und y-Achse zu erzählen. Deshalb sollte ich lieber nicht voraussetzen, dass du weißt, wovon ich rede.

Alles, was du auf deinem Monitor zu sehen bekommst, besteht aus vielen kleinen Pünktchen, **Pixel** genannt. Die Anzahl dieser Bildpunkte nennt man **Auflösung**. Dabei können Breite und Höhe eines Bildes auf dem Monitor durchaus weit mehr als 2000 Pixel haben.

Damit man etwas von einem Bild zu sehen bekommt, steckt in jedem Computer eine so genannte Grafikkarte. Dort befindet sich eine komplette Schaltung für Grafik mit bis zu mehreren Millionen Farben. Welche Auflösung du auf deinem Bildschirm zu sehen bekommst, hängt nicht nur von der Grafikkarte ab. Der Bildschirm muss natürlich auch groß genug sein, um eine hohe Auflösung darzustellen.

Damit der Computer weiß, wohin auf den Bildschirm er einen Punkt setzen soll, wenn er etwas darstellt, ist die Anzeigefläche wie ein unsichtbares Gitter aufgeteilt. Jeder Punkt wird durch zwei Zahlen beschrieben. Die geben den Abstand von einem festen Ausgangspunkt an. Der liegt in Java (und auch für die meisten Grafikprogramme) in der linken oberen Ecke der Bildschirmfläche.

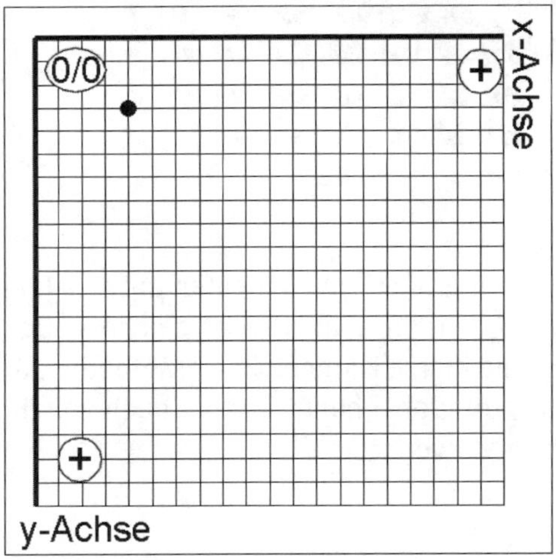

Dieser Punkt wird auch **Ursprung** genannt und hat die Koordinaten x = 0 und y = 0. Wenn man vom Ursprung aus auf dem Bildschirm nach rechts weiter zählt, bewegt man sich auf der **x-Achse**. Man könnte auch horizontale oder waagerechte Achse sagen. Aber weil die Mathematiker das Ding x-Achse genannt haben, sind auch die Computerleute (= Informatiker) dabeigeblieben.

Geht man vom Ursprung aus nach unten, so wandert man die **y-Achse** entlang. Auch die hätte man vertikale oder senkrechte Achse nennen können, aber – du sagst es: Den Mathematikern passte y-Achse eben besser.

Auf einmal erinnerst du dich an den Matheunterricht? Da sah doch so ein Koordinatenkreuz mit x und y ganz anders aus! Da war doch der so genannte Ursprung genau in der Mitte, wo sich x-Achse und y-Achse gekreuzt haben (deshalb Koordinatenkreuz).

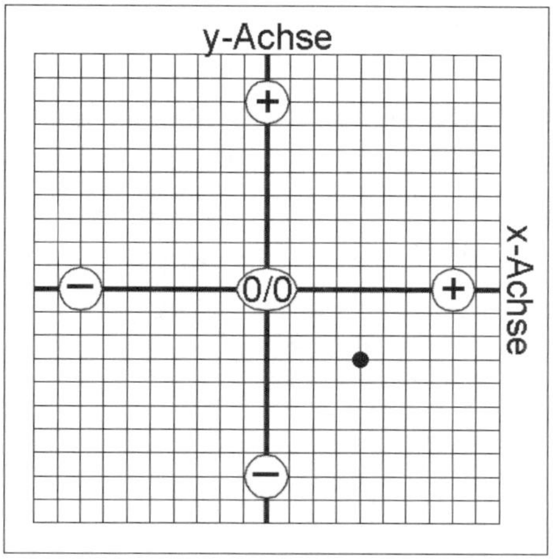

Tja, und hier haben es eben die Computerleute anders gemacht als die Mathematiker. Sie haben gesagt, wozu brauchen wir negative Zahlen? Und überhaupt kam es ihnen viel logischer vor, ein Bild dort anfangen zu lassen, wo wir auch mit dem Schreiben beginnen: links oben.

Wie beim Koordinatenkreuz aus dem Matheunterricht wird der x-Wert größer, wenn du nach rechts gehst. Im Gegensatz zum Matheunterricht wird der y-Wert nicht größer, wenn du nach oben, sondern wenn du nach unten gehst.

Übrig geblieben ist also vom Koordinatenkreuz eigentlich nur ein umgedrehtes »L« (manche sagen dazu auch Galgen).

Du hast übrigens Recht, wenn du meinst, es gäbe auch eine **z-Achse**. Die ist für die Tiefe zuständig. Wo gibt es denn bei der Bildschirmanzeige eine Tiefe? Das gerade ist das Problem mit der z-Achse: Alle Bilder sind zweidimensional, haben also nur Breite (x) und Höhe (y). Überall, wo wir uns aufhalten oder bewegen, gibt es aber noch eine dritte Dimension, die Tiefe (z).

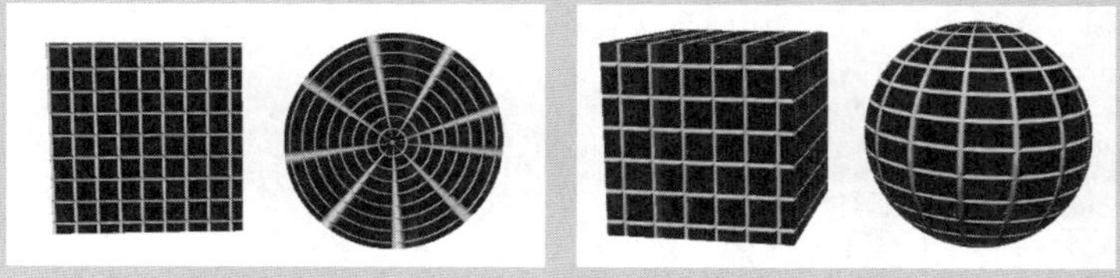

Damit wir Bilder erhalten, die so aussehen, als wären sie dreidimensional, gibt es Programme, die ausrechnen, wie die dritte Dimension in einem Bild auszusehen hat. Und die neuesten 3D-Grafikkarten sorgen dafür, dass das möglichst gut und schnell auf den Bildschirm kommt. So sehen heute z.B. bei Autorennspielen die Straßen wirklich so aus, als gäbe es eine Tiefe, und bei jeder Lenkbewegung passt sich die Anzeige auf dem Bildschirm sofort an.

EIN KNOPF IM FENSTER

Jetzt bist du lange genug mit Theorie gequält worden, nun ist es wirklich wieder Zeit für die Praxis! Also hier gleich das erste Grafikprogramm – natürlich in einem völlig neuen Projekt. Als Grundlage benötigen wir nur ein Fenster mit einem Button. Der erste Quelltext könnte so aussehen (→ GRAFIK1):

```
package figuren1;
import javax.swing.*;
import java.awt.*;
import java.awt.event.*;

public class Grafik1
  extends JFrame implements ActionListener
{
  private JButton Knopf;

  public Grafik1 ()
  {
    super ("Grafik1");
    JPanel Platte = new JPanel ();
    Platte.setLayout (new FlowLayout());
    Knopf = new JButton("Mal mal!");
    Knopf.addActionListener (this);
    Box Oben = Box.createHorizontalBox();
    Oben.setPreferredSize (new Dimension(400,100));
    Platte.add (Oben);
    Platte.add (Knopf);
    setContentPane (Platte);
  }

  public void actionPerformed (ActionEvent Ereignis)
  {
  }

  public static void main (String[] args)
  {
    Grafik1 Rahmen = new Grafik1 ();
    Rahmen.setSize (400,300);
    Rahmen.setDefaultCloseOperation
      (JFrame.EXIT_ON_CLOSE);
    Rahmen.setVisible(true);
  }
}
```

Hier haben wir wieder alles Wesentliche zusammen, was ein Java-Programm mit Swing ausmacht. Und der Button ist bereits auf ein Ereignis vom Typ `ActionEvent` eingestellt. Aber mehr als ein Fenster mit Knopf gibt es noch nicht zu sehen.

DAS ERSTE BILD

Was fehlt, ist die Aktion selbst. Die packen wir in eine selbst vereinbarte Methode namens `drawImage` (→ GRAFIK1):

```
public void drawImage()
{
  Graphics Stift = getGraphics();
  Dimension Groesse = getSize();
  int Breite = Groesse.width;
  int Hoehe  = Groesse.height;
  Stift.drawRect (20,40, Breite-40,Hoehe-60);
  Stift.drawOval (30,50, Breite-60,Hoehe-80);
  Stift.drawLine (Breite/2,40, Breite/2,Hoehe-20);
  Stift.drawLine
    (20, Hoehe/2+10, Breite-20,Hoehe/2+10);
}
```

Vor einer genaueren Untersuchung dieses Quelltextes spendieren wir noch der Ereignismethode `actionPerformed` eine Zeile, in der die »Malaktion« in Gang gesetzt wird:

```
public void actionPerformed (ActionEvent Ereignis)
{
  drawImage ();
}
```

> Erzeuge ein neues Projekt und gib ihm den ganzen Quelltext. Dann lass das Programm laufen und klicke auf die Schaltfläche.

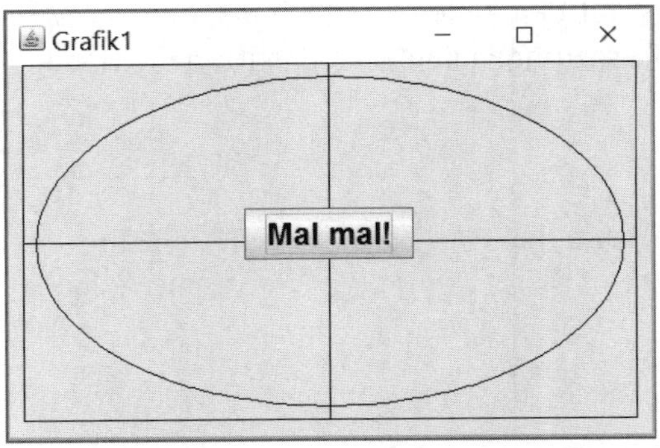

Und nun schauen wir uns genauer an, was für Gebilde das Programm zustande bringt. Da sind ein Rechteck, eine Ellipse und zwei Linien, die sich kreuzen. All das erledigt in Java ein Swing-Objekt, das aus der Klasse `Graphics` abgeleitet wird. Darunter versteht man hier einen unsichtbaren Malergesellen, der eine ganze Reihe Zeichen- und Malmethoden beherrscht. Welche Aktionen wodurch ausgelöst werden, kannst du fast selbst erraten:

Mit der `drawLine`-Methode lässt sich eine Linie zwischen zwei Punkten zeichnen:

```
drawLine (xStart, yStart, xZiel, yZiel);
```

Mit diesen beiden Methoden lassen sich nahezu alle Arten von Grafiken zeichnen. Geht es um Rechtecke oder Ellipsen, dann hat man es mit zwei weiteren Methoden leichter:

```
drawRect (xLinks, yOben, Breite, Hoehe);
drawOval (xLinks, yOben, Breite, Hoehe);
```

Beide übernehmen als Parameter die linke obere sowie die Breite und Höhe. Damit berechnen sie einen (unsichtbaren) rechteckigen Bereich, in den dann das Rechteck bzw. die Ellipse genau hineinpasst.

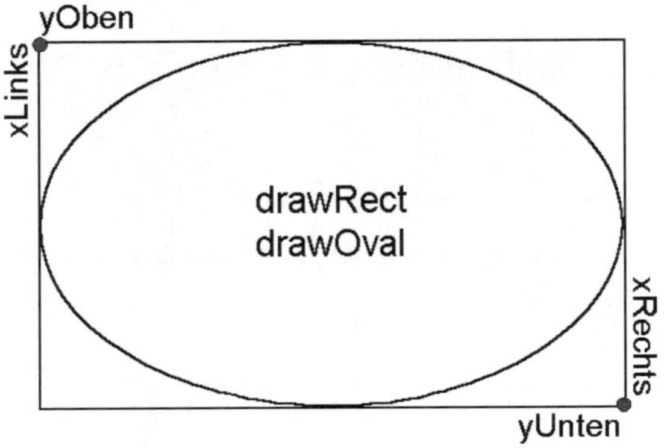

Nun möchtest du noch wissen, was es mit den Zeilen oberhalb der draw-Anweisungen auf sich hat. Zuerst nehmen wir sozusagen den Zeichenstift in die Hand:

```
Graphics Stift = getGraphics();
```

Mit getGraphics wird im aktuellen Formular eine Zeichenfläche mitsamt dem Stift zur Verfügung gestellt. Das Objekt Stift ist damit bereit, grafische Aufgaben zu übernehmen.

Damit wir später mit den Maßen des Fensters bzw. Formulars (JFrame) arbeiten können, ermitteln wir deren Breite und Höhe. Dafür könnten wir natürlich auch gleich konstante Zahlen benutzen, unser Weg ist aber universeller: Sollte jemand auf die Idee kommen, die Größe des Formularfensters zu ändern, passen sich die draw-Anweisungen automatisch an. (Du kannst das ausprobieren, wenn du das Fenster z.B. auf Maximalgröße bringst.) Leider bekommt man die Breite und Höhe nur als Paket über die Methode getSize:

```
Dimension Groesse = getSize();
```

Es ist also mit Dimension wieder ein zweidimensionaler Zwischentyp nötig, aus dem wir anschließend Breite und Höhe herausfiltern:

```
int Breite = Groesse.width;
int Hoehe  = Groesse.height;
```

width und height sind die beiden Eigenschaften von Groesse für die Breite und Höhe eines Formulars oder anderer Komponenten.

Innerhalb dieser Fläche beginnt ebenso wie beim Bildschirm die linke obere Ecke mit x = 0 und y = 0. Dabei ist zu berücksichtigen, dass die Titelzeile mitgerechnet werden muss. Deshalb die zusätzlichen Werte (von 20 bis 80). Und wenn man eine der beiden Maße durch 2 teilt, bekommt man eben mit der Hälfte genau die Mitte dieser Breite bzw. Höhe. Und so entsteht dann ein Kreuz:

```
Stift.drawLine (Breite/2,40, Breite/2,Hoehe-20);
Stift.drawLine
  (20, Hoehe/2+10, Breite-20,Hoehe/2+10);
```

JETZT WIRD'S BUNT

Lass uns ein bisschen mit den Methoden von Graphics experimentieren, die wir bis jetzt kennen. Dazu brauchen wir allerdings etwas Farbe und nehmen auch den

Zufall zur Hilfe. Für das neue Projekt eignet sich das alte, wir müssen bloß die Anweisungen für drawImage ändern (→ GRAFIK2):

```
public void drawImage()
{
  Graphics Stift = getGraphics();
  Dimension Groesse = getSize();
  int Breite = Groesse.width;
  int Hoehe = Groesse.height;
  for (int i = 0; I < 150; i++)
  {
    Stift.setColor
      (Farbe[(int)(Math.random()*FMax)]);
    Stift.drawLine (0, i*4, Breite, Hoehe-i*4);
    Stift.drawLine (i*6, 0, Breite-i*6, Hoehe);
  }
}
```

Die for-Schleife verheißt 150 Durchläufe und damit eine ganze Menge Linien. Ich denke, dass du aus den Parametern der Methode drawLine selber schlau wirst, sobald du nachher die Grafik gesehen hast.

Hier schauen wir uns mal die erste Anweisung in der for-Schleife näher an:

```
Stift.setColor (Farbe[(int)(Math.random()*FMax)]);
```

Mit der Methode setColor wird die Farbe dieses Stiftes gesetzt. Und random kennst du schon: Diese Methode erzeugt irgendeinen Zufallswert bis zu einem Maximum. Und der bestimmt dann die Farbe.

Aber das ist nicht ganz einfach. Denn unter Windows sind bis zu mehr als 16 Millionen Farben möglich, die Java natürlich unterstützt. Deshalb nehmen wir uns die Standardfarben heraus, für die es auch eine Konstante gibt, und packen alle in ein Feld:

```
final int FMax = 9;
Color[] Farbe =
  {Color.black, Color.gray, Color.white,
   Color.cyan, Color.magenta, Color.yellow,
   Color.red, Color.green, Color.blue};
```

Weil es hier neun Farbnamen sind, wird eine Ganzzahlkonstante auf diesen Wert festgelegt. Das Feld Farbe ist vom Typ Color. Der Name jeder Farbkonstanten gehört zu dieser Klasse (deshalb das vorgesetzte Color).

Damit sucht sich der Computer für das Zeichnen der Linien jedes Mal aufs Neue eine dieser Farben aus:

Konstante	Farbe	Konstante	Farbe	Konstante	Farbe
black	Schwarz	cyan	Türkis	red	Rot
gray	Grau	magenta	Purpur	green	Grün
white	Weiß	yellow	Gelb	blue	Blau

≫ Nachdem du dein Projekt angepasst hast, steht einem Programmlauf nichts mehr im Wege. Klicke dabei ruhig ein paarmal mehr auf MAL MAL! (du kannst auch einige Werte oder Formeln ändern und zuschauen, was mit den Linien passiert).

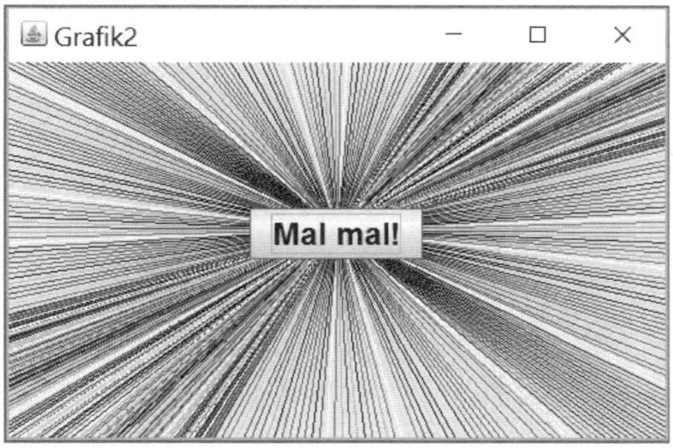

Am Monitor sieht's besser aus.

ECKIG UND RUND

Auch für das nächste Programm kannst du direkt das vorhergehende weiter verwenden. Geändert werden muss nur wieder mal die Methode `drawImage`. Hier ist der angepasste Quelltext (→ GRAFIK3):

```
public void drawImage()
{
  Graphics Stift = getGraphics();
  Dimension Groesse = getSize();
  int Breite = Groesse.width;
  int Hoehe = Groesse.height;
  for (int i = 0; i < 50; i++)
  {
```

```
    Stift.setColor
      (Farbe[(int)(Math.random()*FMax)]);
    Stift.drawRect
      (i*4, i*3+10, Breite-i*8, Hoehe-i*6);
  }
}
```

Hier verschachteln sich die Rechtecke, weil bei jedem Durchlauf der `for`-Schleife die Eckwerte und Maße entsprechend geändert werden.

> Um zu verstehen, wie das vor sich geht, probier einfach mal aus, was geschieht, wenn du einige Werte änderst.

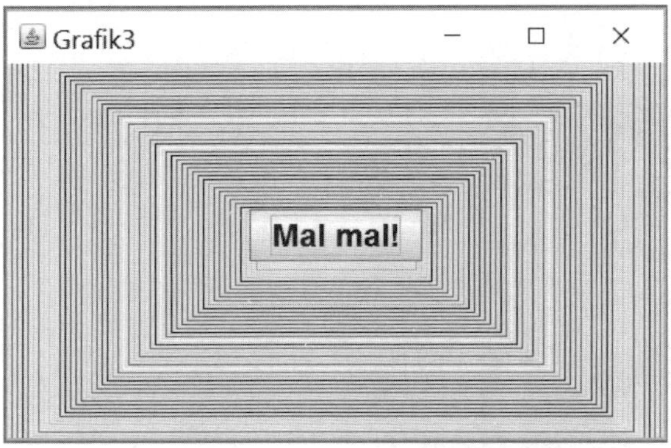

Und damit du gar nicht erst zum Ausruhen kommst, gleich die nächste Version. Wieder betrifft es nur die `drawImage`-Methode (→ GRAFIK4):

```
public void drawImage()
{
  Graphics Stift = getGraphics();
  Dimension Groesse = getSize();
  int Breite = Groesse.width;
  int Hoehe = Groesse.height;
  for (int i = 0; i < 50; i++)
  {
    Stift.setColor
      (Farbe[(int)(Math.random()*FMax)]);
    Stift.drawOval
      (i*4, i*3+10, Breite-i*8, Hoehe-i*6);
  }
}
```

Und wieder steuert die Zählvariable nacheinander einen Wert zwischen 0 und 50 an. Dabei wird die jeweilige Ellipse immer kleiner.

> Probieren ist auch hier angesagt: Ändere einfach ein paar Werte. Versuch auch mal zu erreichen, dass die Ellipsen das ganze Formular füllen.

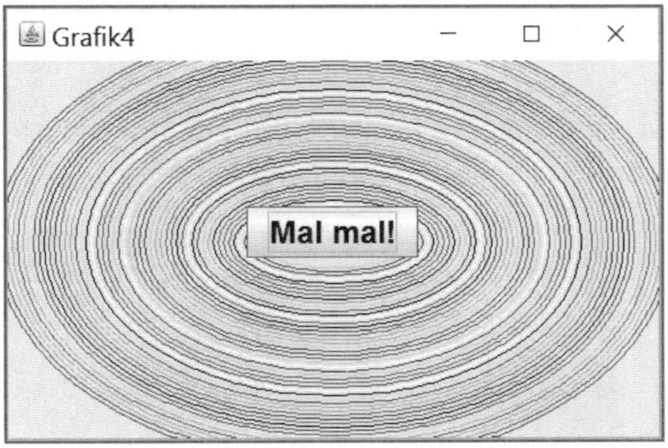

MIT TEXT GEHT AUCH

Ein Objekt der Klasse `Graphics` kann nicht nur zeichnen. Du kannst ihm auch deine Strings übergeben und es bitten, sie anzuzeigen. Bisher haben wir unseren Text ja immerzu an irgendwelche Komponenten geschickt, damit die die Anzeige übernehmen. Und das Fenster bekam nur ein bisschen Futter für seine Titelleiste. Mit `Graphics` ist es möglich, Text irgendwo auf die Fläche des Formulars zu setzen. Wie das geht, zeigt unsere nächste Version des *Grafik*-Programms (→ GRAFIK5):

```
public void drawImage()
{
  Graphics Stift = getGraphics();
  Dimension Groesse = getSize();
  int Breite = Groesse.width;
  int Hoehe = Groesse.height;
  for (int I = 0; I < 100; i++)
  {
    Stift.setColor
      (Farbe[(int)(Math.random()*FMax)]);
    Stift.setFont (new Font("Arial",
      Font.PLAIN, (int)(Math.random()*40)));
    Stift.drawString ("Hallo",
      (int)(Math.random()*Breite),
```

```
            (int)(Math.random()*Hoehe));
    }
}
```

Wie schon die Farbe mit `setColor`, lässt sich über die Methode `setFont` die Schrift einstellen, und zwar Art, Typ und Größe. Die soll sich von Mal zu Mal zufällig ändern.

Mit der Methode `drawString` wird dann eine Zeichenkette (String) ausgegeben. Die Position der Anzeige wird durch die letzten beiden Parameter bestimmt:

```
drawString (Text, x,y);
```

Wenn du ein bisschen in Programmbeispielen aus den letzten Kapiteln herumkramst, dann findest du sicher einige, in denen sich der eine oder andere Text auch in einer `drawString`-Anweisung unterbringen lässt.

FARBTUPFER

Mit `Graphics` kann man natürlich nicht nur farbig zeichnen, sondern Objekte auch bunt ausmalen. Auch hier ist es in erster Linie die Methode `drawImage`, in der die Hauptsache abläuft. Ein wenig spielt aber hier auch der Konstruktor mit. Und mit dem fangen wir an.

Damit gleich die Sterne richtig funkeln können, bevorzugen wir hier Schwarz als Hintergrundhimmel. Und diese Farbe bekommt die »Zeichenplatte« mit `setBackground` als Hintergrund:

```
Platte.setBackground (Color.black);
```

Die Schaltfläche soll dem bunten Schauspiel möglichst wenig im Weg sein, deshalb verlegen wir sie nach ganz unten an den Rand des Formulars (indem wir die obere Box etwas vergrößern). Auch eine andere Beschriftung wie z.B. »Lass funkeln!« könnte dem Button nicht schaden.

Nun zur Methode drawImage. Die for-Schleife bleibt uns weiterhin erhalten. In ihr werden 300-mal drei neue Zufallswerte für x, y und Dicke erzeugt, die dann Position und Durchmesser der Kreise bestimmen, die mit drawOval gezeichnet werden (→ GRAFIK6):

```
public void drawImage()
{
  Graphics Stift = getGraphics();
  Dimension Groesse = getSize();
  int Breite = Groesse.width;
  int Hoehe = Groesse.height;
  int x,y, Dicke;
  for (int i = 1; i < 300; i++)
  {
    x = (int)(Math.random()*Breite);
    y = (int)(Math.random()*Hoehe);
    Dicke = (int)(Math.random()*30);
    Stift.setColor
      (Farbe[(int)(Math.random()*FMax)]);
    Stift.fillOval (x, y, Dicke, Dicke);
  }
}
```

Neu ist hier die Methode fillOval, die statt drawOval die Kreise ausmalt. (Für Rechtecke gibt es die Methode fillRect.)

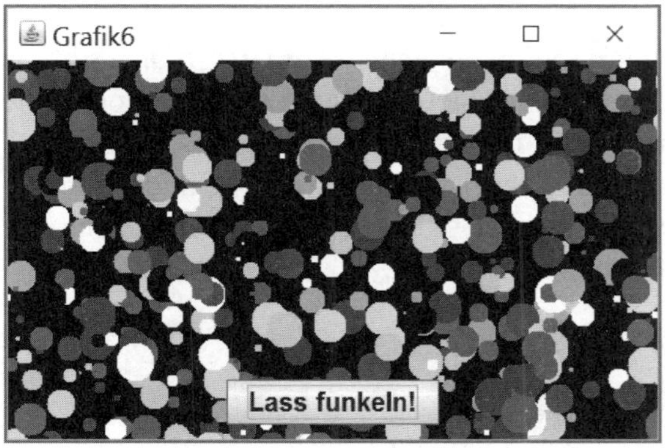

Und nun lass uns mal auf den Punkt kommen. Besser gesagt, viele, viele Punkte. Das Formular soll zu einem kleinen Sternenhimmel werden, an dem Tausende von winzigen Pünktchen flimmern. Wie aber können wir die Pixel eines Bildes auch einzeln zum Leuchten bringen?

Die Änderung betrifft wieder mal (nur) die Methode `drawImage`. Die `for`-Struktur hat nun deutlich mehr Runden zu durchlaufen. Hier bestimmen zwei Zufallswerte für `x` und `y`, wo der Punkt liegt, der eine neue Farbe erhalten soll. `Dicke` ist nicht mehr nötig, denn die Kreise sind genau ein Pixel dick (→ GRAFIK7):

```
public void drawImage()
{
  Graphics Stift = getGraphics();
  Dimension Groesse = getSize();
  int Breite = Groesse.width;
  int Hoehe = Groesse.height;
  int x,y;
  for (int i = 1; i < 5000; i++)
  {
    x = (int)(Math.random()*Breite);
    y = (int)(Math.random()*Hoehe);
    Stift.setColor
      (Farbe[(int)(Math.random()*FMax)]);
    Stift.fillOval (x, y, 1, 1);
  }
}
```

VON GRAPHICS ZU GRAPHICS2D

Die ganze Zeit haben wir mit der Klasse `Graphics` gearbeitet und sind damit nicht schlecht »gefahren«. Ein Weiterentwicklung nennt sich `Graphics2D` (und erbt als Kind von `Graphics` alle deren Eigenheiten). Sie bietet ein paar neue Methoden, die ich aber hier nicht aufführen werde, weil der Normalbedarf bereits durch `Graphics` abgedeckt wird. Dennoch sollst du wissen, wie man auf die Fähigkeiten von `Graphics2D` zugreifen kann. Dazu bedarf es eines kleinen »chirurgischen Eingriffs« in der Methode `drawImage` (→ GRAFIK8):

```
public void drawImage()
{
  Graphics2D Stift = (Graphics2D) getGraphics();
  Dimension Groesse = getSize();
```

```
  int Breite = Groesse.width;
  int Hoehe = Groesse.height;
  for (int i = 1; i < 50; i++)
  {
    Stift.setColor
      (Farbe[(int)(Math.random()*FMax)]);
    Stift.drawLine (10+8*i,30, 10+8*i,Hoehe-10);
    Stift.drawLine (10,30+6*i, Breite-10,30+6*i);
  }
}
```

Wichtig ist, dass dem Aufruf der Methode ein weiteres `Graphics2D` vorgestellt wird. Nun benutzen wir die Methoden dieser Klasse und hätten auch Zugriff auf alle Erweiterungen. Eine davon probieren wir gleich mal aus (→ GRAFIK9):

```
public void drawImage()
{
  Graphics2D Stift = (Graphics2D) getGraphics();
  Dimension Groesse = getSize();
  int Breite = Groesse.width;
  int Hoehe = Groesse.height;
  GradientPaint Verlauf = new GradientPaint
    (0,0,Farbe[(int)(Math.random()*FMax)],
     Breite-50,0, Farbe[(int)(Math.random()*FMax)]);
  Stift.setPaint(Verlauf);
  Stift.fill
    (new Rectangle(15,40,Breite-30,Hoehe-55));
}
```

Mit `GradientPaint` lassen sich Farbverläufe erzeugen, wobei jeweils die Startkoordinaten sowie die Startfarbe als Parameter übergeben werden, dann folgen die Endkoordinaten und schließlich die Zielfarbe.

Mit `setPaint` wird dann der Verlauf gesetzt und mit `fill` z.B. ein Rechteck entsprechend farbig ausgefüllt.

ZUSAMMENFASSUNG

Ganz schön bunt ging es hier zu. Aber das war nur die einfachere grafische Seite von Java. Dabei sind schon einige weitere Klassen und eine Menge an neuen Methoden aufgetaucht:

`Graphics`	Klasse, die Werkzeuge für das Erstellen von Grafiken anbietet
`Graphics2D`	Erweiterte Klasse für das Erstellen von Grafiken
`getGraphics`	Objekt vom Typ `Graphics` erzeugen/initialisieren
`drawLine`	Methode, um Linien zwischen zwei Punkten zu zeichnen
`drawRect`	Methode, um Rechtecke (Quadrate) zu zeichnen
`drawOval`	Methode, um Ellipsen (Kreise) zu zeichnen
`drawString`	Methode, um Texte (Strings) anzuzeigen
`fillRect`	Methode, um Rechtecke (Quadrate) farbig auszufüllen
`fillOval`	Methode, um Ellipsen (Kreise) farbig auszufüllen
`GradientPaint`	Klasse für die Erzeugung von Farbverläufen
`setPaint`	Methode, um einen Farbverlauf zu setzen
`fill`	Methode, um eine Fläche mit einer Farbe oder einem Verlauf zu füllen
`Color`	Klasse für Farben
`setColor`	Methode, um Darstellungsfarben festzulegen
`setBackground`	Methode, um Hintergrundfarben festzulegen
`Font`	Klasse für Schriften
`setFont`	Methode, um Schriften festzulegen
`Dimension`	Klasse für die Größe (Breite und Höhe) von Objekten
`getSize`	Methode, um Breite und Höhe einer Komponente zu ermitteln
`height`	Breitenwert einer Dimension
`width`	Höhenwert einer Dimension

EIN PAAR FRAGEN …

1. Wo liegt der Ursprung des Koordinatensystems auf dem Bildschirm?
2. Die Methoden `drawLine`, `drawRect` und `drawOval` verwenden jeweils vier Parameter. Was sind die Unterschiede?

... UND EIN PAAR AUFGABEN

1. Ersetze im Projekt GRAFIK6 die bunten Kreise durch bunte Quadrate.
2. Wandle das letzte (oder vorletzte) Projekt so um, dass bei jedem Start eine andere (zufällige) Hintergrundfarbe erscheint.
3. Wie wäre es mal mit einem kleinen Haus?

11 ANIMATIONEN

Alle Komponenten, mit denen du bisher gearbeitet hast, gehören ebenso wie die Klasse `Graphics` nicht zum Standard-Wortschatz von Java. Alles, was z.B. AWT und Swing zu bieten haben, ist in Java programmiert. (Ein Beweis dafür, wie gut Java funktioniert!)

Um noch tiefer in die Denkweise einzudringen, die hinter dem Programmieren von Objekten, der so genannten **objektorientierten Programmierung** (abgekürzt: **OOP**) steckt, bereichern wir unsere Projekte noch um die Möglichkeit der Animation.

In diesem Kapitel lernst du

- wie man mit `Image` (fertige) Bilder nutzt
- weitere grafische Hilfsmittel kennen
- wie man eine Figur erscheinen und sich bewegen lässt

ERST MAL EIN KREIS

Beginnen wir mit einem einfachen grafischen Gebilde, dem Kreis. Der soll im Formular auf Knopfdruck erscheinen, sich bewegen und wieder verschwinden. Zuerst brauchen wir ein Fenster mit drei Schaltflächen, die unten am Bildrand liegen sollten:

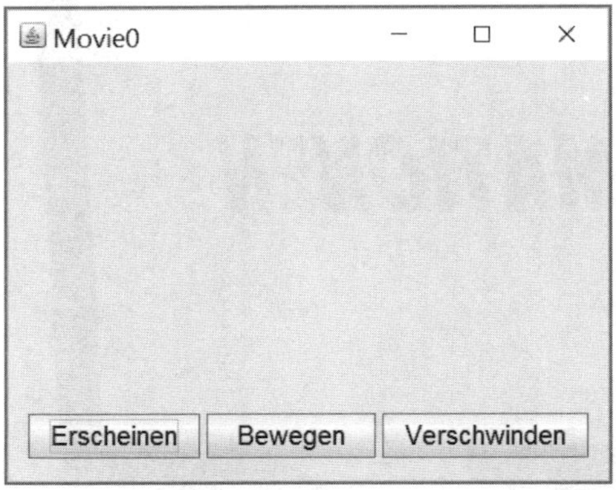

Und los geht's mit dem dazu passenden Quelltext (→ MOVIE1):

```
public class Movie1
  extends JFrame implements ActionListener
{
  private JButton[] Knopf = new JButton[3];
  private int x = 30, y = 60, Dicke = 200;
  private int Strecke;
  private Graphics Grafik;

  public Movie1 ()
  {
    super ("Movie1");
    JPanel Platte = new JPanel ();
    Platte.setLayout (new FlowLayout());
    Box Oben = Box.createHorizontalBox();
    Oben.setPreferredSize (new Dimension(440,250));
    Platte.add (Oben);
    Knopf[0] = new JButton ("Erscheinen");
    Knopf[1] = new JButton (" Bewegen ");
    Knopf[2] = new JButton ("Verschwinden");
    for (int i = 0; i < 3; i++)
    {
      Knopf[i].addActionListener (this);
      Knopf[i].setFont
        (new Font ("Arial", Font.PLAIN, 20));
      Platte.add (Knopf[i]);
    }
    Platte.setBackground (Color.white);
    setContentPane (Platte);
  }

  public void actionPerformed (ActionEvent Ereignis)
  {
```

```
    Object Quelle = Ereignis.getSource();
    if (Quelle == Knopf[0]) showImage ();
    if (Quelle == Knopf[1]) moveImage ();
    if (Quelle == Knopf[2]) hideImage ();
  }

  public static void main (String[] args)
  {
    Movie0 Rahmen = new Movie0 ();
    Rahmen.setSize (450,350);
    Rahmen.setDefaultCloseOperation
      (JFrame.EXIT_ON_CLOSE);
    Rahmen.setVisible(true);
  }
}
```

Das meiste ist nichts Neues. Was aber fehlt, ist die Definition der drei Methoden, die in `actionPerformed` aufgerufen werden. Die Maße für den Kreis sind ja bereits bei den Vereinbarungen der Attribute festgelegt worden:

```
int x = 30, y = 60, Dicke = 200;
```

Die Variablen `x` und `y` bezeichnen die linke obere Ecke des Quadrats, in das der Kreis (= eine Ellipse mit gleicher Breite und Höhe) hineinpassen soll. Und mit `Dicke` ist der Durchmesser des Kreises gemeint.

Zusätzlich vereinbaren wir an dieser Stelle auch gleich die Variable für die zur Verfügung stehende Fensterbreite (also die maximal mögliche Bewegungsstrecke) global, weil wir deren Werte in mehreren Methoden benötigen. Und auch das Objekt, das für das Zeichnen zuständig ist (diesmal nicht `Stift`, sondern `Grafik` genannt), muss global zur Verfügung stehen und gehört deshalb in die Liste der Attribute:

```
private int Strecke;
private Graphics Grafik;
```

Nun zur ersten Methode `showImage`, die für das Erscheinen des Kreises zuständig ist (→ MOVIE1):

```
public void showImage ()
{
  Grafik = getGraphics();
  Grafik.setColor (Color.red);
  Grafik.fillOval (x, y, Dicke, Dicke);
  Grafik.setColor (Color.black);
  Grafik.drawOval (x, y, Dicke, Dicke);
}
```

Hier geschieht das, was du bereits aus dem letzten Kapitel kennst: Das Objekt Grafik wird initialisiert, ein farbig gefüllter Kreis und eine schwarze Umrandung werden links ins Fenster gezeichnet.

UND ES BEWEGT SICH DOCH

Dieser Kreis soll sich nun mit Klick auf den gleichnamigen Button (von links) nach rechts bewegen. Die nächste Methode bekommt also noch etwas mehr zu tun:

```
public void moveImage ()
{
  Strecke = getWidth ();
  for (int i = x-1; i < Strecke-Dicke-x-1; i++)
    Grafik.copyArea (i,y, Dicke+2,Dicke+2, 1,0);
}
```

Zuerst wird die Breite des Fensters ermittelt, die Strecke, die dem Kreis maximal zur Verfügung steht. Dann folgt zwar nur eine Anweisung, aber die arbeitet in einer for-Schleife. Damit sich etwas bewegen kann, muss der Kreis horizontal verschoben werden. Das lässt sich mit dieser Methode erledigen:

```
Grafik.copyArea
  (x,y, Breite,Hoehe, horizontal,vertikal);
```

Die Methode copyArea kopiert einen Bildausschnitt an eine (beliebige) andere Stelle der aktuellen Zeichenfläche. Dabei benötigt sie sechs Parameter:

Die ersten vier geben die Position (x,y) und die Maße (Breite,Hoehe) des Ausschnitts an, der kopiert werden soll. Das letzte Wertepaar bestimmt, um wie viele Pixel verschoben werden soll. Dabei gilt für die Richtung:

	Horizontal	Vertikal
Negativer Wert (–)	nach links	nach oben
Positiver Wert (+)	nach rechts	nach unten

Weil auch das i in einer for-Schleife seinen Wert jedes Mal um 1 erhöht, verschiebt sich der Bildausschnitt jeweils um ein einzelnes Pixel nach rechts:

```
for (int i = x-1; i < Strecke-Dicke-x-1; i++)
```

Die Bedingung i < Strecke-Dicke-x-1 ist so entstanden: Weil das Ganze auf der linken Seite bei x-1 beginnt, soll der Kreis seine Bewegung auch rechts im gleichen Abstand vom Rand wieder beenden. Dazu kommt die Breite des bewegten Kreises. All das zusammen wird dann von der Breite abgezogen.

Weil die copyArea-Methode sehr schnell arbeitet, kann man beim Bewegen mehr von einem Sprung reden. Es sieht fast so aus, als würde der Kreis links verschwinden und rechts wieder auftauchen – je nach Geschwindigkeit des Computers, auf dem dieses Programm läuft.

Deshalb bauen wir eine zusätzliche Bremse ein, die die einzelnen Bewegungsschritte verzögert (→ MOVIE1):

```
public void moveImage ()
{
  Strecke = getWidth ();
  for (int i = x-1; i < Strecke-Dicke-x-1; i++)
  {
    Grafik.copyArea (i,y, Dicke+2,Dicke+2, 1,0);
    try
    {
      Thread.sleep (10);
    }
    catch (InterruptedException x)
    {
      setTitle ("Schlafstörung");
    }
  }
}
```

Dazu leihen wir uns die Methode sleep von einer anderen Klasse aus. Thread heißt zu Deutsch so viel wie »Faden« (gesprochen etwa Sred). Gemeint ist damit eine Struktur, die es Java ermöglicht, mehrere Aktionen in einem Programm gleichzeitig ablaufen zu lassen.

Die Wertangabe hinter sleep sind die Millisekunden, die das Ganze warten soll, ehe der nächste Schleifendurchlauf erfolgt. Eingekleidet ist alles in eine try-catch-Struktur (weil Java das zur Sicherheit so verlangt). Sollte beim Versuch, den PC ein paar Millisekunden »anzuhalten«, etwas schief laufen, dann erscheint in der Titelleiste eine Meldung.

Nun bleibt noch die dritte Schaltfläche. Da machen wir es uns jetzt einfach, indem wir die ganze Zeichnung von der Fensterfläche löschen. Das erledigt die repaint-Methode (→ MOVIE1):

```
public void hideImage ()
{
  repaint ();
}
```

> Tippe den gesamten Quelltext für die drei Methoden der Buttons ERSCHEINEN, BEWEGEN und VERSCHWINDEN ein. Dann starte das Programm, lass einen Kreis erscheinen, laufen und verschwinden.

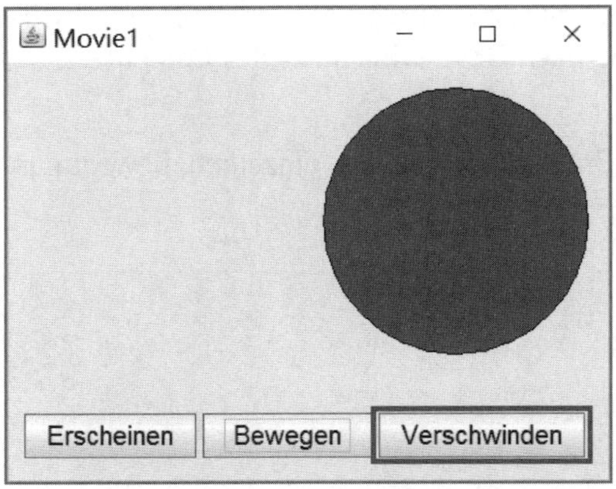

> Experimentiere ruhig mal mit verschiedenen Werten als Parameter für `sleep`. (Bei 0 ist auch die Bremswirkung null, bei zu großen Werten aber kann die Bewegung schier endlos werden!)

GRAPHICS RUFT IMAGE

Na ja, ein Kreis ist nicht übel, aber besser wäre ein richtiges Bild oder z.B. eine Figur, die sich sogar bewegen kann. Dafür brauchen wir allerdings ein Objekt, das mit fertigen Bildern umgehen kann. Die entsprechende Klasse müssen wir uns in der großen Familie der Klassen von Java suchen.

Beim Durchstöbern der AWT-Pakete fällt mir ein Typ namens `Image` auf. Diese Klasse könnte für uns als »Bildhalter« interessant sein.

Bei näherem Hinschauen aber bietet sie nicht genug, sie braucht also Hilfe bei der Beschaffung einer Bilddatei. Da kommt die Klasse `Toolkit` wie gerufen. Zusammen mit `Graphics` – die wir weiterhin benötigen – sollte es uns schließlich gelingen, ein Bild aus einer Datei ins Fenster zu bekommen. Und das ist die neue `showImage`-Methode dazu (→ MOVIE2):

```
public void showImage ()
{
  Toolkit Werkzeug = Toolkit.getDefaultToolkit();
  Bild = Werkzeug.getImage(Pfad + "Figur01.jpg");
  MediaTracker Transporter = new MediaTracker (this);
  Transporter.addImage (Bild, 1);
  try
```

```
    {
      Transporter.waitForID (1);
    }
    catch (InterruptedException x)
    {
      setTitle ("Bildstörung");
    }
    Grafik = getGraphics();
    Grafik.drawImage (Bild, x,y, null);
  }
```

Beginnen wir mit den beiden letzen Zeilen, die dir wohl am verständlichsten sein dürften: Das neu erzeugte Objekt `Grafik` zeichnet mit `drawImage` das Bild, wobei es dieses und die obere linke Ecke als Parameter übernimmt. (Der letzte mit dem Wert `null` ist hier nicht von Bedeutung.)

> Interessant ist, dass `Graphics` nicht nur über eine eigene Methode mit dem (von uns bereits genutzten) Namen `drawImage` verfügt, sondern dafür sogar eine ganze Reihe verschiedener Parameterlisten zulässt. So kann man zusätzlich z.B. auch die Breite und Höhe eines Bildes mit übergeben.

ENDLICH EIN BILD

Und jetzt machen wir einen Sprung zum Anfang der `showImage`-Methode. Zuerst holen wir uns ein Werkzeug, das in der Lage ist, Bilder »einzufangen«:

```
Toolkit Werkzeug = Toolkit.getDefaultToolkit();
```

Für das Bild muss zuvor ein Objekt über

```
private Image Bild;
```

als Attribut vereinbart sein. Dann lässt sich das Bild mit Hilfe des »Greifwerkzeugs« abholen, was die Methode `getImage` erledigt:

```
Bild = Werkzeug.getImage (Pfad + "Figur01.jpg");
```

Als Parameter ist hier der komplette Dateiname (am besten mit Pfadangabe) gefragt, wobei der Pfad so vereinbart wurde:

```
final String Pfad = "d:\\Java\\Projekte\\Bilder\\";
```

In diesem Fall befindet sich das Bild FIGUR01.JPG im Unterordner BILDER. Solltest du einen anderen Ordner verwenden, muss der Pfad entsprechend angepasst werden.

Leider reicht das noch nicht, um später über `Grafik` das Bild zum Erscheinen zu bewegen. Wir brauchen noch ein »Vehikel«, das den Transport organisiert bzw. den Ladevorgang überwacht:

```
MediaTracker Transporter = new MediaTracker (this);
```

Der `MediaTracker` ist so ein »Gerät«, für das Java allerdings wieder eine Ereigniskontrolle verlangt. Erst einmal wird das Bild in die »Transportliste« aufgenommen und bekommt dazu auch eine Identifikationsnummer:

```
Transporter.addImage (Bild, 1);
```

In der folgenden `try-catch`-Struktur wartet der `MediaTracker` auf das passende Bild. Sollte etwas schief gehen, wird eine Exception (Interrupt = Unterbrechung) ausgelöst.

```
Transporter.waitForID (1);
```

Während es an der Methode `hideImage` nichts zu ändern gibt, müssen in `moveImage` ein paar Parameter angepasst werden (→ MOVIE2):

```
public void moveImage ()
{
  Strecke = getWidth ();
  for (int i = x-1; i < Strecke-xBreite-x-1; i++)
  {
    Grafik.copyArea (i,y, xBreite+2,yHoehe+2, 1,0);
    try
    {
      Thread.sleep (10);
    }
    catch (InterruptedException x)
    {
      setTitle ("Schlafstörung");
    }
  }
}
```

Wir brauchen bloß die Breite und die Höhe des geladenen Bildes, deren Werte ich bereits zusammen mit dem Startpunkt (`x, y`) vereinbart habe:

```
private int x = 30, xBreite = 180;
private int y = 50, yHoehe  = 270;
```

Dann kann mit copyArea verschoben werden.

Nicht immer ist grundsätzlich eine Meldung oder überhaupt eine Anweisung im catch-Zweig nötig. So könnte man die Ereigniskontrollen für dieses wie schon für das erste Projekt auch so »zusammenfalten«:

```
// showImage
try {Transporter.waitForID(0);}
catch (InterruptedException x) { }
// moveImage
try {Thread.sleep (10);}
catch (InterruptedException x) { }
```

BILDERSAMMLUNG

Verschoben wird das Bild, aber bewegen tut sich nichts. Während das beim Kreis nicht so tragisch war, fällt es hier unangenehm auf. Machen wir es uns ein bisschen bequemer und verzichten wir erst einmal auf die copyArea-Methode. Vereinbaren wir stattdessen gleich ein Feld von Bildern:

```
private Image[] Bild = new Image[9];
```

Eigentlich benötigen wir nur Platz für insgesamt acht Bilder, vereinbaren aber ein Feld für neun, damit unsere Zählungen bei 1 beginnen können – womit wir uns auch bei den Namen nicht so leicht vertun können: Alle Bilddateien sind von FIGUR01.JPG bis FIGUR08.JPG durchnummeriert.

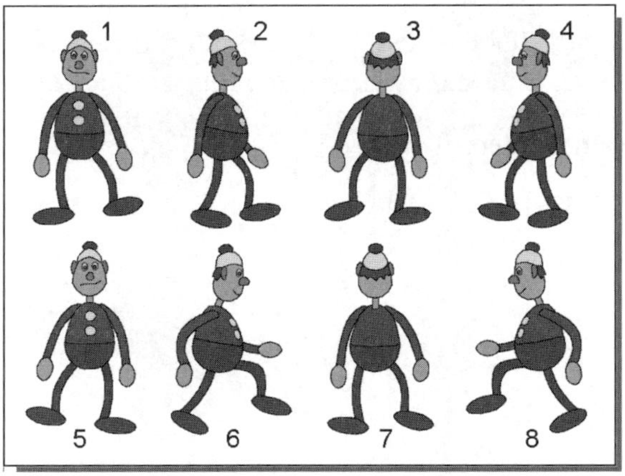

Du kannst dir natürlich deine eigene Bildergalerie erstellen, allerdings müssen die dann auch in derselben Reihenfolge mit einer Nummer von 1 bis 8 gespeichert werden, z.B. auch als FIGUR01.JPG, FIGUR02.JPG usw. (Außerdem sollten alle Bilder die gleichen Maße haben.)

Dabei gelten die Regeln, die in der folgenden Tabelle zusammengefasst sind:

Bilddatei	erste Position	Bilddatei	zweite Position
FIGUR01.JPG	von vorn	FIGUR05.JPG	von vorn
FIGUR02.JPG	von rechts	FIGUR06.JPG	von rechts
FIGUR03.JPG	von hinten	FIGUR07.JPG	von hinten
FIGUR04.JPG	von links	FIGUR08.JPG	von links

Jede Figuransicht wird in zwei verschiedenen Positionen gespeichert. Zeigt man z.B. FIGUR02 und FIGUR06 im Wechsel, dann sieht das aus, als würde die Figur laufen.

Bilder gibt es in vielen verschiedenen Formaten, eins davon hat die Kennung JPG. Der Vorteil dieses Formats ist, dass sich ein JPG- Bild stark komprimieren lässt, also sich in der Dateigröße verkleinert. Der Nachteil ist, dass es dabei immer mehr an Qualität verlieren kann.

Interessant ist auch das PNG-Format, denn da lässt sich eine Farbe als **transparent** festlegen. Willst du also eine Figur auf einem bunten Hintergrund anzeigen, ohne dass man das Rechteck sieht, das die Figur umgibt, dann brauchst du eine PNG-Datei.

Für unsere Beispiele allerdings sind JPG-Bilder sinnvoller, weil wir beim Bewegen einen Trick benutzen: Ein neues Bild überdeckt jeweils ein altes. Wäre der Hintergrund transparent, so würde man Teile des alten Bildes noch sehen.

Weil es nun ein wenig mehr zu tun gibt, entlasten wir `showImage` um ein paar Zeilen und machen daraus eine neue Methode `collectImages` (→ MOVIE3):

```
public void collectImages ()
{
  Toolkit Werkzeug = Toolkit.getDefaultToolkit();
  MediaTracker Transporter = new MediaTracker (this);
  for (int i = 1; i <= 8; i++)
  {
    Bild[i] = Werkzeug.getImage (Pfad
      + "Figur0" + Integer.toString(i) + ".jpg");
    Transporter.addImage (Bild[i], i);
    try
    {
      Transporter.waitForID (i);
    }
    catch (InterruptedException x)
    {
      setTitle ("Bildstörung");
    }
  }
}
```

In einer Schleife werden alle acht Figurdateien gesammelt, wobei wir den Dateinamen jeweils an nur einer Stelle ändern müssen:

```
Bild[i] = Werkzeug.getImage
  (Pfad + "Figur0" + Integer.toString(i) + ".jpg");
```

Der aktuelle Ganzzahlwert von `i` (der ja zwischen 1 und 8 liegt) wird über die Methode `toString` in ein Zeichen umgewandelt, womit dann die passenden Dateinamen entstehen.

Der `MediaTracker` ordnet jedem Bild seine Nummer zu und wartet (geduldig) auf das »Erscheinen« der entsprechenden Datei:

```
Transporter.addImage (Bild[i], i);
Transporter.waitForID (i);
```

DA LÄUFT ETWAS

Und nun bauen wir einige Methoden ein wenig um. Stark abgemagert wurde showImage, obwohl diese Methode nun die Nummer und die x-Position des anzuzeigenden Bildes als Parameter übernimmt (→ MOVIE3):

```
public void showImage (int Nr, int xPos)
{
  Grafik = getGraphics();
  Grafik.drawImage (Bild[Nr], xPos,y, null);
}
```

Die meisten Änderungen hat moveImage erfahren (→ MOVIE3):

```
public void moveImage (int Nr, int xDiff)
{
  Strecke = getWidth ();
  int xStart = x - xDiff*4;
  int xZiel  = Strecke/2/xDiff;
  for (int i = xStart; i < xZiel; i++)
  {
    if (Nr == 2) Nr = 6; else Nr = 2;
    showImage (Nr, xDiff*i);
    try
    {
      Thread.sleep (10);
    }
    catch (InterruptedException x)
    {
      setTitle ("Schlafstörung");
    }
  }
  showImage (1, 5*xZiel);
}
```

Nachdem zuerst die mögliche zurückzulegende Strecke ermittelt wurde, müssen Start und Ziel des kleinen Spaziergangs festgelegt werden:

```
Strecke = getWidth ();
int xStart = x - xDiff*4;
int xZiel  = Strecke/2/xDiff;
```

Mit xDiff übernimmt moveImage einen Parameter, der sozusagen die Schrittweite der Figur angibt. Dann kann in einer Schleife die eigentliche Bewegung ablaufen (hier verkürzt – ohne Pause – dargestellt):

```
for (int i = xStart; i < xZiel; i++)
{
  if (Nr == 2) Nr = 6; else Nr = 2;
  showImage (Nr, xDiff*i);
}
```

Und damit das Ganze auch so aussieht, als würde die Figur sich wirklich bewegen, werden zwei Bilder im Wechsel angezeigt – entweder FIGUR02 oder FIGUR06.

Ganz zum Schluss dreht sich die Figur dann wieder zum Betrachter hin:

```
showImage (1, 5*xZiel);
```

Hier sind wir ohne `copyArea` ausgekommen, indem wir einfach ein Bild auf das andere gesetzt und es dabei ein bisschen verschoben haben. Und weil der Hintergrund der Platte weiß ist, fällt das nicht weiter auf. Glücklicherweise, denn das Ganze wäre nämlich mit `copyArea` deutlich komplizierter geworden.

(Du kannst das Ganze auch mal mit einem bunten Hintergrund ausprobieren und dazu PNG-Bilder benutzen.)

Was jetzt noch fehlt, ist die Anpassung beim Aufruf der Methoden in `actionPerformed`, denn es sind ja einige Parameter zu übergeben (→ MOVIE3):

```
public void actionPerformed (ActionEvent Ereignis)
{
  Object Quelle = Ereignis.getSource();
  if (Quelle == Knopf[0]) showImage (1, x);
  if (Quelle == Knopf[1]) moveImage (2, 5);
  if (Quelle == Knopf[2]) hideImage ();
}
```

DREHUNGEN

Gönnen wir unserem Projekt noch eine weitere Methode: turnImage lässt eine Figur sich um ihre eigene Achse drehen (→ MOVIE4):

```
public void turnImage (int Nr, int xPos)
{
  for (int i = Nr; i < Nr+4; i++)
  {
    showImage (i, xPos);
    try
    {
      Thread.sleep (200);
    }
    catch (InterruptedException x)
    {
      setTitle ("Schlafstörung");
    }
  }
  showImage (1, xPos);
}
```

Übernommen wird die Bild-Nummer, mit der die Drehung beginnen soll, sowie die x-Position. In eine Schleife werden dann nacheinander die in der Zählung direkt folgenden Bilder angezeigt. Damit sieht es aus, als würde sich die Figur im Kreise drehen. (Das geht natürlich nur, wenn sie in der oben gezeigten Reihenfolge abgespeichert wurden. Solltest du also eigene Bilder verwenden, musst du darauf achten oder die Methode turnImage entsprechend anpassen.)

Damit die Drehung nicht so schnell vonstatten geht, wird die sleep-Pause verlängert. Am Schluss nimmt die Figur wieder die dem Betrachter zugewandte Position ein.

Auch im Konstruktor ändert sich etwas. Dort brauchen wir für die neue Methode einen neuen Knopf, wodurch der für das Verschwinden eins nach hinten »rutscht« (→ MOVIE4):

```
Knopf[0] = new JButton ("Erscheinen");
Knopf[1] = new JButton (" Bewegen ");
Knopf[2] = new JButton ("  Drehen ");
Knopf[3] = new JButton ("Verschwinden");
```

Zu beachten ist außerdem, dass die 3 wo nötig durch eine 4 ersetzt wird, z.B.:

```
private JButton[] Knopf = new JButton[4];
```

oder:

```
for (int i = 0; i < 4; i++)
```

Nicht zu vergessen die Anpassung von `actionPerformed`:

```
if (Quelle == Knopf[2]) turnImage (1, z);
if (Quelle == Knopf[3]) hideImage ();
```

VERSCHWINDEN UND AUFTAUCHEN

Du hast richtig gelesen, als zweiter Parameter für `turnImage` wird `z` übergeben. Warum?

Bereits bei der letzten Version unseres *Movie*-Projekts gab es eine Kleinigkeit, die mich gestört hat: Klickt man nacheinander auf ERSCHEINEN und BEWEGEN, dann taucht die Figur auf und wandert. Mit einem erneuten Klick auf ERSCHEINEN taucht jedoch eine zweite Figur auf:

Ein vorhergehender Aufruf von `repaint` in `showImage` würde das Problem nicht lösen. Außerdem soll sich die Figur auch mal am Ende eines Spaziergangs drehen können. Dazu brauchen wir eine weitere Variable, damit wir in `x` die Ausgangsposition und in `z` die aktuelle Position der Figur speichern können. Deshalb erweitern wir unsere Attributvereinbarungen so:

```
private int x = 30, y = 50, z = x;
```

Die Methode hideImage muss komplett erneuert werden. Die einzige Anweisung repaint entfällt und wird so ersetzt (→ MOVIE4):

```
public void hideImage ()
{
  showImage (0, z);
}
```

Wir verwenden einfach ein weiteres Bild namens FIGUR00 (mit der Nummer 0), das nichts als eine weiße Fläche darstellt. Das Bild-Array haben wir ja schon für insgesamt neun Bilder (von 0 bis 8) vereinbart. Nun muss noch in collectImages eine Kleinigkeit an der Zählschleife geändert werden:

```
for (int i = 0; i <= 8; i++)
```

Schließlich muss in moveImage noch die Zeile

```
showImage (1, 5*xZiel);
```

durch diese zwei Zeilen ersetzt werden:

```
z = 5*xZiel;
showImage (1, z);
```

Damit wird die aktuelle Position der Figur am Ende des kleinen Spaziergangs gesichert.

Allerdings ist das Problem beim erneuten Klicken auf ERSCHEINEN (ohne vorheriges VERSCHWINDEN) noch nicht beseitigt. Das lösen wir durch eine Erweiterung der if-Struktur für den ERSCHEINEN-Knopf in actionPerformed (→ MOVIE4):

```
if (Quelle == Knopf[0])
{
  showImage (0, z);
  showImage (1, x);
  z = x;
}
```

Zuerst wird die Figur an der aktuellen Position gelöscht (= mit einem weißen Rechteck »überklebt«), dann wird an der Startposition die Figur neu angezeigt.

> Bringe dein Projekt auf den neuesten Stand und dann teste es auf »Herz und Nieren«.

ZUSAMMENFASSUNG

Das war's für dieses Kapitel. Du hast jetzt insgesamt eine Menge mit Grafik hantiert und sogar einer Figur Leben eingehaucht und sie in Bewegung gebracht. Schauen wir mal, was du Neues von Java weißt:

`copyArea`	Methode, um einen Bildausschnitt zu kopieren
`drawImage`	Methode, um eine Grafik darzustellen
`repaint`	Methode, um die Anzeigefläche aufzufrischen (= alte Anzeige löschen)
`Thread`	Klasse zur Prozesssteuerung
`sleep`	Methode der Klasse `Thread`, um im Programm auch mal Pausen einzulegen
`Image`	Klasse für »fertige« Bilder
`MediaTracker`	Klasse zur Überwachung beim Laden von Bilddateien
`addImage`	Methode, um einem Bild eine »Kennnummer« zuzuordnen
`waitForID`	Methode, um auf ein (zu ladendes) Bild zu warten
`Toolkit`	Hilfsmittel für Bildformate
`getImage`	Methode, um ein Bild aus einer Datei zu lesen

KEINE FRAGEN ...

... DOCH EIN PAAR AUFGABEN

1. Mach aus der Klasse `Kreis` eine Klasse `Quadrat` und lass ein »eckiges« Objekt über den Bildschirm wandern.
2. Erweitere das Projekt GRAFIK7 so, dass die vielen bunten Punkte verzögert auftauchen und wieder verschwinden.
3. Lass in deinem letzten *Movie*-Projekt die Figur nach links und zurück nach rechts gehen.

12 KOMPONENTEN UND UIS

Nun haben wir mit zahlreichen Komponenten hantiert, eigene Klassen vereinbart und auch ein paar Projekte erstellt, in denen sich etwas bewegt hat. Dabei konntest du die Bedeutung der Kapselung und Vererbung kennen lernen. Eine eigene Komponente war noch nicht dabei. Aber was nicht ist, kann ja noch werden. Außerdem geht es hier noch darum, wie man einem Fenster eine andere Oberfläche verpassen kann.

In diesem Kapitel lernst du

- ein bisschen über die Urmutter aller Klassen
- wie man eine eigene Komponente erzeugt
- den Zugriffstyp `protected` kennen
- wie man eine vorhandene Komponente beerbt
- was UI und Look&Feel bedeuten

OBJECT, COMPONENT ODER MEHR?

Ganz oben in der Hierarchie in Java steht als Urgestein die Klasse `Object`. Wozu ist diese Klasse gut, warum sollten alle Klassen, die wir vereinbaren, `Object` als Mutter, Großmutter oder Urahn haben?

Vielleicht werden wir schlauer, wenn wir das Hilfesystem von Java bemühen. Wenn du willst, kannst du dir die Mühe machen, z.B. über HELP UND SEARCH nach Informationen zum Begriff `Object` zu suchen.

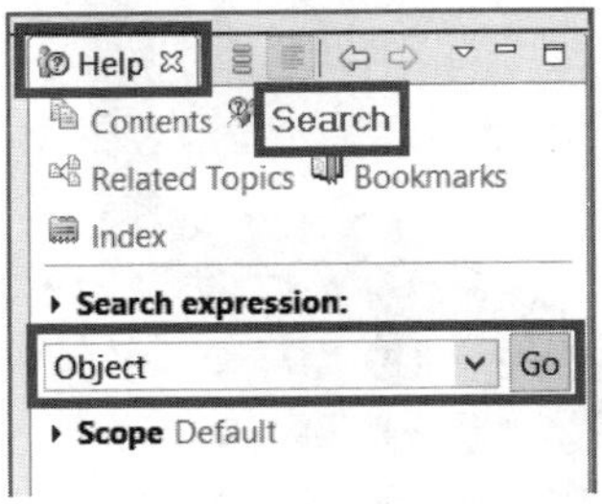

Allerdings sind alle Erläuterungen auf Englisch. Über die Suche im Internet erhältst du auch deutsche Informationen. Zum Beispiel diese:

Die Klasse `Object` ist die Wurzel bzw. die Urmutter aller Klassen, die es in Java gibt. Jede Java-Klasse stammt irgendwie von `Object` ab, sämtliche Objekte in Java können über die Methoden von `Object` verfügen. Um solche grundlegenden Dinge, wie ein Objekt erzeugt wird, wie der nötige Platz im Arbeitsspeicher bereitgestellt und das Objekt verwaltet wird, wie es wieder entfernt wird – um all das und noch mehr musst du dich nicht kümmern. Ein Objekt mit der Erbschaft von `Object` fügt sich problemlos in die Umgebung von Java ein.

Eigentlich kann man sich gar nicht dieser großen Klassenfamilie entziehen, denn wird bei der Vereinbarung einer neuen Klasse kein Vorfahr angegeben, macht Java die Klasse `Object` automatisch zur Mutter und sorgt so dafür, dass du keine Waisenkinder vereinbaren kannst. (Damit waren also unsere selbst vereinbarten Klassen auch ohne `extends` Kinder von `Object`.)

Das mag ein Nachteil sein, weil alles, was du programmierst, sofort von Java in seine gesamte Planung eingebaut wird. Andererseits hast du so die Möglichkeit, den größtmöglichen Nutzen aus dem Angebot zu ziehen, das Java dir macht.

Natürlich ist es oft sinnvoller, sich bei der Vererbung bei den Familienmitgliedern zu bedienen, die schon ein bisschen mehr zu bieten haben als `Object`. So haben wir ja häufig `JFrame` zur Mutter unserer Klassen gemacht. Damit mussten wir uns um viele Mechanismen und Prozesse nicht mehr kümmern.

Wenn wir jetzt in der Klassenhierarchie herumkramen, sollten wir das mit dem Ziel tun, eine neue eigene Klasse zu definieren, die auch unabhängig von einem Projekt in anderen Projekten eingesetzt werden kann. (Im 5. Kapitel hatten wir bereits mal mit `JZins` eine einfache Klasse vereinbart und in einer Extradatei untergebracht.)

Was ich z.B. in der Komponentensammlung von Java vermisse, ist ein Button, der nicht eckig, sondern rund ist. Eigentlich sind die meisten Knöpfe ja auch rund – zumindest, was die an Kleidungsstücken wie Hemden und Jacken angeht.

Bei der Planung einer neue Komponente denken wir gleich an `JButton` als Mutter unseres runden Kindes. Großmutter aller Knöpfe ist übrigens die Klasse `Component` aus AWT und davon abgeleitet `JComponent` aus Swing. Beide bieten unter anderem Methoden für die Verknüpfung mit Ereignissen und sogar Bildern (als Icons) sowie Möglichkeiten der Festlegung von Maßen und Positionen. (Wobei Letzteres wiederum vom Layout des Containers beeinflusst wird, in dem die Komponenten liegen.)

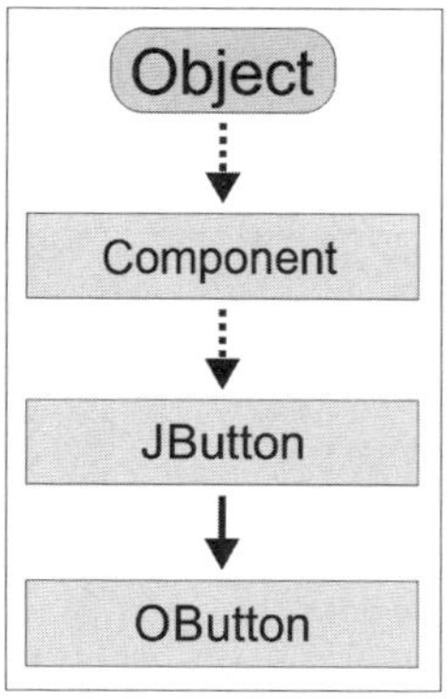

Ein Knopf vom Typ `JButton` als Mutter hat natürlich noch einiges mehr zu bieten. Also halten wir uns an den, lassen zunächst einmal alle Ereignisse beiseite und beginnen unser neues Projekt so:

```
public class OButton1 extends JButton
```

Woher der Name `OButton`? Ich wollte irgendwie möglichst knapp zum Ausdruck bringen, dass dieser Button rund ist – etwa so wie ein »O«. (Du kannst deine Komponente aber auch z.B. `DiscButton` oder `RoundButton` nennen.)

Wie sollen wir dem Abkömmling einer Schaltfläche beibringen, dass sie sich nicht als Rechteck, sondern als Kreis oder Ellipse darstellen soll? Versuchen wir uns dazu gleich am Konstruktor (→ OBUTTON1):

```
public OButton1 (String Text)
{
  super (Text);
  setContentAreaFilled (false);
}
```

Mehr nicht? Zuerst wird der Mutter-Konstruktor aufgerufen, ihm wird der Text übergeben, der auf dem Button stehen soll. Neu ist setContentAreaFilled, womit sich die eigentlich rechteckige Erscheinungsform von JButton verbergen lässt, wenn man false als Parameter übergibt. Allerdings müssen wir jetzt selbst dafür sorgen, dass man etwas von unserem runden Button zu sehen bekommt.

Als Erstes brauchen wir ein paar Farben. Grautöne dürften hier genügen:

```
private Color[] Farbe = {Color.black,
  Color.gray, Color.lightGray, Color.white};
```

DER O-BUTTON KOMMT IN FORM

Und nun benutzen wir eine geerbte Methode, die für das Zeichnen eines Objektes (z.B. eines Knopfes) zuständig ist (→ OBUTTON1):

```
protected void paintComponent (Graphics Grafik)
{
  ButtonModel Status = getModel();
  if (Status.isPressed())
    Grafik.setColor (Farbe[1]);
  else
    Grafik.setColor (Farbe[2]);
  Grafik.fillOval
    (0,0, getSize().width-1, getSize().height-1);
  super.paintComponent (Grafik);
}
```

Die Methode übernimmt ein Objekt vom Typ Graphics. Um dessen Erzeugung brauchen wir uns nicht mehr zu sorgen, weil das schon Großmutter JComponent erledigt.

Damit wir wissen, wie der Button aussehen soll, müssen wir seinen Zustand überprüfen. Dazu bemühen wir das Interface ButtonModel:

```
ButtonModel Status = getModel();
```

Wird der Button angeklickt (und damit gedrückt = isPressed), so geben wir ihm eine dunkelgraue Farbe:

```
if (Status.isPressed())
    Grafik.setColor (Farbe[1]);
```

Ansonsten (also wenn er nicht gedrückt ist) behält er seine hellgraue Farbe:

```
else
  Grafik.setColor (Farbe[2]);
```

Anschließend wird seine (ovale) Fläche ausgemalt:

```
Grafik.fillOval
  (0,0, getSize().width-1, getSize().height-1);
```

Wichtig ist, dass zum Schluss noch einmal die Mutter unserer Klasse aufgerufen wird, um den Darstellungsprozess zu vollenden (so wird z.B. erst durch diesen Aufruf der Buttontext angezeigt):

```
super.paintComponent (Grafik);
```

Damit die Optik unserer runden Schaltfläche erst richtig zur Geltung kommt, müssen wir uns noch um eine zweite Methode kümmern (→ OBUTTON1):

```
protected void paintBorder (Graphics Grafik)
{
  ButtonModel Status = getModel();
  if (Status.isPressed())
    Grafik.setColor (Farbe[3]);
  else
    Grafik.setColor (Farbe[0]);
  Grafik.drawOval
    (0,0, getSize().width-1, getSize().height-1);
}
```

Sieht eigentlich fast genau so aus wie `paintComponent`: Für den Rand benutzen wir Schwarz und Weiß als Farbe, außerdem wird hier auch nur dieser gezeichnet.

Da ist ein neues Wörtchen aufgetaucht: `protected` heißt es. Ich habe diesen Zusatz von den Muttermethoden übernommen. Du erinnerst dich doch an die Bedeutung von `private` und `public`? `protected` liegt sozusagen genau dazwischen:

`private` ist nur für eine Klasse (und deren Objekte), nicht aber für die »Außenwelt«, also auch nicht für Kinder zugänglich, die die betreffende Klasse beerben. `protected` beschränkt das Private auf die Außenwelt, macht eine Methode oder ein Attribut aber für Kinder und weitere Erben öffentlich.

Nur durch diesen Zugriffsmodus ist es für unsere neue Klasse möglich, die eigentlich privaten `paint`-Methoden zu nutzen.

Nun geht es nur noch um das Drumherum. Die ganzen Mechanismen zum »Befüllen« des Fensters stehen deshalb in der Hauptmethode (→ OBUTTON1):

```
public static void main (String[] args)
{
  OButton1 Knopf = new OButton1 ("Drück mich!");
  Knopf.setPreferredSize (new Dimension(200,150));
  Knopf.setFont (new Font("Arial", Font.PLAIN, 24));
  Box Oben = Box.createHorizontalBox();
  Oben.setPreferredSize (new Dimension(380,50));
  JFrame Rahmen = new JFrame();
  Rahmen.setTitle ("O-Button 1");
  Rahmen.getContentPane().add (Oben);
  Rahmen.getContentPane().add (Knopf);
  Rahmen.getContentPane().setLayout
    (new FlowLayout());
  Rahmen.setSize (400,300);
  Rahmen.setVisible (true);
}
```

Erst wird unser Rundknopf erzeugt und seine Größe sowie die Schrift für den Anzeigetext festgelegt. Weiter unten erfolgt die Initialisierung des Rahmens (`JFrame`).

Eigentlich nichts Besonderes. Wo aber ist unser »Behälter«? Den beschaffen wir uns diesmal anders. Mit der Methode `getContentPane` – wir kennen das ja z.B. schon von `getGraphics`, um ein Grafikobjekt zu erzeugen.

≫ Baue alle Methoden in dein neues Projekt ein und probier es dann aus.

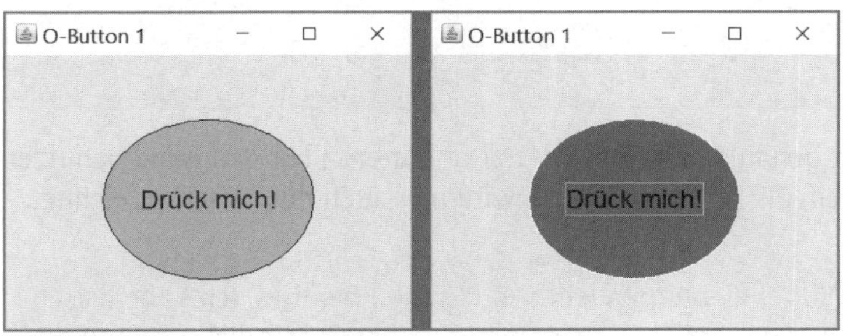

Interessant ist, dass weder `paintComponent` noch `paintBorder` irgendwo in unserem Programm von uns aufgerufen wird. Und trotzdem funktionieren beide Methoden. Das kommt daher, dass ein Objekt vom Typ `JButton` (und damit auch seine Nachkommen – wie unser Rundknopf) einen Mechanismus hat, um Methoden wie diese **automatisch** zu aktivieren.

Weil wir beide neu definiert haben, werden in unserem Projekt nicht die geerbten, sondern die neuen Methoden aufgerufen. Und wird trotzdem die Muttermethode benötigt, so hilft uns das Wörtchen `super` weiter.

JETZT GEHT'S RUND

Gar nicht mal schlecht, unser O-Button. Aber was die eigentliche Würze bei einer neuen Komponente ausmacht, fehlt: die Möglichkeit, sie überall einzusetzen. Bis jetzt ist unser Rundknopf noch an das aktuelle Projekt gebunden. Es wird also Zeit, dass wir diese Komponente in die Selbstständigkeit entlassen.

Dazu brauchen wir ein weiteres Package, das wir z.B. `mycomponents` nennen könnten. (Auch hier ist wieder deine Fantasie gefragt: Finde einen besseren Namen und benutze den!)

> Beim Erzeugen einer neuen Klasse für das Paket `mycomponents` vergiss nicht, dafür wieder das Häkchen vor PUBLIC STATIC VOID MAIN (STRING[] ARGS) zu entfernen. Denn auch diese Klasse benötigt keine `main`-Methode. Gib der Klasse den Namen `JOButton`.

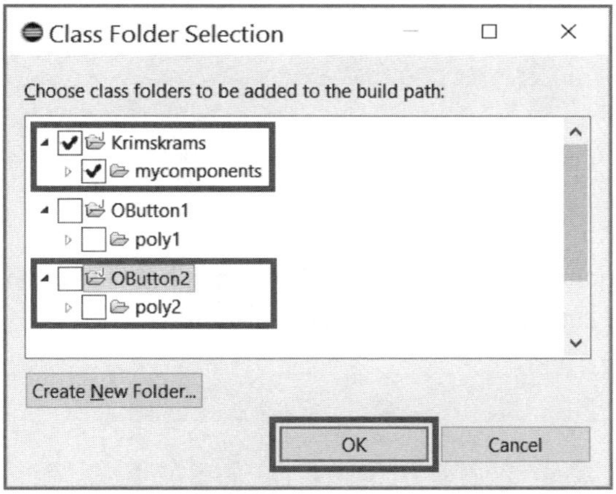

In die neue Datei JOBUTTON.JAVA schaufeln wir nun den gesamten Quelltext für die Definition unseres Rundknopfes:

```
public class JOButton extends JButton
{
  private Color[] Farbe = {Color.black,
    Color.gray, Color.lightGray, Color.white};

  public JOButton (String Text)
  {
    super (Text);
    setContentAreaFilled (false);
  }

  protected void paintComponent (Graphics Grafik)
  {
    ButtonModel Status = getModel();
```

```
    if (Status.isPressed())
      Grafik.setColor (Farbe[1]);
    else
      Grafik.setColor (Farbe[2]);
    Grafik.fillOval
      (0,0, getSize().width-1, getSize().height-1);
    super.paintComponent (Grafik);
  }

  protected void paintBorder (Graphics Grafik)
  {
    ButtonModel Status = getModel();
    if (Status.isPressed())
      Grafik.setColor (Farbe[3]);
    else
      Grafik.setColor (Farbe[0]);
    Grafik.drawOval
      (0,0, getSize().width-1, getSize().height-1);
  }
}
```

ABNABELUNG

Nun ist das eigentliche Projekt ziemlich schlank geworden. Allerdings hat sich auch einiges geändert. Da wäre zuerst die zusätzliche `import`-Anweisung:

```
import mycomponents.JOButton;
```

Hast du deine Klasse bzw. das Paket in einem anderen als dem Projektordner untergebracht, musst du den Import-Pfad anpassen:

- Über das PROJECT-Menü und den Eintrag PROPERTIES gelangst du zum Dialogfeld JAVA BUILD PATH und klickst dich dort zu LIBRARIES weiter.
- Klicke dort auf die Schaltfläche ADD CLASS FOLDER.

Wähle und markiere im nächsten Dialogfeld den Ordner, in dem du deine Klasse bzw. `package` untergebracht hast. Klicke dann auf OK.

Der Konstruktor unserer Hauptklasse bekommt wieder »das Übliche« zu tun, also das bisher von uns aus anderen Projekten gewohnte (→ OBUTTON2):

```
public OButton2 ()
{
  super ("O-Button 2");
  JPanel Platte = new JPanel ();
```

```
    Platte.setLayout (new FlowLayout());
    Box Oben = Box.createHorizontalBox();
    Oben.setPreferredSize(new Dimension(380,50));
    Platte.add (Oben);
    JOButton Knopf = new JOButton ("Drück mich!");
    Knopf.addActionListener (this);
    Knopf.setPreferredSize (new Dimension(200,150));
    Knopf.setFont (new Font("Arial", Font.PLAIN, 24));
    Platte.add (Knopf);
    setContentPane (Platte);
  }
```

Neu ist die Erzeugung eines Objekts vom Typ `JOButton` (statt `JButton`). Und wie du siehst, lässt sich unserem Rundknopf auch ein Ereignis zuordnen, auf das die Methode `actionPerformed` reagieren kann (→ OBUTTON2):

```
  public void actionPerformed (ActionEvent Ereignis)
  {
    JOptionPane.showMessageDialog (null, "Autsch!");
  }
```

Natürlich lassen sich dort auch andere Meldungen oder Aktionen unterbringen – wie schon bei anderen Komponenten gewohnt. Die `main`-Methode schließlich beinhaltet ebenfalls nichts Ungewöhnliches (→ OBUTTON2):

```
  public static void main (String[] args)
  {
    OButton2 Rahmen = new OButton2();
    Rahmen.setSize (400,300);
    Rahmen.setDefaultCloseOperation
      (JFrame.EXIT_ON_CLOSE);
    Rahmen.setVisible (true);
  }
```

Dass dieses Projekt nicht viel anderes leistet als das vorige, ist klar (wenn auch hier eine Aktion nach einem »Rundbuttonklick« erfolgt).

Aber so wie diese lassen sich weitere neue Komponenten erschaffen und in einem eigenen Ordner unterbringen. Mit der Zeit wird dir da sicher noch einiges einfallen.

> Denkbar wäre z.B. die Alternative, dass die Buttonfarben über `getForeground` und `getBackground` gesetzt und damit an die aktuellen Fensterfarben angepasst werden.
>
> Dazu könnte man der Klasse `JOButton` einen weiteren Konstruktor spendieren, der einen Modus übernimmt. Ein Beispiel dafür findest du im Projekt OBUTTON2A.

ERBSCHAFTEN

Eigentlich nichts Besonderes, aber bunt wird unser nächstes Projekt werden. Wir leiten von unserer Komponente JOButton eine weitere ab, die ein bisschen mehr kann als ihre Mutter:

```
public class JOOButton extends JOButton
```

Weil Nur-Grau auch mal ein bisschen trostlos werden kann, verpassen wir dem neuen Rundbutton einige Farben. Weil mir nichts Besseres einfällt, nenne ich ihn JOOButton (Warum? – Warum nicht?). Zuerst müssen wir dazu natürlich die Definition des »alten« Button mit einbinden:

```
import mycomponents.JOButton;
```

Weil wir Zugriff auf die (noch graue) Farbpalette der Mutter haben wollen (sonst bleibt eben alles grau), müssen wir das Farb-Array von JOButton als protected kennzeichnen:

```
protected Color[] Farbe = {Color.black,
  Color.gray, Color.lightGray, Color.white};
```

Für die neue Klasse vereinbaren wir ein neues Farbfeld, z.B. so (→ JOOBUTTON.JAVA):

```
protected Color[] FPalette = {Color.black,
  Color.darkGray, Color.gray, Color.lightGray,
  Color.white, Color.cyan, Color.magenta,
  Color.yellow, Color.orange, Color.red,
  Color.green, Color.blue, Color.pink};
```

Der Konstruktor hat die Aufgabe, das »alte graue« Farbfeld mit zufälligen neuen bunten Tönen zu versehen (→ JOOBUTTON.JAVA):

```
public JOOButton (String Text)
{
  super (Text);
  for (int i = 0; i < 4; i++)
    Farbe[i] =
      FPalette[(int)(Math.random()*FMax-1)+1];
}
```

Zusätzlich spendieren wir dem OO-Button noch ein paar Methoden, um die Farben gezielt neu zu setzen: setAllColors übernimmt ein Feld mit vier Farben als Parameter und ersetzt dann die grauen durch bunte Farben (→ JOOBUTTON.JAVA):

```
public void setAllColors (Color FF[])
{
  for (int i = 0; i < 4; i++) Farbe[i] = FF[i];
}

public void setAllColors ()
{
  for (int i = 0; i < 4; i++)
    Farbe[i] =
      FPalette[(int)(Math.random()*FMax-1)+1];
}
```

Es gibt noch eine zweite Definition von `setAllColors` – diesmal ohne Parameter. Die erzeugt einfach vier Zufallsfarben.

Offenbar gibt es keine Probleme, gleich eine ganze Handvoll gleichnamiger Methoden zu vereinbaren – wenn sie sich in ihrer Parameterliste unterscheiden. Der Unterschied kann in der Anzahl der Parameter liegen oder im Typ oder natürlich auch in beidem.

BUNT UND RUND

Ein klein wenig mehr sollte unser neuer Button schon zu bieten haben. So lassen sich mit zwei weiteren Methoden auch einzelne Farben ganz gezielt ändern (→ JOOBUTTON.JAVA):

```
public void setColor (Color PFarbe, Color NFarbe)
{
  Farbe[1] = PFarbe;
  Farbe[2] = NFarbe;
}

public void setColor
  (int Nr, int Red, int Green, int Blue)
{
  if ((Nr >= 0) && (Nr < 4))
    Farbe[Nr] = new Color (Red, Green, Blue);
  else
    for (int i = 0; i < 4; i++)
      Farbe[i] =
        FPalette[(int)(Math.random()*FMax-1)+1];
}
```

Die erste `setColor`-Methode setzt einfach die Füllfarben für den Button im normalen und gedrückten Zustand.

Die zweite Methode bietet die Möglichkeit, für jede Buttonfarbe gezielt eine von 16 Millionen Farbnuancen einzusetzen. Als Parameter übergeben werden jeweils der Rot-, Grün- und Blauanteil (ein Wert von 0 bis 255). Die Zeile

```
Farbe[Nr] = new Color (Red, Green, Blue);
```

sorgt dafür, dass dann auch die passende Farbe daraus gemischt wird.

Nun fehlt nur noch ein passendes Testprogramm für unseren neuen Button. Vereinbaren wir doch gleich vier davon (→ OBUTTON3):

```
private JOOButton[] Knopf = new JOOButton[4];
```

Wichtig ist, dass zuvor die `import`-Anweisung entsprechend geändert wurde:

```
import mycomponents.JOOButton;
```

Eine Einbindung der alten Klasse `JOButton` ist nicht mehr nötig (die `import`-Zeile übernimmt ja die Datei mit der Definition von `JOOButton`). Das Erzeugen und Einfügen der vier Knöpfe ist für dich nun nichts Neues mehr (→ OBUTTON3):

```
for (int i = 0; i < 4; i++)
{
  Knopf[i] = new JOOButton ("Knopf " + (i+1));
  Knopf[i].addActionListener (this);
  Knopf[i].setPreferredSize (new Dimension(150,150));
  Knopf[i].setFont
    (new Font("Arial", Font.BOLD, 24));
  Platte.add (Knopf[i]);
}
```

Ich habe mich hier mal für kreisförmige Buttons entschieden. In `actionPerformed` kannst du nun nach Belieben für einzelne Knöpfe oder allesamt eine der angebotenen Methoden aufrufen, um neue Farben zu setzen.

Ein paar Beispiele gefällig? Beginnen wir mit `setAllColor`:

```
Color Bunt[] =
  {Color.blue, Color.red, Color.yellow, Color.green};
Knopf[(int)(Math.random()*4)].setAllColors (Bunt);
```

Oder um einen ähnlichen Effekt zu erzeugen, wäre auch eine Schleife mit `setColor` möglich:

```
for (int i = 0; i < 4; i++)
  Knopf[i].setColor (Color.red, Color.yellow);
```

Um die Methode `setColor` mit den drei Farbanteilen zu nutzen, solltest du wissen, dass sich jede auf dem Monitor darstellbare Farbe aus diesen drei Anteilen zusammensetzt: Rot, Grün und Blau, weshalb dieses Farbmodell auch **RGB** genannt wird. Wenn du dabei Werte zwischen 0 und 255 einsetzt, hast du für jeden Farbanteil 256 Möglichkeiten, das ergibt demnach 256*256*256, also über 16 Millionen Farben.

Während auf dem Monitor farbiges Licht im Spiel ist, werden beim Drucken sozusagen die jeweiligen »Gegenstücke« eingesetzt: Auf Englisch heißen diese Farben Cyan, Magenta und Yellow, was diesem Farbmodell den Namen **CMY** eingetragen hat (ins Deutsche könnte man dies mit Türkis, Purpur und Gelb übersetzen).

Demnach würden die insgesamt sechs »reinen« Hauptfarben so gesetzt:

```
setColor (255,   0,   0);  // Rot pur
setColor (  0, 255,   0);  // Grün pur
setColor (  0,   0, 255);  // Blau pur
setColor (255, 255,   0);  // Gelb pur
setColor (  0, 255, 255);  // Cyan pur
setColor (255,   0, 255);  // Magenta pur
```

Schwarz und Weiß lassen sich so erzeugen:

```
setColor (  0,   0,   0);  // Schwarz pur
setColor (255, 255, 255);  // Weiß pur
```

LOOK & FEEL

Die ganze Zeit haben wir uns damit abgefunden, dass Swing-Komponenten ihr eigenes Java-Aussehen hatten bzw. die Benutzeroberfläche des ganzen Fensters nicht unbedingt aussah, wie von unserer aktuellen Windows-Version gewohnt. Funktioniert haben die Programme ja trotzdem, außerdem gab es eigentlich keine echten Nachteile. Genannt wird das Ganze übrigens »Look and Feel«. Andere sprechen von »Graphical User Interface« (kurz GUI), ins Deutsche übertragen: Grafische Benutzeroberfläche.

Jetzt, wo du sogar drauf und dran bist, dir deine eigene Komponentenfamilie zu züchten, könnte es durchaus sein, dass du auch mal wissen willst: Kann ich meine Projekte auch Windows-like gestalten?

> Eclipse bietet hierzu das **SWT**-Paket an, sozusagen als Konkurrenzprodukt zu Swing. Hier gibt es keinen eigenen Java-Look, sondern hier kommt der des aktuellen Betriebssystems, z.B. Windows oder Linux, zum Einsatz.
>
> Das Paket gibt es als Zip-Datei zum Herunterladen. Es muss in Eclipse importiert werden, weil es nicht zum Java-Paket gehört. Im PROJEKTE-Ordner findest du zwei Projekte namens AUTSCHA und AUTSCHS, das eine funktioniert mit AWT/Swing, das andere mit SWT.

Da kommt uns der `UIManager` gerade recht: Das Swing-Paket hält also einen Helfer bereit, der uns bei der Gestaltung unserer Komponentenoptik unter die Arme greift. Nötig ist dazu allerdings diese zusätzliche **import-Zeile (→ LOOK1):**

```
import javax.swing.UIManager.*;
```

Die Klassenvereinbarung erfolgt wie gewohnt:

```
public class Look1
  extends JFrame implements ActionListener
```

In der Regel bietet Java mindestens drei verschiedene Oberflächen an. (Wobei sich das natürlich leicht ändern kann, weil ja jeder jederzeit ein eigenes UI [= User Interface] beisteuern darf. Möglicherweise gibt es irgendwann mal zahlreiche solche Angebote?)

Die aktuelle Oberfläche, die du bisher kennen gelernt hast, wird Metal genannt. Einige weitere heißen Nimbus oder Motif. Und natürlich darf auch die Windows nachempfundene Oberfläche nicht fehlen. Dabei gibt es eine aktuelle und eine klassische.

Also vereinbaren wir fünf Buttons (zum Hin- und Herschalten zwischen den verschiedenen »Outfits«):

```
private JButton[] Knopf = new JButton[5];
```

Hinzu kommt ein weiteres Feld, in dem wir alle bei uns verfügbaren Möglichkeiten sammeln:

```
private LookAndFeelInfo[] Erscheinung =
  UIManager.getInstalledLookAndFeels();
```

In Objekten vom Typ `LookAndFeelInfo` werden die vorhandenen Informationen gespeichert, was die Methode `getInstalledLookAndFeels` erledigt.

Optimistisch, wie wir sind, legen wir auch gleich die Namen für die (wahrscheinlich) gefundenen »UIs« fest:

```
private String[] UIname = {" Metal ", " Nimbus ",
  " Motif ", "Windows", "Classic"};
```

Im Konstruktor setzen wir unser Fenster zusammen und fügen noch (wegen der Optik) zwei weitere Komponenten hinzu – ein Options- und ein Kontrollfeld (→ LOOK1):

```
public Look1 ()
{
  super (" Metal ");
  JPanel Platte = new JPanel ();
  Platte.setLayout (new FlowLayout());
  Box Oben = Box.createHorizontalBox();
  Oben.setPreferredSize (new Dimension(380,50));
  Platte.add (Oben);
  for (int i = 0; i < 5; i++)
  {
    Knopf[i] = new JButton (UIname[i]);
    Knopf[i].addActionListener (this);
    Knopf[i].setFont
      (new Font("Arial", Font.PLAIN, 20));
    Platte.add (Knopf[i]);
  }
  Box Mitte = Box.createHorizontalBox();
  Mitte.setPreferredSize (new Dimension(380,60));
  JRadioButton Option =
    new JRadioButton ("Optionsfeld");
  Option.setFont (new Font("Arial", Font.PLAIN, 20));
  JCheckBox Kontrolle =
    new JCheckBox ("Kontrollfeld");
  Kontrolle.setFont
    (new Font("Arial", Font.PLAIN, 20));
  Platte.add (Mitte);
  Platte.add (Option);
  Platte.add (Kontrolle);
  setContentPane (Platte);
}
```

VON METAL BIS WINDOWS

Beim Programmstart sollte später etwas wie dieses Bild herauskommen:

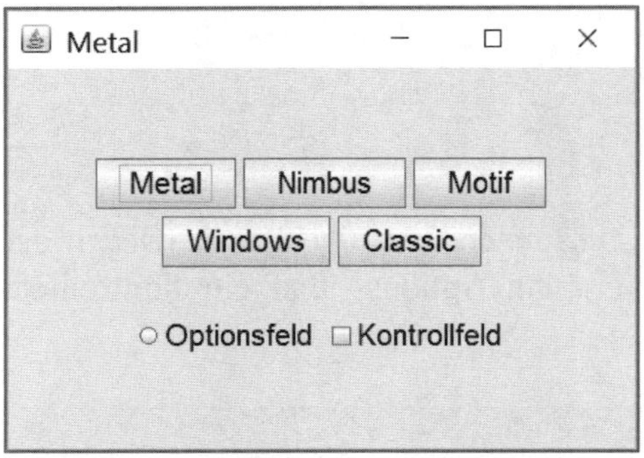

Damit wir auch die anderen Oberflächen zu Gesicht bekommen, kümmern wir uns jetzt um die `actionPerformed`-Methode (→ LOOK1):

```
public void actionPerformed (ActionEvent Ereignis)
{
  Object Quelle = Ereignis.getSource();
  for (int i = 0; i < Erscheinung.length-1; i++)
    if (Quelle == Knopf[i])
      try
      {
        UIManager.setLookAndFeel
          (Erscheinung[i].getClassName());
        this.setTitle (UIname[i]);
      }
      catch (Exception x){}
  SwingUtilities.updateComponentTreeUI
    (this.getContentPane());
}
```

In einer `for`-Schleife testen wir alle Schaltflächen ab, welche von ihnen wohl die Ereignisquelle ist. Indem wir innerhalb der Schleifenbedingung statt einer festen Anzahl die Eigenschaft `length` benutzen, sind wir für zu wenige (oder mehr) vorhandene Oberflächen gerüstet. Die Erzeugung einer jeweils neuen Oberfläche lässt Java nicht ohne eine `try-catch`-Kontrolle zu. Zuerst wird dort über `getClassName` die passende UI-Klasse gesucht und dann mit der Methode `setLookAndFeel` gesetzt:

```
UIManager.setLookAndFeel
  (Erscheinung[i].getClassName());
this.setTitle (UIname[i]);
```

Zusätzlich bekommt die Titelleiste des Fensters noch eine aktualisierte Anzeige. Um das komplette Fenster optisch umzugestalten, brauchen wir als Werkzeug die SwingUtilities:

```
SwingUtilities.updateComponentTreeUI
  (this.getContentPane());
```

Die bemühen die Methode updateComponentTreeUI, um den aktuellen Container des Fensters samt seiner Komponenten auf den aktuellen Stand zu bringen. Fehlt nur noch eine wichtige Kleinigkeit (→ LOOK1):

```
public static void main (String[] args)
{
  Look1 Rahmen = new Look1 ();
  Rahmen.setSize (400,300);
  Rahmen.setVisible (true);
}
```

> Stelle dein Look&Feel-Projekt zusammen (wenn du willst, kannst du noch mehr Komponenten einbauen). Dann lass das Programm laufen.

Wenn du auf den mittleren oberen Button klickst, dürfte dich so etwas erwarten:

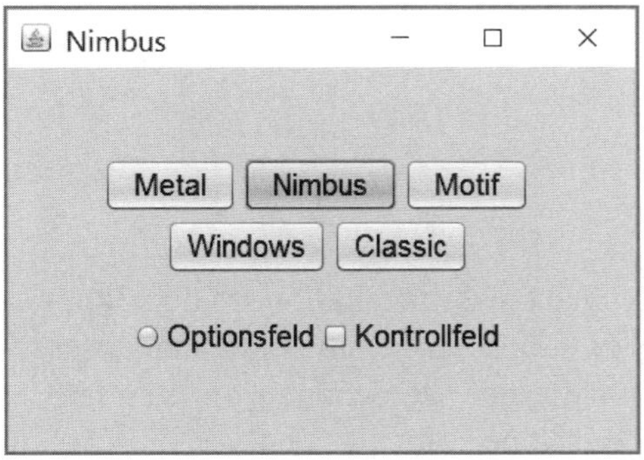

> So sieht es nach einem Klick auf die Schaltfläche rechts daneben aus:

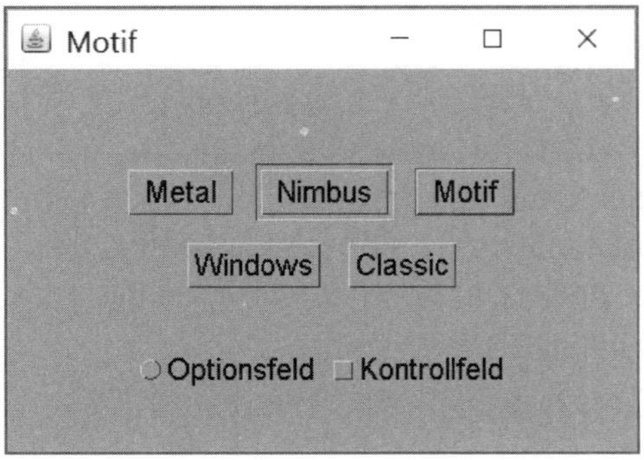

Und klickst du auf den Button darunter, landest du in vertrauter Windows-Umgebung:

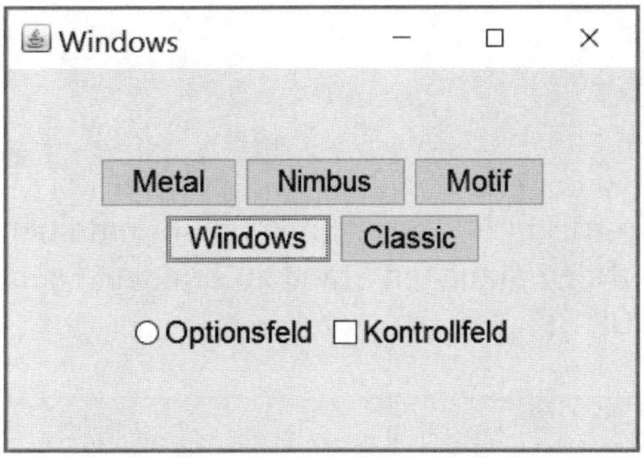

Das kann dein aktuelles Windows sein, muss es aber nicht, denn der UIManager von Swing bedient auch den klassischen Windows-Look:

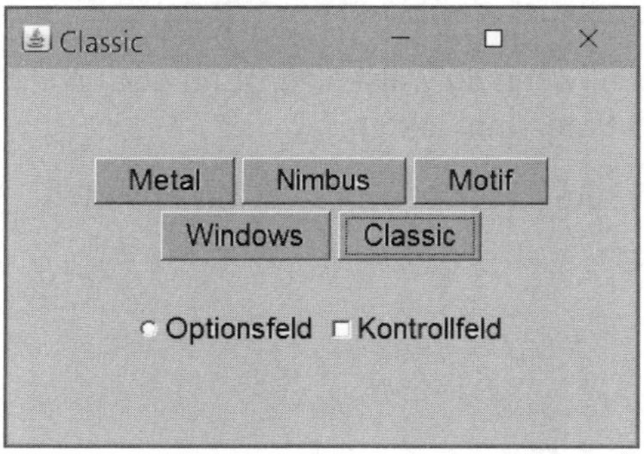

> Es ist unter anderem abhängig von deiner Windows-Installation, ob der »Tapetenwechsel« wirklich klappt. Auch muss eventuell der genaue Pfad angegeben werden. Du solltest auch ab und zu mal im Internet nachschauen, ob es zu Java inzwischen andere oder neue Look&Feel-Versionen gibt.

ZUSAMMENFASSUNG

Nun haben wir eine bis zwei neue Komponenten für unsere Sammlung. Du kennst jetzt Möglichkeiten, selbst vereinbarte Objekte z.B. Komponenten in Projekten einzusetzen. Und ob du deine Komponentensammlung weiter ausbauen willst, überlasse ich dir. Außerdem haben wir uns noch ein bisschen um das passende Look&Feel gekümmert. Was ist an Neuem hängen geblieben?

Zuerst einmal wieder einiges an Klassen und Methoden:

`Object`	Urahn der Klassenhierarchie von Java
`JComponent`	Basisklasse für alle Swing-Komponenten
`TButton`	Basisklasse unter anderem für Schaltflächen, Kontrollfelder und Optionsfelder
`paintBorder`	Methode unter anderem von `JComponent` zum Zeichnen (Darstellen) des Randes einer Komponente
`paintComponent`	Methode unter anderem von `JComponent` zum Zeichnen (Darstellen) des Inneren einer Komponente
`getContentPane`	Methode, um einen Behälter (Container) für Komponenten zu erhalten
`ButtonModel`	Interface für den Status z.B. von Schaltflächen, Optionsfeldern, Kontrollfeldern
`isPressed`	Methode, die zurückgibt, ob ein Button gedrückt bzw. angeklickt wurde oder nicht
`UIManager`	Klasse, die für verschiedene Look&Feels zuständig ist
`getClassName`	Methode, die den Namen einer UI-Klasse (inklusive Paketnamen) ermittelt
`getInstalled LookAndFeels`	Methode, um alle installierten (erreichbaren) Look&Feels zu finden
`LookAndFeelInfo`	Informationsbehälter für Look&Feel-Daten
`setLookAndFeel`	Methode, um eine Oberflächenoptik zu setzen
`SwingUtilities`	Klasse, die eine Art Werkzeugkasten von Swing darstellt
`updateComponent TreeUI`	Methode, um alle im Container vorhandenen Komponenten auf aktuelle Optik abzustimmen

Und du kennst inzwischen drei Zugriffsmodi für Attribute und Methoden:

`private`	Zugriffsmodus ausschließlich innerhalb der eigenen Klasse
`protected`	Zugriffsmodus innerhalb der eigenen Klasse und ihrer Nachkommen
`public`	Zugriffsmodus auch außerhalb einer Klasse

EIN PAAR FRAGEN ...

1. Was unterscheidet `protected` von `private`?
2. Wie heißen die Methoden einer Swing-Komponenten samt ihrer Kinder, um diese darzustellen (= zu zeichnen bzw. zu malen)?
3. Was versteht man unter UI bzw. GUI, welche Swing-Varianten kennst du?

... UND EIN PAAR AUFGABEN

1. Leite von `JOButton` einen neuen Button ab, der sich auf Mausklick an- und wieder ausschalten lässt.
2. Verpasse einigen deiner bisherigen Projekte ein anderes Look&Feel.

13 POLYMORPHIE

Dass wir Methoden benutzen, die eine Klasse von einer anderen geerbt hat, ist nichts Neues. So haben wir in den letzten Projekten oft ungeniert von »Elternmethoden« Gebrauch gemacht. Dabei genügte es zu wissen, was die jeweilige Methode zu tun imstande war.

Hier kümmern wir uns noch einmal intensiver um das Thema Erbschaft. Außerdem beschäftigen wir uns mit Monstern, die verschiedene Gestalten annehmen können.

In diesem Kapitel lernst du

- wozu Monster auch gut sein können
- was man unter Polymorphie versteht
- den Unterschied zwischen Überschreiben und Überladen kennen
- etwas über abstrakte Klassen und Methoden

VON ALTEN UND NEUEN METHODEN

Geerbte Methoden lassen sich in der Regel so verwenden, wie sie sind. Nur wenn in einer Kindklasse eine neue Fähigkeit anstand, mussten wir eine geerbte Methode neu definieren.

Meistens hatten die von uns definierten Methoden einen anderen Namen als die geerbten. Das war dann aber im letzten Kapitel anders: Im *Rundknopf*-Projekt sind sowohl `paintComponent` als auch `paintBorder` Methoden, die `JOButton` (über `JButton`) von `JComponent` bekommen hat.

Wenn wir etwas zeichnen (oder malen) wollten, müssten wir da der entsprechenden Methode nicht einen anderen Namen geben? Denn der alte ist ja schon vom Erbstück belegt.

Wie du aber gesehen hast, funktionieren unsere `paint`-Methoden trotzdem. Würden wir sie wieder löschen und die von `JComponent` aufrufen lassen, gäbe es von einem runden Button gar nichts zu sehen. Wir hatten also hier gar keine andere Wahl, als eigene Methoden mit den Namen `paintComponent` bzw. `paintBorder` zu vereinbaren!

Warum aber hat Java nicht gemeckert, als wir einfach denselben Namen benutzt haben? Java hätte ja sagen können »Schon vergeben« oder »Name bereits definiert«.

In Java kann jede neue Klasse also eigene Methoden mit genau denselben Namen haben wie die Mutterklasse. Einen Haken hat die Sache schon: Bei einem Aufruf einer `paint`-Methode wurde immer die Methode des aktuellen Objekts benutzt.

Kein Problem, sagst du: Wie man in `paintComponent` sehen kann, gibt es ja trotzdem über das »Vorwort« `super` einen Weg, an die alten geerbten Methoden zu kommen.

Wie aber ist es andersherum? Ich rufe aus einer alten Methode eine neue auf. Geht das überhaupt? Du weißt nicht, was ich meine? Neu aus alt und alt aus neu – wer soll das verstehen? Ich sehe schon, da muss ein kleines Beispiel her.

Machen wir also einen Zeitsprung um einige Jahrhunderte zurück und besuchen einen gewissen Dr. Frankenstein im Labor und schauen ihm über die Schulter. Der hat nämlich mal so eine ähnliche Klasse entworfen (→ JMONSTER.JAVA):

```
public class JMonster
{
  protected String[] Text =
    {" Name : ", " Wesen: ", " Typ  : "};
  protected String Name, Wesen;

  public JMonster (String N, String W)
  {
    Name = N; Wesen = W;
  }

  public void erscheinen (JLabel[] Info)
  {
    Info[0].setText (Text[0] + Name);
```

```
    Info[1].setText (Text[1] + Wesen);
  }
}
```

Ein ganz einfaches Monster, das einen Namen und eine einzige weitere Eigenschaft hat. Immerhin kann es die bei seinem Erscheinen zeigen. Dazu benötigt die Methode `erscheinen` ein Labelfeld, das in einem Anzeigefenster zur Verfügung stehen muss. (Dazu muss die entsprechende Klasse `javax.swing.JLabel` über eine `import`-Anweisung eingebunden werden.)

UNGEWÖHNLICHE ERSCHEINUNG?

Was wir jetzt brauchen, ist ein Testprojekt, um die Eigenheiten des Frankenstein-Monsters darzustellen, das in einer Extra-Klasse (und damit einer gesonderten Datei) vereinbart ist. Es folgt also nun die Klasse, die das passende Fenster samt Komponenten zur Verfügung stellt (→ MONSTER1):

```
public class Monster1
  extends JFrame implements ActionListener
{
  private JButton  Knopf;
  private JLabel[] Anzeige = new JLabel[2];
  private JMonster Frank =
    new JMonster ("Frankie", "ungewöhnlich");

  public Monster1 ()
  {
    super ("MonsterShow");
    JPanel Platte = new JPanel ();
    Platte.setLayout (new FlowLayout());
    Box Oben  = Box.createHorizontalBox();
    Box Mitte = Box.createVerticalBox();
    Oben.setPreferredSize (new Dimension(350,50));
    Mitte.setPreferredSize (new Dimension(350,150));
    Knopf = new JButton ("Monster");
    Knopf.addActionListener (this);
    Knopf.setFont
      (new Font ("Arial", Font.PLAIN, 20));
    for (int i = 0; i < 2; i++)
    {
      Anzeige[i] = new JLabel();
      Anzeige[i].setFont
        (new Font ("Courier", Font.BOLD, 20));
      Mitte.add (Anzeige[i]);
    }
    Platte.add (Oben);
    Platte.add (Mitte);
```

```
    Platte.add (Knopf);
    setContentPane (Platte);
  }

  public void actionPerformed (ActionEvent Ereignis)
  {
    Frank.erscheinen (Anzeige);
  }

  public static void main (String[] args)
  {
    Monster1 Rahmen = new Monster1();
    Rahmen.setSize (400,300);
    Rahmen.setDefaultCloseOperation
      (JFrame.EXIT_ON_CLOSE);
    Rahmen.setVisible(true);
  }
}
```

≫ Erzeuge ein neues Projekt und gib dort den kompletten Quelltext für beide Klassendateien (MONSTER1 und JMONSTER) ein.

Nichts Besonderes? Na ja, Dr. Frankenstein hatte keine so komfortablen Möglichkeiten wie wir, um seine Kreatur zu testen. Dafür geht es bei unserem Monstertest nicht so grauenerregend zu.

EINE KLEINE MONSTERFAMILIE

Der »Monstermacher« hat natürlich nicht vor, sich mit einem Werk zu begnügen, sondern er will auch noch zwei Kinder von `JMonster` erschaffen. Da wollen wir natürlich dabei sein. Das erste Geschöpf sollte zumindest etwas Geist besitzen (→ MONSTER2, JGMONSTER.JAVA):

```
public class JGMonster extends JMonster
{
  public JGMonster (String N, String W)
  {
    super (N, W);
  }

  public String Typ ()
  {
    return "GeistesMonster";
  }
}
```

Für den nächsten Versuch, ein Monster-Kind zu erschaffen, wünscht sich Frankenstein eine (kleine) Seele (→ JSMONSTER.JAVA):

```
public class JSMonster extends JMonster
{
  public JSMonster (String N, String W)
  {
    super (N, W);
  }

  public String Typ ()
  {
    return "SeelenMonster";
  }
}
```

Allzu viel haben die neuen Kreaturen ja nicht zu bieten. Das mit dem Geist und mit der Seele hat Dr. Frankenstein wohl etwas zu optimistisch gesehen. Aber für unsere Zwecke reichen diese Abkömmlinge von `JMonster` aus. Dazu ist diese zusätzliche Zeile nötig:

```
import fstein2.JMonster;
```

Die Konstruktoren beider Klassen bedienen sich lediglich der geerbten Fähigkeiten. Immerhin aber scheinen die Monster zu wissen, aus welcher »Ecke« sie kommen. Dafür sorgt die Methode `Typ`:

```
public String Typ ()
{
  return "GeistesMonster";
}
public String Typ ()
{
  return "SeelenMonster";
}
```

Übrigens könnte auch `JMonster` so eine Methode vertragen:

```
public String Typ ()
{
  return "Monster";
}
```

Die Methode zum Erscheinen muss dann aber noch um eine Anweisung erweitert werden (→ MONSTER2, JMONSTER.JAVA):

```
public void erscheinen (JLabel[] Info)
{
  Info[0].setText (Text[0] + Name);
  Info[1].setText (Text[1] + Wesen);
  Info[2].setText (Text[2] + Typ());
}
```

Nicht zu vergessen die Anpassung des Text-Strings:

```
protected String[] Text =
  {"Name : ", "Wesen: ", "Typ  : "};
```

Hier zeigt sich, warum wir in weiser Voraussicht die Attribute `Name`, `Wesen` und `Text` als `protected` vereinbart haben: So haben alle Nachkommen auch etwas davon.

DYNAMISCHE METHODEN

Im Testprojekt müssen wir nur noch drei Instanzen erzeugen. Dann können wir die Monster erscheinen lassen (→ MONSTER2):

```
private JMonster  Frank =
  new JMonster  ("Frankie", "ungewöhnlich");
private JGMonster Albert =
  new JGMonster ("Bertie", "nachdenklich");
private JSMonster Sigmund =
  new JSMonster ("Sigi", "mitfühlend");
```

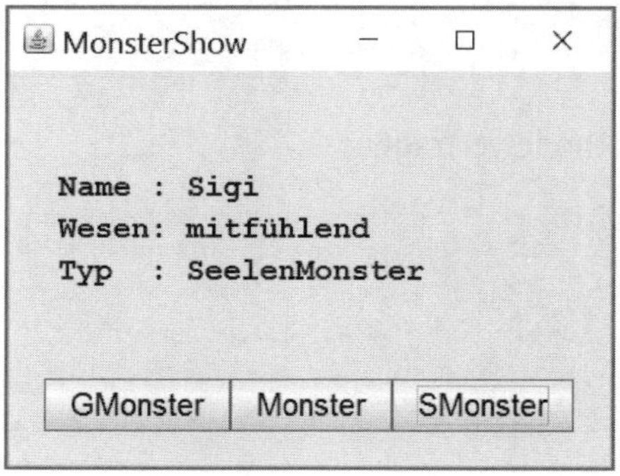

Natürlich sind außerdem drei Buttons nötig:

```
Knopf[0] = new JButton ("GMonster");
Knopf[1] = new JButton ("Monster");
Knopf[2] = new JButton ("SMonster");
```

Und auch die Label müssen um eines auf insgesamt drei aufgestockt werden. Damit dann die jeweils richtige Information erscheint, ist Aufgabe von `actionPerformed` (→ MONSTER2):

```
public void actionPerformed (ActionEvent Ereignis)
{
  Object Quelle = Ereignis.getSource();
  if (Quelle == Knopf[0])
  {
    Albert.erscheinen (Anzeige);
  }
  if (Quelle == Knopf[1])
  {
    Frank.erscheinen (Anzeige);
  }
  if (Quelle == Knopf[2])
  {
    Sigmund.erscheinen (Anzeige);
  }
}
```

≫ Nun sind gleich einige Dateien mehr mit Quelltext zu füllen. Lass das Programm laufen und klicke nacheinander auf die drei Buttons.

Alles läuft ab wie erwartet: Die Monster nennen schön brav ihren Namen und sagen auch etwas über ihr Wesen und ihren Typ. Aber ist das wirklich so selbstverständlich?

Immerhin wandert das Programm für die Methode `erscheinen` zur Mutter `JMonster`, um von dort aus die `Typ`-Methode des aktuellen Objekts aufzurufen. Sollen die drei Monster erscheinen, läuft also alles nach diesem Schema ab:

Objekt	Erscheinen-Methode	Typ-Methode
`Frank`	`TMonster.erscheinen ()`	`TMonster.Typ ()`
`Albert`	`TMonster.erscheinen ()`	`TGMonster.Typ ()`
`Sigmund`	`TMonster.erscheinen ()`	`TSMonster.Typ ()`

Ist doch klar, wirst du sagen, denn du hast auch mit nichts anderem gerechnet. Aber wenn man hinüber zu Programmiersprachen wie C++ oder Delphi schaut, dann ist diese Mechanik gar nicht so selbstverständlich. In Java dagegen sind Methoden dynamisch angelegt:

Was geschieht denn, wenn wir ein Programm zum Laufen bringen? Zuerst wird das ganze Projekt zu einer Anwendung gemacht. Das, was da drin steht, würdest du nicht mehr wiedererkennen, aber dein PC kann etwas damit anfangen, weil es in seine Sprache übersetzt wurde. Das erledigt der **Compiler** von Java, eine Art Dolmetscher, der unsere Programmiersprache Java in die Sprache des Computers überträgt.

Beim **Kompilieren** – so nennt man diese Übertragung – wird in der Definition der `erscheinen`-Methode die Stelle markiert, an der eine Methode aufgerufen wird. Damit entsteht dort ein freier Platz. Erst während des Programmlaufs wird dann die Adresse der passenden Methode eingesetzt. Denn erst dann ist eindeutig erkennbar, welches Objekt gerade »dran« ist.

So haben wir nun drei gleichnamige Methoden, die jede für sich das tut, was die jeweilige Klasse von ihr fordert. Man sagt dazu **Polymorphie** oder **Polymorphismus**. Mit Chemie hat das nichts zu tun, und es ist auch keine ansteckende Krankheit: Zu Deutsch heißt polymorph »vielgestaltig« oder »von verschiedener Gestalt«.

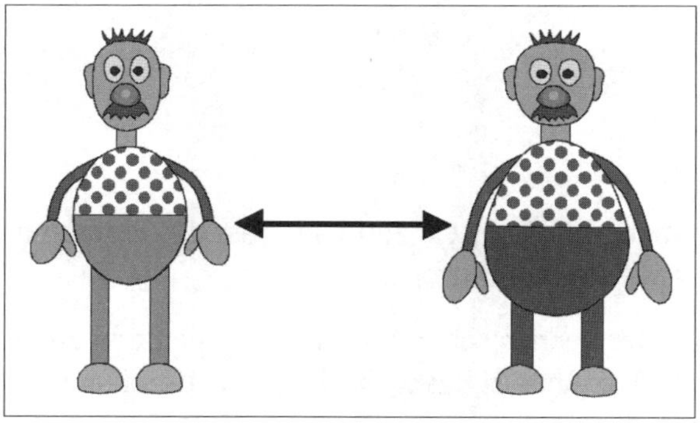

Polymorphie ist hier also auch die Fähigkeit des Programms, sich zur Laufzeit zwischen verschiedenen möglichen Methoden zu entscheiden. Und so taucht ja bei einem Aufruf in `erscheinen` die `Typ`-Methode in der Gestalt auf, in der sie gerade benötigt wird.

ÜBERSCHREIBEN UND ÜBERLADEN

Es gibt also drei `Typ`-Methoden: Über die `Typ`-Methode von `JMonster` können eigentlich alle drei Klassen (sowie eventuelle weitere Nachkommen) verfügen. Insofern würde unser Testprojekt auch laufen, wenn wir in `JGMonster` und `JSMonster` gar keine solche Methode neu definieren – wobei dann als Typ jeweils nur der der Mutterklasse angezeigt wird.

Die Neudefinition einer Methode **überschreibt** die alte Methode. Und um trotzdem die alte weiterverwenden zu können, müssen wir das Wort `super` benutzen.

Überschrieben wird auch der Konstruktor. Das verlangt Java sogar bei jeder neuen Klassendefinition, selbst wenn die Konstruktoren der Kinder nichts anderes tun als die der Mutter.

Neben einem Konstruktor gibt es in Java auch einen Destruktor. Was ist der Unterschied?

Der **Konstruktor** kümmert sich sozusagen um die gesunde Geburt eines Objekts.

Der **Destruktor** erledigt alle Aufräumarbeiten, die beim Ableben eines Objekts anfallen. Während dieser Begriff in anderen Programmiersprachen üblich ist, spricht man in Java auch vom **Finalisierer**. Java stellt für jede Klasse eine Methode namens `finalize` zur Verfügung, und sorgt auch dafür, dass diese Aufräummethode beim Löschen eines Objekts automatisch aufgerufen wird.

So wie der Konstruktor ein Geburtshelfer ist, könnte man den Destruktor bzw. Finalisierer also einen Totengräber nennen.

Innerhalb einer Klasse sind auch mehrere Konstruktoren möglich. Sie müssen sich nur in der Parameterliste unterscheiden. Deshalb verfügt `JMonster` in seiner überarbeiteten Version nun über drei Konstruktoren (→ MONSTER3, JMONSTER.JAVA):

```
public JMonster ()
{
  Name = "Niemand"; Wesen = "monströs"; Datei = "";
}

public JMonster (String N, String W)
{
  Name = N; Wesen = W; Datei = "";
}

public JMonster (String N, String W, String D)
{
  Name = N; Wesen = W; Datei = D;
}
```

Das nennt man dann **Überladen**. Gleiches funktioniert ja auch bei normalen Methoden, beispielsweise hier:

```
public String Typ ()
{
  return "Monster";
}
```

```
public void Typ (JLabel Info, String Charakter)
{
  Info.setText ("Ich habe " + Charakter);
}
```

Die beiden `Typ`-Methoden unterscheiden sich nicht nur in der Parameterliste, sondern auch im Typ selbst: Das eine ist eine Funktion mit Rückgabe eines Wertes, das andere eine Prozedur, die dafür sorgt, dass etwas angezeigt wird.

> Auch wenn es nun zwei `Typ`-Methoden gibt, funktioniert die Dynamik nur bei denjenigen Methoden, die genau die gleiche Parameterliste und den gleichen Methodentyp haben! Die zweite als Prozedur vereinbarte Methode kann also nicht »aus Versehen« aktiviert werden.

MONSTERSHOW

Sicher ist dir aufgefallen, dass oben bei den Konstruktoren mit `Datei` ein neues Attribut auftaucht. Als String vereinbart soll es den Namen einer Bilddatei aufnehmen. Ein bisschen mager ist unser Projekt nämlich schon. Und du würdest dir die drei Exemplare aus der Monsterfamilie doch sicher gern mal anschauen?

Deshalb bekommt `JMonster` gleich zwei weitere Eigenschaften:

```
public String Datei;
public Image  Bild;
```

Dass beide als `public` vereinbart sind, erspart uns zwei Extra-Methoden, denn wir müssen von außen darauf zugreifen, um das entsprechende Bild laden und zuordnen zu können. (Der Versuch, Objekte vom Typ `Graphics` und `Mediatracker` innerhalb von `JMonster` zu erzeugen, klappt nicht: `getGraphics` hat `JMonster` nicht zu bieten und `Mediatracker` braucht als Parameter eine Komponente.)

In der Hauptklasse gibt es nun einige Änderungen und Erweiterungen. Zuerst brauchen wir ein Grafikobjekt:

```
private Graphics Grafik;
```

Zusätzlich benötigen wir einen Pfad, der uns (und Java) zu den Bildern führt, z.B.:

```
final String Pfad = "d:\\Java\\Projekte\\Bilder\\";
```

Und dann kann das betreffende Bild aufgesammelt werden (→ MONSTER3):

```
public void collectImage (JMonster Monster)
{
  Toolkit Werkzeug = Toolkit.getDefaultToolkit();
  MediaTracker Transporter = new MediaTracker (this);
  Monster.Bild =
    Werkzeug.getImage (Pfad + Monster.Datei);
  Transporter.addImage (Monster.Bild, 0);
  try {Transporter.waitForID (0);}
  catch (InterruptedException x) {}
}
```

Wie du siehst, kommen hier die Attribute `Bild` und `Datei` von `JMonster` zum Einsatz.

Sinnvoll ist diese Methode natürlich nur, wenn zuvor dieser Konstruktor für alle drei Wesen aufgerufen wurde:

```
private JMonster Frank = new JMonster
  ("Frankie", "ungewöhnlich", "Frank.jpg");
private JGMonster Albert = new JGMonster
  ("Bertie", "nachdenklich", "Albert.jpg");
private JSMonster Sigmund = new JSMonster
  ("Sigi", "mitfühlend", "Sigmund.jpg");
```

Nun wissen wir auch, welche »Passfotos« der drei Geschöpfe geladen werden sollen.

Im Konstruktor von `Monster3` solltest du unter anderem dafür sorgen, dass die Box `Oben` eine Höhe von mindestens 200 Pixel hat. Denn das Bild muss ganz oben über den Textanzeigen sitzen. (Außerdem könntest du das gesamte Fenster ein wenig vergrößern.)

Damit die Bilder auch sichtbar werden, plustert sich die Methode `actionPerformed` entsprechend auf (→ MONSTER3):

```
public void actionPerformed (ActionEvent Ereignis)
{
  Object Quelle = Ereignis.getSource();
  Grafik = getGraphics();
  if (Quelle == Knopf[0])
  {
    collectImage (Albert);
    Albert.erscheinen (Anzeige, Grafik, 100,40);
  }
  if (Quelle == Knopf[1])
  {
    collectImage (Frank);
    Frank.erscheinen (Anzeige, Grafik, 100,40);
  }
```

```
    if (Quelle == Knopf[2])
    {
      collectImage (Sigmund);
      Sigmund.erscheinen (Anzeige, Grafik, 100,40);
    }
  }
```

All das kann natürlich nur funktionieren, wenn es in JMonster eine aktualisierte Methode erscheinen gibt. Die packen wir als überladenes Modell einfach dazu (→ MONSTER3, JMONSTER.JAVA):

```
public void erscheinen
  (JLabel[] Info, Graphics Grafik, int x, int y)
{
  Info[0].setText  (Text[0] + Name);
  Info[1].setText  (Text[1] + Wesen);
  Info[2].setText  (Text[2] + Typ());
  Grafik.drawImage (Bild, x,y, null);
}
```

Nachdem eine entsprechende JPG-Datei geladen wurde und angezeigt wird, kannst du dir die Monster ja mal anschauen.

ABSTRAKTE KLASSEN UND METHODEN

Bevor Dr. Frankenstein sein erstes Monster schuf, hatte er nur eine undeutliche Vorstellung von der Kreatur, die er einmal ins Leben rufen würde. Auf unser Klassensystem übertragen sah einer seiner frühesten Entwürfe so aus (→ MONSTER3A, JTHING.JAVA):

```
public abstract class JThing
{
  public JThing ()
  {
  }
  public abstract String Typ ();
}
```

Neben dem Konstruktor besitzt diese Klasse auch schon eine `Typ`-Methode. Dr. Frankenstein war davon überzeugt, dass seine `JThing`-Familie einmal eine solche Methode brauchen würde. Aber er wusste nicht, wie sie funktionieren sollte. Deshalb gab es nichts zu definieren.

Und weil für dieses noch unfertige »Ding« in seinem frühen Entwicklungsstadium eigentlich keine fertige `Typ`-Methode existiert, wird sie einfach mit dem Zusatz `abstract` gekennzeichnet:

```
public abstract String Typ ();
```

Genannt wird das eine **abstrakte Methode**. Und weil man mit so einer Methode nichts anfangen kann, lässt sich auch von der Klasse `JThing` kein Objekt erzeugen. Die ist schließlich auch als **abstrakte Klasse** vereinbart (was sich unschwer am Zusatz `abstract` erkennen lässt).

Die folgende Vereinbarung wird von Java noch nicht beanstandet:

```
JThing Ding;
```

wohl aber der Versuch, ein Objekt dieses Typs zu initialisieren:

```
Ding = new JThing();
```

> Ähnliches kennst du vielleicht von der Klasse `Graphics`, von der wir eigentlich kein Objekt erzeugen können. Mit Hilfe der »Konstruktions«-Methode `getGraphics` haben wir aber »auf Umwegen« ein Objekt aus einer Ableitung dieser Klasse erzeugt.

Wozu sind abstrakte Klassen gut? So ein `JThing` mag Dr. Frankenstein als Vorlage für seine Schöpfungspläne gedient haben, aber was haben wir davon? Abstrakte Klassen dienen als Basisklassen für andere Klassen. Dabei bieten sie eine Struktur, die man für viele andere Ableitungen verwenden kann. Nur sind nicht alle ihre Methoden bereits definiert.

Man kann auch sagen: Eine abstrakte Klasse ist ein Fahrgestell, ein Modell, ein Skelett, das als Basis für deine weiteren Klassenentwürfe dienen kann. Konkrete Beispiele gibt es in der Klassenhierarchie der Java-Pakete viele.

So ist etwa (neben Graphics) JComponent eine abstrakte Klasse, die als Basis für alle Komponenten dient. Sie besitzt eine ganze Reihe von nötigen Eigenschaften und Methoden. Um aber ein Steuerelement zu erstellen, müssen viele abstrakte Methoden neu definiert werden.

Erst eine abgeleitete Klasse, in der die abstrakten Methoden durch Neudefinitionen überschrieben werden, taugt zum Erzeugen von Objekten. Ein Beispiel ist unser JOButton, der von der übrigens **nicht** abstrakten Klasse JButton abgeleitet wurde, die ja schon zahlreiche nicht abstrakte Methoden mitbringt – was uns viel Arbeit für JOButton erspart hat.

Im Falle von Dr. Frankenstein könnte JThing die Basis für eine Ableitung JMonster sein:

```
public class JMonster extends JThing
{
  // Typ-Methode muss hier neu definiert werden!
}
```

Man könnte natürlich auch JMonster als abstrakte Klasse vereinbaren, womit du aber auf Frank hättest verzichten müssen, der in unseren letzten Projekten als Monster erscheint.

In der Regel wirst du nicht oder selten in die Verlegenheit kommen, eine abstrakte Klasse vereinbaren zu müssen. Java bietet eine solche Fülle von Klassen an, dass fast immer etwas dabei ist, was man als Vorlage für eigene Schöpfungen benutzen kann. Es genügt, dass du weißt, was eine abstrakte Klasse ist.

ZUSAMMENFASSUNG

Damit ist es Zeit, das Labor von Dr. Frankenstein wieder zu verlassen, um eine Pause einzulegen. Du kennst nun die drei wichtigsten Besonderheiten der OOP:

Kapselung	Eigenschaften (Attribute) und Methoden lassen sich zu einer Einheit, der Klasse, zusammenfassen.
Vererbung	Neue Klassen lassen sich aus bestehenden ableiten. Dabei werden deren Eigenschaften und Methoden übernommen.
Polymorphie	Je nach Bedarf lässt sich zur Laufzeit eine von mehreren gleichartigen (dynamischen) Methoden einsetzen. Ein Überschreiben und Überladen von Methoden ist möglich.

Immerhin zwei neue Elemente des Java-Wortschatzes sind auch angefallen:

`abstract`	Zusatz, um abstrakte Klassen und Methoden zu vereinbaren
`finalize`	Destruktor (wird automatisch vereinbart und aufgerufen)

EIN PAAR FRAGEN ...

1. Was bedeutet Überschreiben, was ist mit Überladen gemeint?
2. Was bedeutet OOP?

... ABER NUR EINE AUFGABE

1. Ändere das *Monster*-Projekt so um, dass es nur eine Schaltfläche gibt, und bei jedem Knopfdruck ein zufälliges Mitglied der Monsterfamilie auftaucht.

14 EINBLICK IN DIE SPIELEPROGRAMMIERUNG

In diesem Kapitel möchte ich mich einmal darüber auslassen, ob man Java auch zum Programmieren von Spielen nutzen kann. Die gute Nachricht zuerst: Man kann.

Die schlechte Nachricht: Leider würde es den Platz eines ganzen Buch benötigen, um sich wirklich ausgiebig über die Spielprogrammierung auszulassen. Deshalb bekommst du am Beispiel kleiner Spielansätze mit grafischen Elementen hier auch nur die Grundlagen serviert.

In diesem Kapitel lernst du

- etwas über den Aufbau eines Spiels
- wie man eine Figur über ein Spielfeld bewegt
- den Einsatz des Timers kennen
- Methoden für die Tastensteuerung kennen
- mehr über Maussteuerung

ZUTATEN SAMMELN

Wie ist ein Spiel aus der Sicht eines Programmierers aufgebaut? Im Prinzip besteht jedes Spiel aus mehreren Teilen, zum Beispiel aus diesen dreien:

Möglicher Inhalt	Möglicher Name
Startwerte festlegen, Treiber, Objekte und andere Daten laden, Speicherplatz belegen	Konstruktor (Aufbauen)
Eingaben und Spielereignisse abfragen, Spielsituation anpassen	Run (Ausführen)
Applikation erzeugen und starten	main ()

Würde man das ganze Spiel als Klasse vereinbaren, ließe sich aus jedem Teil eine Methode machen. Womit das Minimalgerüst dann so aussehen könnte:

```
class Game
{
  public Game(){}
  public void Run () {}
  public static void main (){}
}
```

Natürlich hängt es vom jeweiligen Spiel ab, wie umfangreich eine Methode ausfällt. Außerdem kommen in der Regel noch weitere Methoden hinzu, die dann zusätzlich oder in einer der Hauptmethoden (vor allem in Run) aufgerufen werden können.

Nehmen wir als erstes Beispiel ein einfaches Spielfeld, auf dem auf Knopfdruck eine Kugel bzw. ein Ball erscheint und wieder verschwindet. Dazu benötigen wir einen Button und ein Bildobjekt (Graphics/Image).

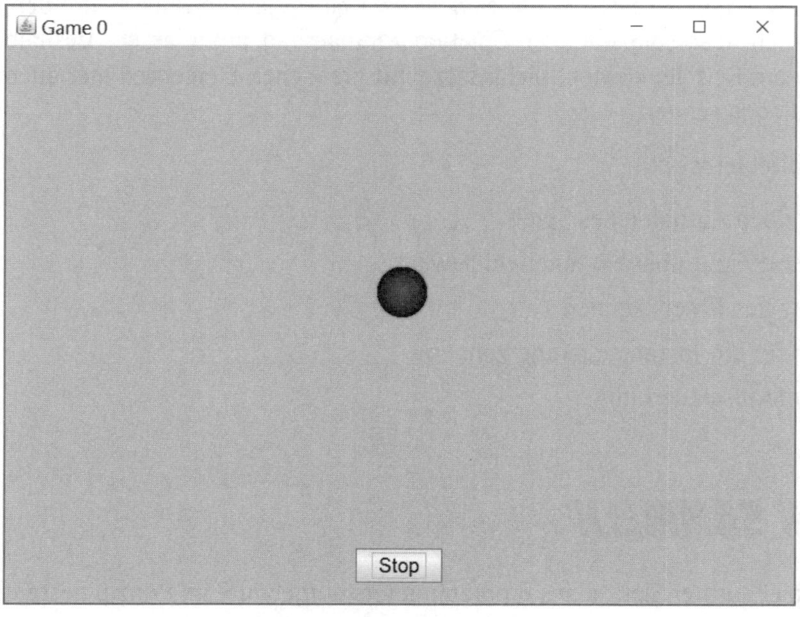

Für den Quelltext habe ich mich kräftig bei den MOVIE-Projekten aus Kapitel 11 bedient (→ GAME0). In der »Null-Fassung« passiert nicht mehr als das, was ich oben beschrieben habe. Besser wäre es jedoch, wenn der Ball sich bei Mausklick auf den START-Button auch bewegen würde.

> In vielen Spielen gibt es mindestens eine Hauptfigur, meistens sind es Personen, aber auch ein Auto bei einem Rennspiel wäre dann eine »Hauptfigur«. In unserem Fall beschränken wir uns auf einen kleinen Ball (oder eine Kugel).

Der Ball soll nun also über das Spielfeld »fliegen« und an den Rändern abprallen. Das regeln wir über den START-Button. Dazu möchte ich noch einen weiteren Button setzen und ihn TURN-Button nennen. Dieser Schaltfläche gönnen wir vorerst noch etwas Ruhe.

≫ Erzeuge also nacheinander ein Projekt, ein Paket und eine Klasse (`Game1`, `play1`, `Game1`).

Nun müssen wir zuallererst unsere Spielklasse definieren (→ GAME1):

```
public class Game1
  extends JFrame implements ActionListener
{
  private JButton[] Knopf = new JButton[2];
  private int x = 370, xDiff = 5;
  private int y = 260, yDiff = 5;
  private int Breite, Hoehe;
  private boolean OnOff;
  private Timer timer;
  private Graphics Grafik;
  private Image Bild;
  final String Pfad = "d:\\Java\\Projekte\\Bilder\\";
}
```

Serviert in kleineren Häppchen stehen hier die Spiel-Objekte und Spiel-Variablen. Dabei ist auch ein **Timer**, der die Bewegung über die Zeit steuert. Die Variablen `x` und `y` sind für die Position des Balls (bzw. der Spielfigur) zuständig. Und mit `xDiff` bzw. `yDiff` kannst du die Schrittweite einer Figur (hier des Balls) festlegen, in der sie sich weiterbewegt.

Und nun kommen wir zum Konstruktor:

```
public Game1 ()
{
  super ("Game 1");
  JPanel Platte = new JPanel ();
  Platte.setLayout (new FlowLayout());
  Box Oben = Box.createHorizontalBox();
```

```
    Oben.setPreferredSize (new Dimension(790,490));
    Platte.add (Oben);
    // Buttons erzeugen, verknüpfen, layouten
    Knopf[0] = new JButton (" Start ");
    Knopf[1] = new JButton (" Turn ");
    for (int i = 0; i < 2; i++)
    {
      Knopf[i].addActionListener (this);
      Knopf[i].setFont
        (new Font ("Arial", Font.PLAIN, 20));
      Platte.add (Knopf[i]);
    }
    Platte.setBackground (Color.green);
    setContentPane (Platte);
    Init();
  }
```

SPIELFIGUR UND TIMER

Hier wird eigentlich erst mal nur der (optische) Rahmen für das Spiel vorbereitet. Damit der Konstruktor nicht zu fett wird, habe ich ihm mit `Init` eine Hilfsmethode spendiert, deren Inhalt so aussieht:

```
public void Init ()
{
  // Spielfigur "einbinden"
  Toolkit Werkzeug = Toolkit.getDefaultToolkit();
  Bild = Werkzeug.getImage (Pfad + "Ball1.jpg");
  MediaTracker Transporter = new MediaTracker (this);
  Transporter.addImage (Bild, 1);
  try
  {
    Transporter.waitForID (1);
  }
  catch (InterruptedException x)
  {
    setTitle ("Bildstörung");
  }
  // Timer "einbinden"
  timer = new Timer(10, new ActionListener()
  {
    public void actionPerformed (ActionEvent e)
    {
      Run ();
    }
  });
  OnOff = false;
}
```

Von Anfang an solltest du bei einem selbst programmierten Spiel mit der try-catch-Struktur arbeiten. Hier könnte sie auch dazu dienen, ein Ersatzbild zu malen, falls die Bilddateien nicht zur Verfügung stehen.

Zuerst wird versucht, das betreffende Objekt zu holen. Dazu benötigen wir einiges an Werkzeugen, bis der Ball »spielbereit« ist:

```
Toolkit Werkzeug = Toolkit.getDefaultToolkit();
Bild = Werkzeug.getImage (Pfad + "Ball1.jpg");
MediaTracker Transporter = new MediaTracker (this);
Transporter.addImage (Bild, 1);
try {Transporter.waitForID (1);}
catch (InterruptedException x){}
```

Als nächstes erzeugen wir einen Timer und verbinden ihn gleich mit der Aktion, die er in bestimmten Zeitabständen (hier alle 10 Millisekunden) auslösen soll:

```
timer = new Timer(10, new ActionListener()
{
  public void actionPerformed (ActionEvent e)
  {
    Run ();
  }
});
OnOff = false;
```

Alles, was in diesem Spielchen passieren soll, steht in Run, um diese Methode kümmern wir uns schon bald. Die Variable OnOff zeigt den Schaltzustand des START-Button an (der auch zum STOP-Button werden kann). Hier beginnen wir mit dem Wert false (für »erst mal nicht bewegen«).

Damit könnte dann das Spiel beginnen. Aber wie soll die Run-Methode aussehen? Damit warten wir noch ein bisschen und schauen wir uns erst einmal an, ob wir schon etwas zu sehen bekommen. Dazu sind im Hauptprogramm auch noch ein paar Zeilen Quelltext nötig:

```
public static void main(String[] args)
{
  Game1 Spiel = new Game1 ();
  Spiel.setSize (800,600);
  Spiel.setDefaultCloseOperation
    (JFrame.EXIT_ON_CLOSE);
  Spiel.setVisible(true);
}
```

Das Spiel wird »hergestellt« und das Spielfeld auf eine bestimmte Größe gesetzt. Außerdem sorgen wir für eine Möglichkeit, das Spiel wieder beenden zu können (setDefaultCloseOperation), und machen das Spielfenster sichtbar (setVisible).

GAME-RUN

Wenn alles glatt geht, bekommst du ein grünes Spielfeld und einen roten Spielball zu sehen (→ GAME0). Damit der nicht unbeweglich bleibt, kümmern wir uns jetzt um die Run-Methode – sobald du das Spiel wieder verlassen hast (→ GAME1):

```
public void Run ()
{
  // Position ändern
  X += xDiff; y += yDiff;
  // Rand links und rechts kontrollieren
  Breite = getWidth();
  if (x < 0) xDiff = -xDiff;
  if (x > Breite-65) xDiff = -xDiff;
  // Rand oben und unten kontrollieren
  Hoehe = getHeight();
  if (y < 30) yDiff = -yDiff;
  if (y > Hoehe-65) yDiff = -yDiff;
  // Ball bewegen
  Grafik = getGraphics();
  Grafik.drawImage (Bild, x,y, null);
}
```

Zuerst ist eine Positionsänderung nötig, wobei die Richtung dadurch bestimmt wird, ob die Werte von xDiff und yDiff positiv oder negativ sind:

```
X += xDiff; y += yDiff;
```

Das ganze Spiel besteht nur darin, dass der Ball sich solange geradeaus bewegt, bis er an einen Rand stößt, dann ändert er einfach seine Richtung. In der Regel bedeutet das entweder eine Änderung von rechts nach links (oder umgekehrt):

```
if (x < 0)          xDiff = -xDiff;
if (x > Breite-65) xDiff = -xDiff;
```

Oder die Änderung findet von oben nach unten (oder umgekehrt statt):

```
if (y < 30)         yDiff = -yDiff;
if (y > Hoehe-65)  yDiff = -yDiff;
```

Dadurch entsteht ein Effekt, der den Ball im selben Winkel vom Rand abprallen lässt, in dem er dort angekommen ist – bloß in eine andere Richtung.

Dazu müssen wir natürlich die Grenzen des Spielfeldes kennen, was links und oben kein Problem ist. Und die Variablen Breite und Hoehe erfassen über die Funktionen getWidth und getHeight die Maße des aktuellen Fensters. (Weil wir die kennen, hätten wir natürlich auch die Werte nehmen können die hinter Spiel.setSize stehen.)

Die letzten beiden Zeilen der Run-Methode bewirken, dass der Ball sich weiter bewegt bzw. an der neuen Position angezeigt wird:

```
Grafik = getGraphics();
Grafik.drawImage (Bild, x,y, null);
```

Die Run-Methode zeigt den Ball nur an, sie bewegt ihn jeweils nur **einmal**. Der Timer sorgt dafür, dass der Ball sich immer weiter bewegt, und zwar alle 10 Millisekunden (was du auch ändern kannst, wenn dir das zu langsam oder zu schnell ist).

Nun müssen wir noch dafür sorgen, dass der Timer sich je nach Button-Modus an- oder ausschaltet:

```
public void actionPerformed (ActionEvent Ereignis)
{
  Object Quelle = Ereignis.getSource();
  if (Quelle == Knopf[0])
  {
    OnOff = !OnOff;
    if (OnOff)
    {
      timer.start();
      Knopf[0].setText(" Stop ");
    }
    else
    {
      timer.stop();
      Knopf[0].setText(" Start ");
    }
    Run ();
  }
  if (Quelle == Knopf[1])
  {
    xDiff =- xDiff;
    yDiff =- yDiff;
  }
}
```

Wenn `OnOff` angeschaltet ist, bewegt sich der Ball. Das An- und Ausschalten soll der START-Button erledigen. Damit man auch sehen kann, welche Funktion der Button als nächstes erfüllen soll, wird die Aufschrift entsprechend angepasst, womit der START-Button nach dem Ballstart zum STOPP-Button wird.

➢ Ergänze den Quelltext, speichere alles nochmal ab, starte das Programm und klicke auf START. Nach einer Weile kannst du das Ballspiel wieder stoppen und das Programm beenden.

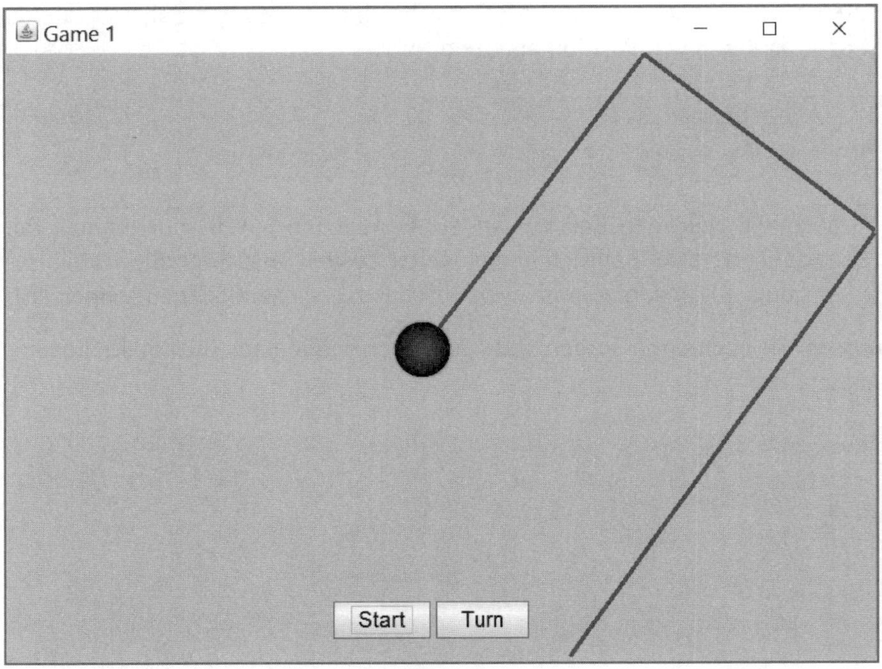

Ein richtiges Spiel mit allem Drum und Dran können und werden wir hier nicht programmieren. Aber ein kleines bisschen mehr könnte das Beispielprojekt schon bieten. Dazu ist der zweite Button da. Ich habe es mir sehr einfach gemacht und diese Lösung gewählt:

```
xDiff = -xDiff;
yDiff = -yDiff;
```

Wenn der Ball schön seine Bahnen zieht, wird seine Richtung mit Klick auf den TURN-Button einfach umgekehrt.

Sicher werden dir da bessere Möglichkeiten einfallen. Du bist ja inzwischen schon fast ein Profi. Außerdem könntest du dir überlegen, ob du nicht für den Ball einen Ersatz findest, den du stattdessen übers Spielfeld hüpfen lässt?

BALL ODER KÄFER?

Für unsere nächste Version bleiben wir beim alten Spielfeld, lassen jetzt aber eine echte Figur darüber laufen. Ich habe mich für einen kleinen bunten Käfer entschieden. Du kannst aber auch ein anderes Objekt wie z.B. ein kleines Auto über den Hintergrund fahren lassen (und der wiederum könnte dafür vielleicht eher straßengrau aussehen).

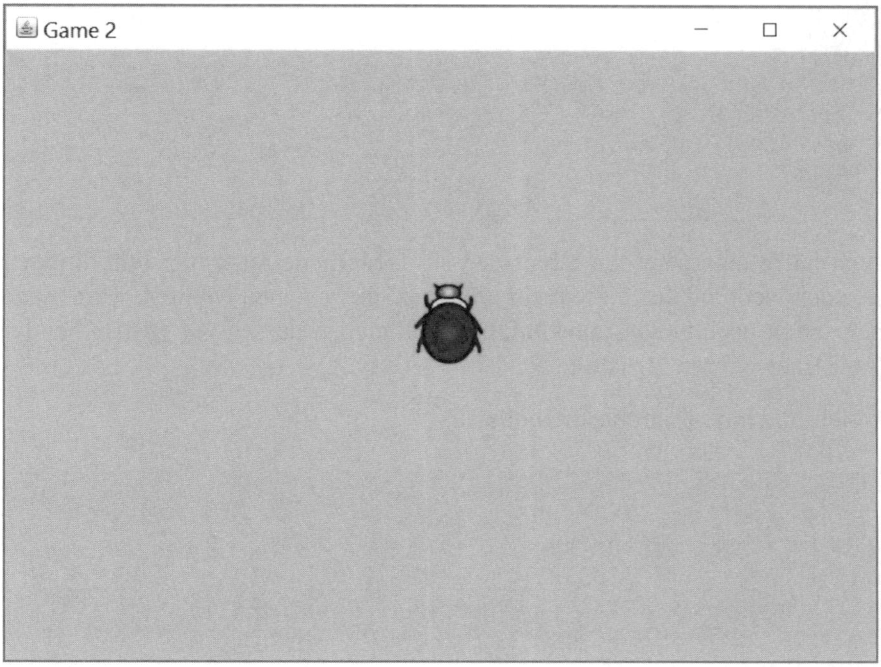

Die Spielklasse sieht recht ähnlich aus wie die erste (→ GAME2):

```
public class Game2
  extends JFrame implements KeyListener
{
  private int x = 370, xDiff = 10;
  private int y = 260, yDiff = 10;
  private int Breite, Hoehe, Nr;
  private Graphics Grafik;
  private Image[] Bild = new Image[5];
  final String Pfad = "d:\\Java\\Projekte\\Bilder\\";
```

Hier ist es ein anderes Interface, das diese Klasse mit `implements` übernimmt: Statt `ActionListener` ist es hier der `KeyListener`, denn wir kommen hier ganz ohne Steuerelemente wie Buttons aus, aber wir brauchen die Tastatur (bzw. einen Teil davon). Auf den Timer können wir hier übrigens auch wieder verzichten

Weil der Käfer (oder einen andere Spielfigur) sich in vier verschiedene Richtungen bewegen soll, muss auch das Bild dazu passen. Wir müssen hier also mehrere Bilder bereithalten. (Nr enthält dann das aktuelle Bild, das gerade angezeigt werden soll,)

Kommen wir zum Konstruktor, der nun ziemlich schlank geworden ist, weil wir keine Buttons einsetzen:

```
public Game2 ()
  {
    super ("Game 2");
    JPanel Platte = new JPanel ();
    Platte.setLayout (new FlowLayout());
    Platte.setBackground (Color.green);
    setContentPane (Platte);
    Init();
  }
```

Eigentlich hätte man also den Inhalt der Init-Methode auch hier unterbringen können, doch wenn du aus diesem ein größeres Spiel machen wolltest, würde jede Methode schon noch einiges am Umfang zunehmen. Belassen wir es also bei der von GAME1 gewohnten Struktur.

Und so sieht die Initialisierungsmethode aus:

```
public void Init ()
{
  // Spielfiguren "einbinden"
  Toolkit Werkzeug = Toolkit.getDefaultToolkit();
  MediaTracker Transporter = new MediaTracker (this);
  for (int i = 1; i <= 4; i++)
  {
    Bild[i] = Werkzeug.getImage (Pfad +
      "Insekt" + Integer.toString(i) + ".jpg");
    Transporter.addImage (Bild[i], i);
    try
    {
      Transporter.waitForID (i);
    }
    catch (InterruptedException x)
    {
      setTitle ("Bildstörung");
    }
  }
  // "Lauscher" für Tasten einfügen
  addKeyListener(this);
}
```

Fast wie die Methode aus dem vorigen Spiel (GAME1), nur werden hier gleich mehrere Bilder eingebunden, wobei sich deren Dateiname wieder aus einem Basisnamen und einer Nummer zusammensetzt.

Damit die Tasten auch »abgehört« werden können, muss zum Schluss der `KeyListener` noch eingebunden werden:

```
addKeyListener(this);
```

Die jeweilige Bildnummer lässt sich dann in einer `switch`-Struktur im Uhrzeigersinn auswerten, wie du hier in der `Run`-Methode sehen kannst:

```
public void Run ()
{
  Breite = getWidth();
  Hoehe  = getHeight();
  // Position ändern, je nach Lage
  switch (Nr)
  {
    case 1: if (y > 30)          y -= yDiff; break;
    case 2: if (x < Breite-100) x += xDiff; break;
    case 3: if (y < Hoehe-100)  y += yDiff; break;
    case 4: if (x > 0)          x -= xDiff; break;
  }
  // Figur bewegen
  Grafik = getGraphics();
  Grafik.drawImage (Bild[Nr], x,y, null);
}
```

In jedem Fall ist zu berücksichtigen, dass die Spielfigur das Spielfeld nicht verlässt, was ich hier für sinnvoll halte. Man könnte das Ganze aber auch so programmieren, dass der Käfer auf der jeweils gegenüberliegenden Seite wieder ins Bild krabbelt.

Zum Schluss wird die Figur angezeigt, die zur aktuellen Richtung passt, in die sich die Figur bewegen soll. Dazu kannst du diese vier Bilder im gleichnamigen Ordner benutzen:

Bilddatei	Richtung	Bilddatei	Richtung
Insekt1.bmp	nach oben	Insekt2.bmp	nach rechts
Insekt3.bmp	nach unten	Insekt4.bmp	nach links

Oder du erstellst mit einem Grafikprogramm eigene Bilder einer Figur oder eines Fahrzeugs, die alle möglichst gleich groß sein sollten. (Gut wäre es hier auch, wenn das jeweilige Bild quadratisch ist.)

TASTENSTEUERUNG

Und nun kommen wir zu der Methode, die actionPerformed aus dem letzten Spiel ablöst:

```
public void keyPressed(KeyEvent Taste)
{
  // Pfeiltasten abfragen
  f (Taste.getKeyCode() == KeyEvent.VK_UP)
    Nr = 1;
  if (Taste.getKeyCode() == KeyEvent.VK_RIGHT)
     Nr = 2;
  if (Taste.getKeyCode() == KeyEvent.VK_DOWN)
    Nr = 3;
  if (Taste.getKeyCode() == KeyEvent.VK_LEFT)
    Nr = 4;
  Run ();
}

public void keyReleased (KeyEvent Taste) {Run ();}
public void keyTyped (KeyEvent Taste) {Run ();}
```

Eigentlich benötigen wir nur die Methode keyPressed, die anderen beiden müssen aber neu vereinbart werden, weil sonst der Java-Compiler etwas zu meckern hat. Damit sie nicht ganz so leer sind, habe ich auch hier die Run-Methode eingepackt. Was sind die Unterschiede der key-Methoden? Die stehen in der folgenden Tabelle:

keyPressed	wenn eine Taste gedrückt wird (alle Tasten)
keyTyped	wenn eine Taste gedrückt wird (nur "Zeichen/Ziffern"-Tasten)
keyReleased	wenn eine Taste losgelassen wird

Und nun schauen wir hinein in die Methode, die für die Tastenabfrage zuständig ist: Mit KeyEvent wird der Wert der Taste aufgenommen, die gedrückt wurde.

Wie du siehst, gibt es auch hier einige Konstanten, vereinbart als sogenannte virtuelle Tastencodes (vier davon brauchen wir für die Pfeiltasten).

In dieser Methode wird nur die Nummer des Bildes festgelegt, das wir für die Richtung brauchen, in die wir die Figur steuern wollen. Den Rest erledigt die Run-Methode. Im Hauptprogramm ändert sich nichts.

≫ Tippe den Quelltext ein und starte dann das Projekt. Benutze die Pfeiltasten und beobachte, was geschieht.

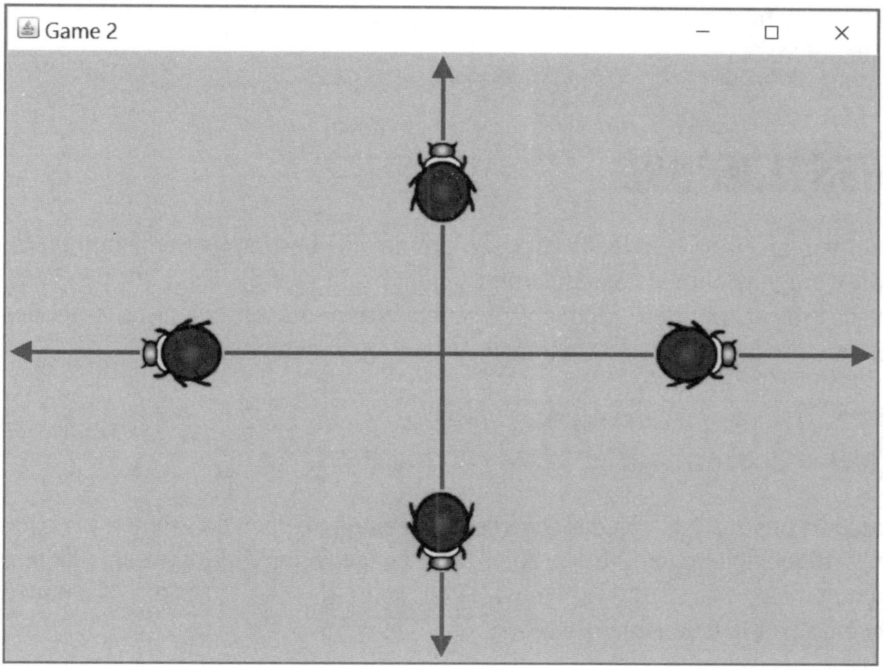

Nicht übel, aber ein bisschen unbefriedigend. Der Käfer erscheint erst, wenn eine der Pfeiltasten gedrückt wurde. Das lässt sich beheben, indem man das Programm anders aufbaut, was aber wieder mit höherem Aufwand verbunden ist. (Sinnvoll wäre eine eigene Klasse für die Figur.)

Eine andere Möglichkeit bietet die Klasse `Robot`. Ein entsprechendes Objekt wird so vereinbart (→ GAME2B):

```
private Robot robot;
```

Was ist das? Ein Roboter? Mit einem `Robot`-Objekt lassen sich Ereignisse erzeugen, so ein »Gerät« kann also auch einen Tastendruck simulieren. Damit hat es ein bisschen was von einem Roboter.

In der `Init`-Methode initialisieren wir auch unseren kleinen Simulator:

```
try {robot = new Robot();} catch (AWTException e) {}
```

Eine direkte Erzeugung ohne die `try-catch`-Struktur lässt der Java-Compiler nicht zu.

Und nun müssen wir das Hauptprogramm nur noch um diese letzte Zeile ergänzen:

```
Spiel.robot.keyPress (KeyEvent.VK_UP);
```

Und schon erscheint (nach simuliertem Tastendruck) von Anfang an eine Figur auf dem Spielfeld.

MAUSSTEUERUNG

Oft möchte man eine Figur direkt mit der Maus an eine bestimmte Stelle befördern. Man klickt irgendwohin ins Spielfeld und schon macht sich die Figur auf den Weg. Um unser Projekt um diese Möglichkeit zu erweitern, müssen wir bereits bei der Klassenvereinbarung eine weitere Implementierung vornehmen:

```
public class Game3 extends JFrame
  implements KeyListener, MouseListener
```

Das beschert uns zunächst jede Menge Fehlermeldungen, doch die können wir allesamt beseitigen, indem wir unserer Spielklasse einige weitere Methode spendieren. Wie schon beim `KeyListener` muss auch beim `MouseListener` das ganze Methoden-Paket neu vereinbart werden:

```
public void mousePressed(MouseEvent Maus)
{
  Move (Maus.getX()-50, Maus.getY()-50);
}

public void mouseClicked(MouseEvent Maus)  {}
public void mouseEntered(MouseEvent Maus)  {}
public void mouseExited(MouseEvent Maus)   {}
public void mouseReleased(MouseEvent Maus) {}
```

Einen Überblick über die Bedeutung der verschiedenen Methoden zur Maussteuerung gibt dir die Tabelle:

`mouseClick`	wenn mit der Maus auf eine Komponente geklickt wird
`mouseEntered`	wenn die Maus einen Komponentenbereich betritt
`mouseExit`	wenn die Maus einen Komponentenbereich verlässt
`mousePressed`	wenn die Maus gedrückt wird
`mouseReleased`	wenn die Maustaste losgelassen wird

Auch der MouseListener muss mit eingebunden werden, so bekommt die Methode für den KeyListener Gesellschaft (in Init):

```
// "Lauscher" für Tasten und Maus einfügen
addKeyListener(this);
addMouseListener(this);
```

Von dem Bündel an Maus-Methoden erscheint mir mousePressed die für unsere Zwecke passende. Viel muss sie nicht erledigen, wir brauchen ja erst mal nur die Koordinaten der Stelle, auf die geklickt wurde. Die werden als Argumente an eine neue Methode übergeben, die ich Move nennen möchte:

```
Move (Maus.getX()-50, Maus.getY()-50);
```

Weil die Figur bei mir 100 mal 100 Pixel groß ist, habe ich die Position so korrigiert, dass der Mauszeiger am Ende der Bewegung genau über der Figur schwebt (wenn man die Maus nicht weiter bewegt hat).

Die Move-Methode hat diesen Kopf:

```
public void Move (int xPos, int yPos)
```

xPos und yPos enthalten also die Koordinaten der Stelle, an die zuvor mit der Maus geklickt wurde und an die der Käfer wandern soll.

Bevor das Tierchen dann losmarschiert, müssen wir überprüfen, ob die Zielposition noch innerhalb unserer Spielfeldgrenzen liegt. Sonst kann es passieren, dass der Käfer zu weit läuft, wenn mit der Maus zu nahe am Spielfeldrand geklickt wurde:

```
Breite = getWidth();
Hoehe  = getHeight();
if (xPos < 0)           xPos = 0;
if (xPos > Breite-100) xPos = Breite-100;
if (yPos < 30)          yPos = 0;
if (yPos > Hoehe-100)  yPos = Hoehe-100;
```

Und nun kommt die Hauptarbeit. Um zum jeweiligen Ziel zu gelangen, muss die Figur »wissen«, in welche Richtung sie laufen soll. Wir lassen hier den Käfer immer erst horizontal und dann vertikal laufen, verändern also jeweils den x-Wert und den y-Wert getrennt.

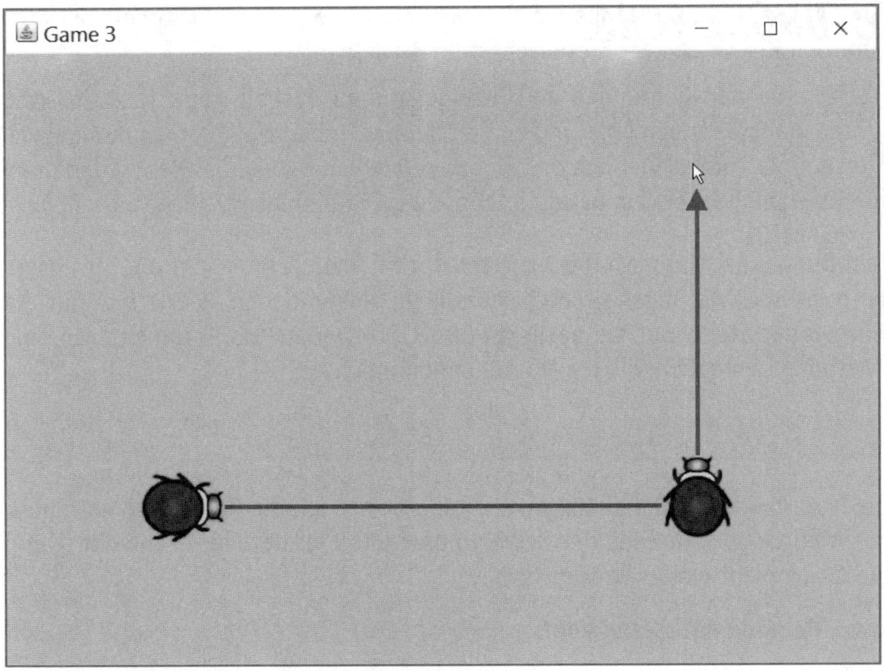

Nehmen wir uns nun jede Richtung einzeln vor. Wenn die Startposition **links** vom Ziel liegt, geht es nach rechts:

```
if (x < xPos)
{
  do
  {
    x += xDiff;
    Grafik.drawImage (Bild[2], x,y, null);
    try {Thread.sleep (10);}
    catch (InterruptedException e) {}
  }
  while (x < xPos);
}
```

In einer `do-while`-Schleife geht es Schritt für Schritt in Richtung `xPos`. Und jedes Mal wird das Bild der Figur neu angezeigt. Damit das Ganze nicht zu schnell geht, bauen wir zwischendrin mit `sleep` eine kleine Verschnaufpause für den Käfer ein. Sobald das Zwischenziel erreicht ist (`x == xPos`), bleibt die Figur erst mal stehen, dann geht es in die y-Richtung weiter.

RICHTUNGSWECHSEL

Wir arbeiten die vier Richtungen im Uhrzeigersinn ab, deshalb käme jetzt der Weg nach unten, dann der nach links und zuletzt der nach oben. So kommen immer zwei Wege zusammen, um schließlich das Ziel zu erreichen. Da es in alle Richtungen im Prinzip gleich abläuft, bekommst du jetzt gleich die komplette `Move`-Methode serviert (→ GAME3):

```
public void Move (int xPos, int yPos)
{
  Breite = getWidth();
  Hoehe  = getHeight();
  // Grenzen testen
  if (xPos < 0)            xPos = 0;
  if (xPos > Breite-100) xPos = Breite-100;
  if (yPos < 30)           yPos = 30;
  if (yPos > Hoehe-100)  yPos = Hoehe-100;
  // Wegstrecke bestimmen und Figur bewegen
  Grafik = getGraphics();
  if (x < xPos)
  {
    do // right
    {
      x += xDiff;
      Grafik.drawImage (Bild[2], x,y, null);
      try {Thread.sleep (10);}
      catch (InterruptedException e) {}
    }
    while (x < xPos);
  }
  if (x > xPos)
  {
    do  // left
    {
      x -= xDiff;
      Grafik.drawImage (Bild[4], x,y, null);
      try {Thread.sleep (10);}
      catch (InterruptedException e) {}
    }
    while (x > xPos);
  }
  if (y < yPos)
  {
    do  // down
    {
      y += yDiff;
      Grafik.drawImage (Bild[3], x,y, null);
```

```
        try {Thread.sleep (10);}
        catch (InterruptedException e) {}
      }
      while (y < yPos);
    }
    if (y > yPos)
    {
      do  // up
      {
        y -= yDiff;
        Grafik.drawImage (Bild[1], x,y, null);
        try {Thread.sleep (10);}
        catch (InterruptedException e) {}
      }
      while (y > yPos);
    }
  }
```

> Tippe den Quelltext ein und lass das Programm dann laufen. Den Käfer natürlich auch – mal mit den Tasten, mal mit der Maus.

ZUSAMMENFASSUNG ...

Nun hast du auch noch mal in die Spielprogrammierung hineingeschnuppert. Dabei sind hoffentlich auch genug Ideen in deinem Kopf entstanden, um die Projektbeispiele weiterzuentwickeln. Denn du weißt jetzt noch mehr über den gezielten Umgang mit Maus und Tastatur, z.B. über diese Klassen und Methoden:

KeyListener	»Wächter« bzw. Beobachter für Tastatur-Ereignisse
KeyEvent	Ereignis, das über die Tastatur ausgelöst wurde
addKeyListener	Methode, die Ereignisse von der Tastatur in Liste »zur Beobachtung« aufnimmt
keyPressed	Methode, die bei Tastendruck den Code der Taste übernimmt
MouseListener	»Wächter« bzw. Beobachter für Maus-Ereignisse
MouseEvent	Ereignis, das über die Maus ausgelöst wurde
addMouseListener	Methode, die Ereignisse von der Maus in Liste »zur Beobachtung« aufnimmt
mousePressed	Methode, die bei Mausklick die Koordinaten des Mauszeigers übernimmt

Darüber hinaus kennst du noch ein paar weitere Hilfsmittel, die sich natürlich nicht nur für das Programmieren von Spielen einsetzen lassen:

`getHeight`	Methode zum Ermitteln der aktuellen Fensterhöhe
`getWidth`	Methode zum Ermitteln der aktuellen Fensterbreite
`Robot`	Helfer, um Ereignisse zu simulieren
`Timer`	Zeitgeber/nehmer für Zeitmaße in Millisekunden
`start`	Methode, um den Timer zu starten
`stop`	Methode, um den Timer anzuhalten

... UND SCHLUSS

Das war es nun, das letzte Kapitel über Java. Aber beileibe nicht alles, was diese mächtige Programmiersprache zu bieten hat. Wenn du dich tiefer in den Dschungel der Java-Programmierung wagen willst, dann sollte dir das Hilfesystem zur Seite stehen, das du von Eclipse aus aktivieren kannst.

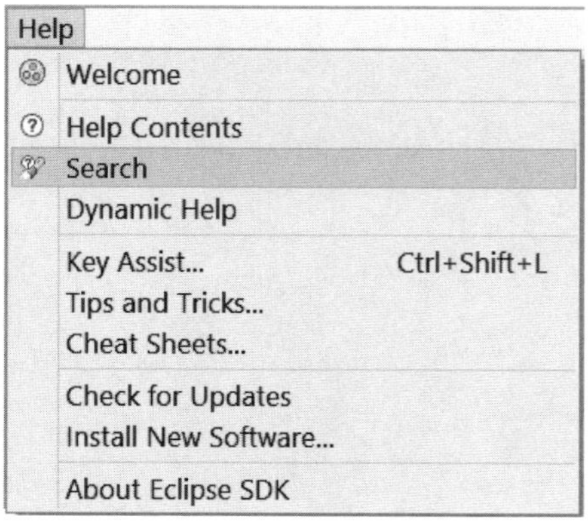

Außerdem gibt es zahlreiche Seiten im Internet, in denen du nach Hilfe suchen kannst, denn Java ist sehr weit verbreitet. Die offizielle Dokumentation (auf Englisch) findest du hier:

https://docs.oracle.com/javase

KEINE FRAGEN ...

... ABER ZWEI AUFGABEN

1. Ändere das Projekt GAME2 so um, dass der Käfer jeweils verschwindet, wenn er an den Spielfeldrand kommt, und auf der anderen Seite wieder auftaucht.
2. Ein Käfer soll auf Zufallswegen über das Spielfeld laufen. Schreibe dazu ein Programm.

ANHANG A

JAVA INSTALLIEREN

Java lässt sich recht einfach installieren. Du musst nur ein paar Schaltflächen anklicken, um die Installation zu steuern. Im Zweifelsfall kannst du dir aber auch von jemandem helfen lassen.

- Zuerst musst du das aktuelle Java-Paket herunterladen. Dazu öffnest du deinen Browser (z.B. Google Chrome oder Microsoft Edge) und gibst dort diese Adresse ein:

  http://www.java.com/de/download

- Klicke dort auf die rote Schaltfläche mit der Aufschrift KOSTENLOSER DOWNLOAD oder EINVERSTANDEN UND MIT DOWNLOAD BEGINNEN. Eventuell musst du zweimal eine solche Fläche anklicken.
- Suche und öffne nun das Fenster des Ordners, in den du die Datei heruntergeladen hast – in der Regel ist das der Ordner DOWNLOAD.

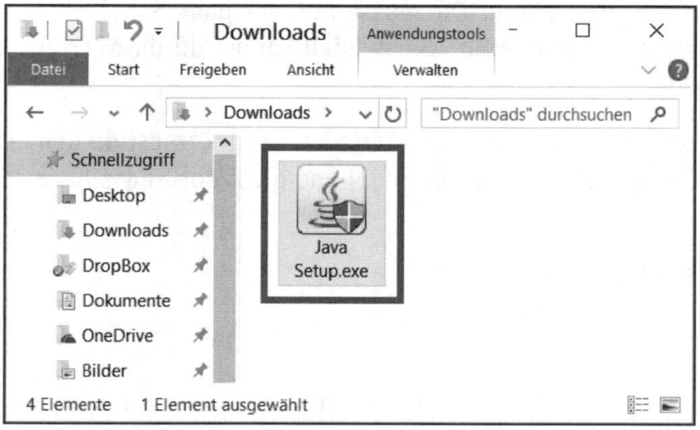

- Doppelklicke dort auf das Symbol mit dem Namen JAVA SETUP (oder einem ähnlichen Text).

Einen Moment musst du warten, bis das Setup-Programm loslegt. Als erstes erscheint ein Willkommens-Fenster mit einem Hinweis auf die Lizenzvereinbarung. Die akzeptierst du automatisch, wenn du auf INSTALLIEREN klickst.

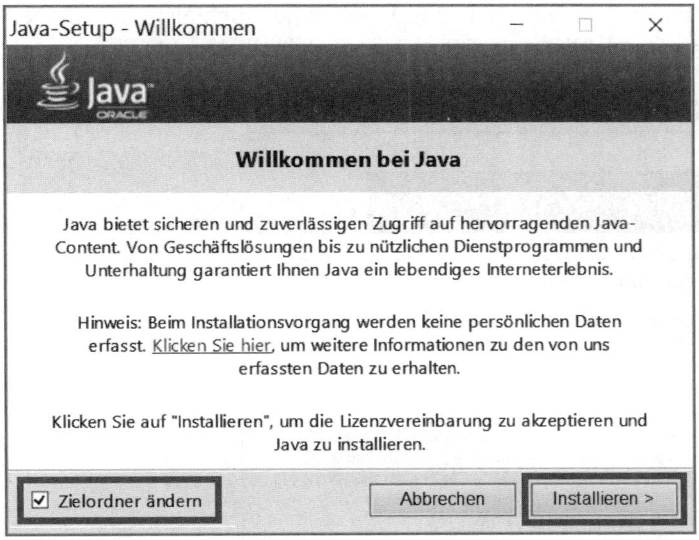

Zuerst aber kannst du dich entscheiden, ob die Installation in einen anderen Ordner als den vorgegebenen erfolgen soll. Sonst kommen deine Dateien in einen neuen Ordner im Verzeichnis C:\PROGRAMME.

- Wenn du Java woanders unterbringen willst, sorge also dafür, dass vor dem Eintrag ZIELORDNER ÄNDERN ein Häkchen steht. Dann klicke auf INSTALLIEREN. Und du landest im nächsten Fenster.

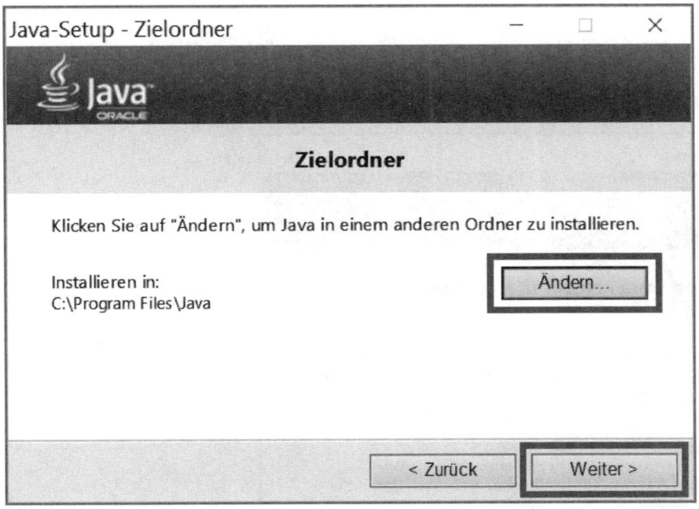

- Um ein Verzeichnis einzustellen, in das das Java-Paket installiert werden soll, klicke dort auf ÄNDERN. Ansonsten kannst du das Verzeichnis auch so lassen, wenn du nichts ändern willst.

- Klicke dann auf WEITER.

Möglicherweise wird dir nun angeboten, zusätzlich eine Suchleiste für deinen Browser oder ein anderes angeblich nützliches Tool zu installieren (das kann auch ein anderes sein als in der Abbildung).

≫ Um das Angebot abzulehnen, entferne einfach das Häkchen. Klicke dann auf WEITER.

Und nun wird installiert. Dabei heißt es ein bisschen warten und geduldig sein – besonders dann, wenn dein PC nicht der flotteste ist. Wie schnell es vorangeht, kannst du an einem Fortschrittsbalken mitverfolgen.

Schließlich kommt die Meldung, dass der ganze Prozess erfolgreich abgeschlossen wurde.

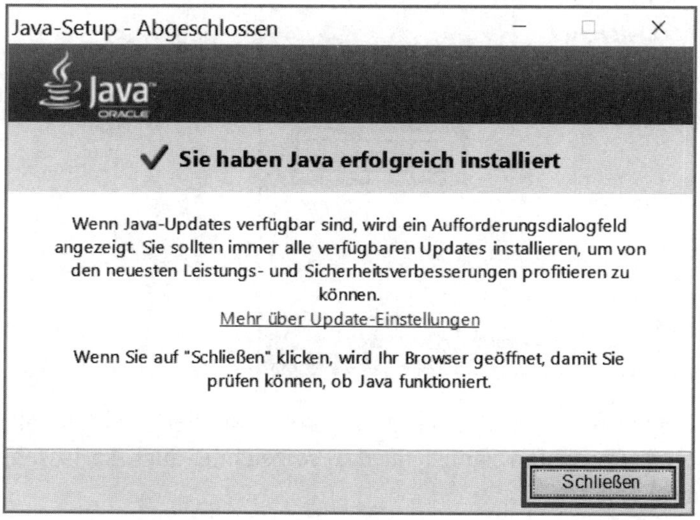

≫ Klicke auf SCHLIESSEN.

Zum Schluss wirst du nochmal auf die Java-Seite im Internet geleitet. Dort kannst du wenn du willst auf JAVA-VERSION PRÜFEN klicken.

Wenn dann die Meldung JAVA-VERSION ÜBERPRÜFT. HERZLICHEN GLÜCKWUNSCH erscheint, dann ist alles ok und das passende Java kann benutzt werden.

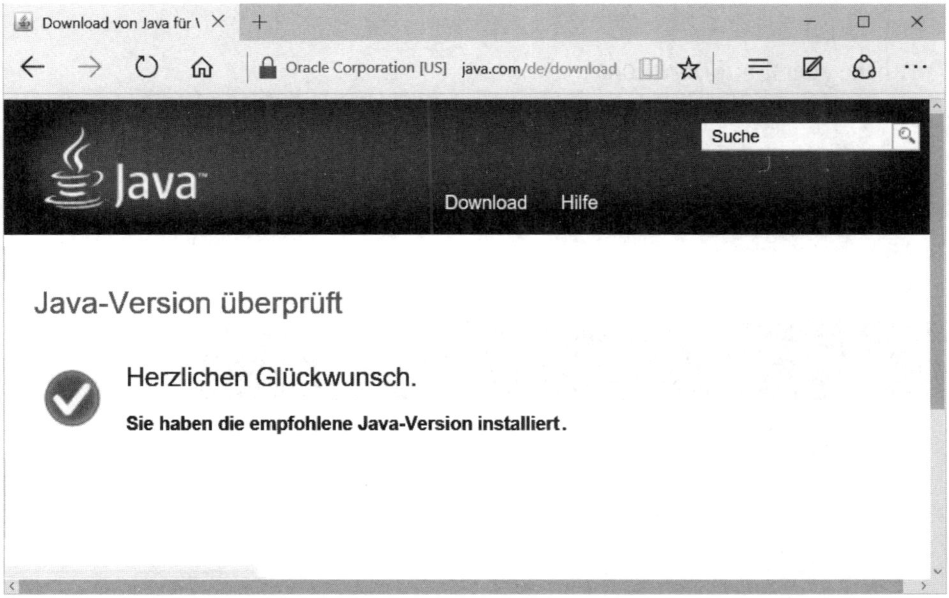

Auf der Seite *http://www.java.com/de* findest du immer die jeweils aktuelle Java-Version, darüber hinaus auch Dokumentationen und weiteres Material.

ECLIPSE INSTALLIEREN

Um komfortabel in Java programmieren zu können, sollte man eine leistungsfähige Arbeitsumgebung wie Eclipse verwenden. Die kannst du dir in der neuesten Version an dieser Stelle herunterladen:

http://www.eclipse.org

Der einfachste Weg ist die Nutzung des Eclipse-Installers. Damit wird Eclipse direkt aus dem Internet auf deinem Computer installiert.

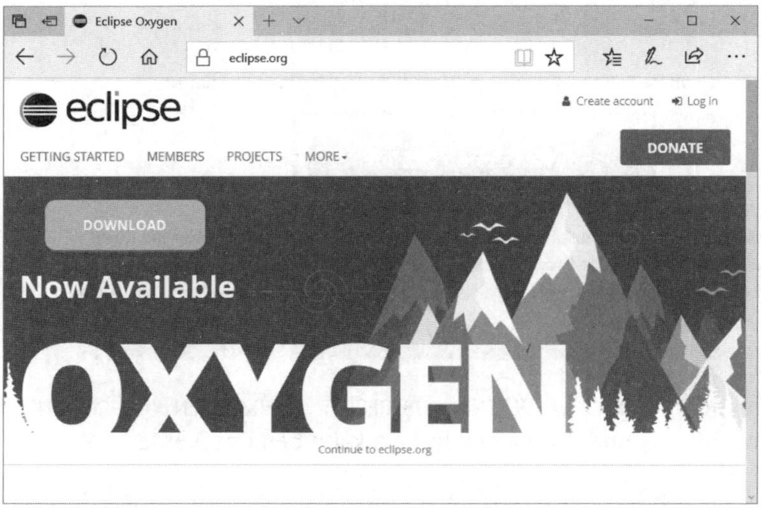

≫ Klicke zuerst auf DOWNLOAD.

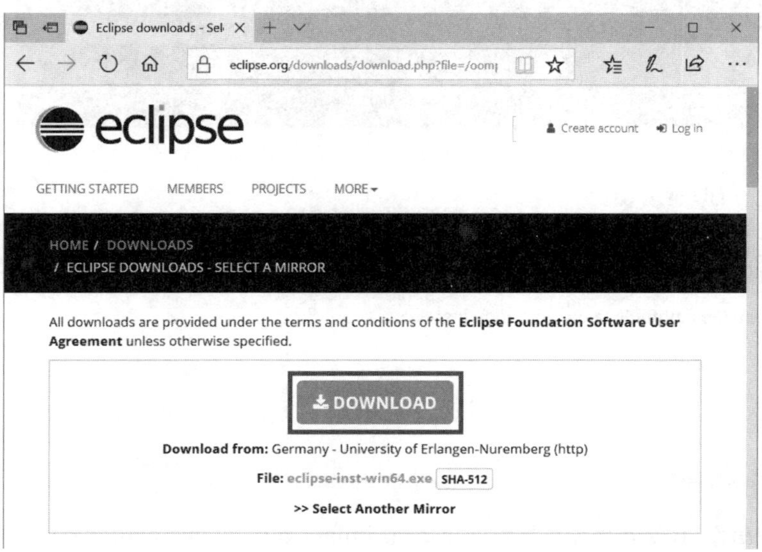

≫ Im nächsten Fenster klickst du noch einmal auf DOWNLOAD

Nachdem das Paket im DOWNLOAD-Ordner gelandet ist, wird das mit einer Erfolgsmeldung quittiert:

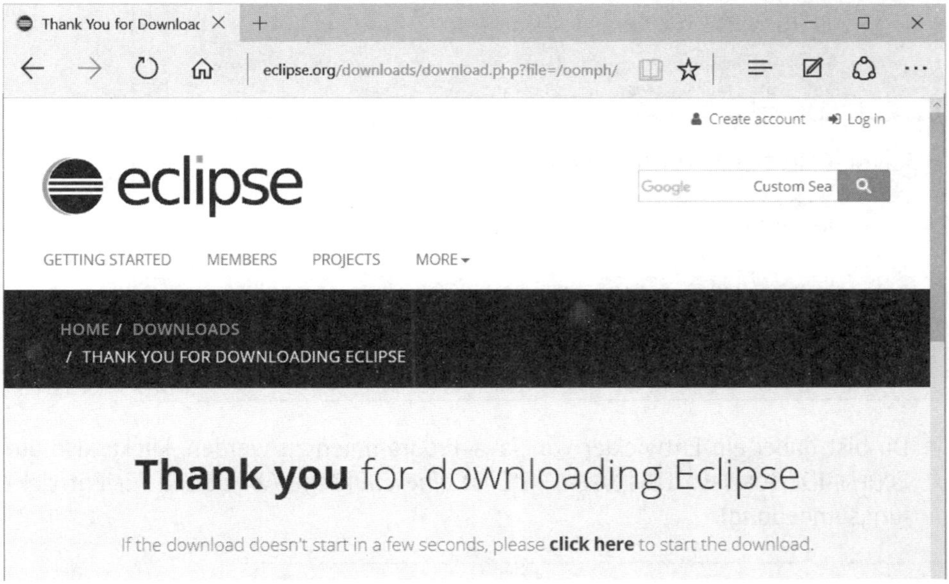

≫ Und jetzt öffne das Fenster des Ordners, in den du die Datei heruntergeladen hast (DOWNLOAD).

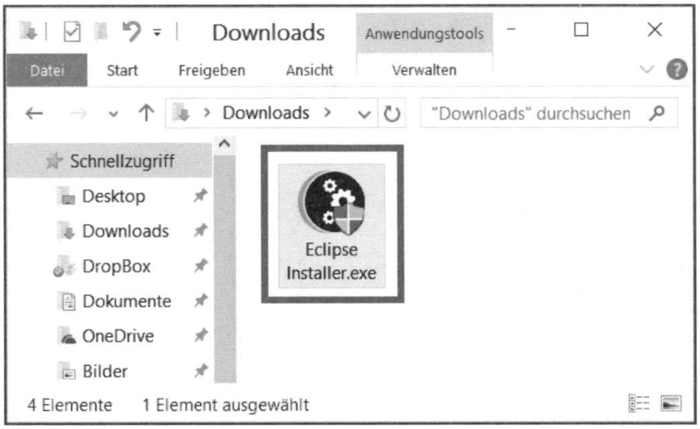

≫ Doppelklicke dort auf das Symbol mit dem Namen ECLIPSE INSTALLER (oder einem ähnlichen Text).

Als erstes musst du nun auswählen, wofür du Eclipse einsetzen willst.

- Du bist dabei ein Entwickler von Java-Programmen zu werden, klicke also auf ECLIPSE IDE FOR JAVA DEVELOPERS (IDE ist eine englische Abkürzung für Entwicklungsumgebung).

Im folgenden Fenster kannst du einen Ordner einstellen, in den Eclipse installiert wird (INSTALLATION FOLDER). Ich habe mir dazu einen Ordner JAVA auf Laufwerk D: erstellt und dort auch gleich einen Unterordner PROJEKTE eingerichtet.

- Wenn du einen anderen als den vorgeschlagenen Ordner einrichten willst, klicke auf das Ordner-Symbol rechts hinter dem Namensfeld.

Zusätzlich werden ein Eintrag fürs Start-Menü und ein Symbol für den Desktop erstellt.

≫ Klicke auf INSTALLIEREN.

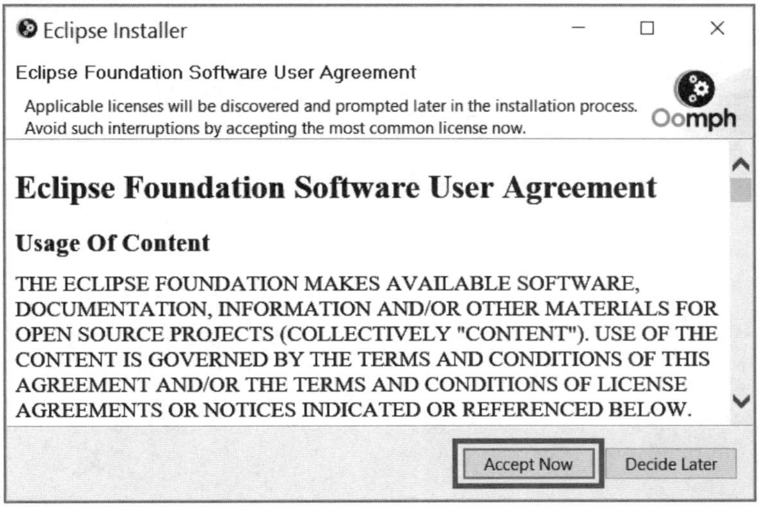

≫ Im nächsten Fenster nickst du die Lizenzvereinbarung ab, indem du auf ACCEPT NOW klickst.

Nun wird alles installiert, was ein Weilchen dauern kann. Zum Schluss erhältst du diesen Fensterinhalt.

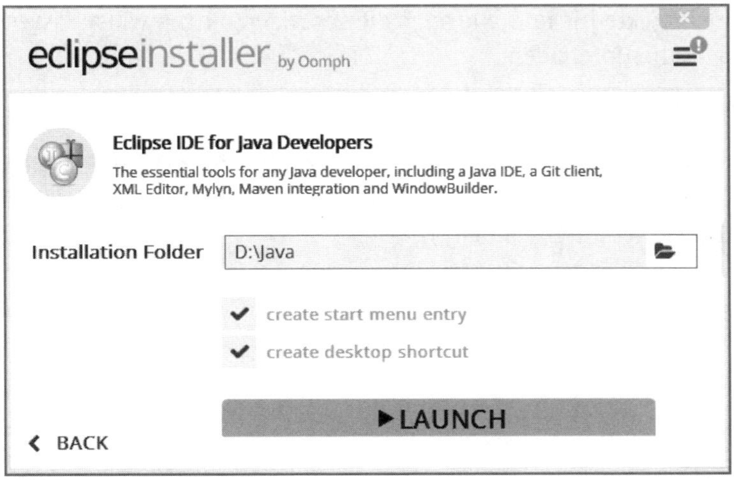

Mit Klick auf Launch kannst du die Eclipse-Umgebung schon mal starten, wenn du willst. Dann bekommst du erst dieses Dialogfeld zu sehen:

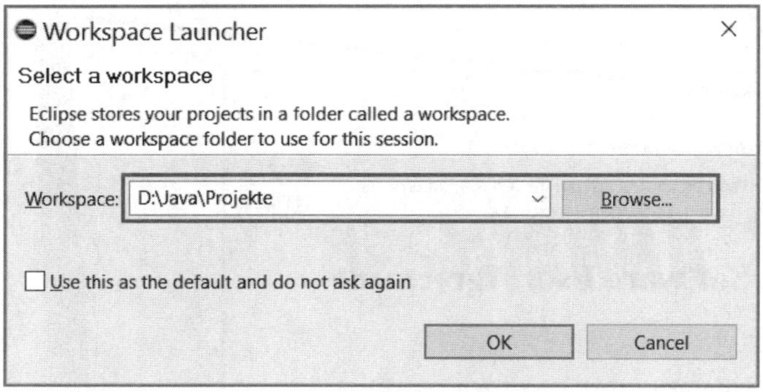

Hier kannst du auch den Ordner einstellen, in dem du deine Projekte unterbringen willst (WORKSPACE).

Außerdem findest du auf dem Desktop ein Symbol für ECLIPSE, auf das du nur doppelklicken musst, um Eclipse zu starten.

Dokumentationen, Erweiterungen und Verbesserungen sowie die jeweils neueste Version von Eclipse gibt es auf *http://www.eclipse.org*.

EINSATZ DER BUCH-DATEIEN

Wenn du die Beispiel-Projekte für Java wie auch die Lösungen nutzen willst, lassen sie sich von dieser Seite herunterladen:

http://www.mitp.de/751

Du kannst sie dann alle in einem Ordner auf deiner Festplatte unterbringen. Ich benutze im Buch einen Ordner namens D:\JAVA\PROJEKTE. (Im Ordner D:\JAVA ist auch schon das Eclipse-Paket untergebracht.)

ANHANG B

Die Suche nach Fehlern hat so manchen Programmentwickler schon an den Rand des Wahnsinns getrieben. Zumal die schlimmsten meist so gut verborgen sind, dass man zuerst daran zweifelt, sie jemals zu finden. Gerade deshalb ist es gut und wichtig, zu wissen, dass Eclipse bemüht ist, dir dein Programmierleben so bequem wie möglich zu machen, und darüber hinaus auch eine Reihe von Werkzeugen zur Fehlersuche bereitstellt.

KLEINE CHECKLISTE

Etwas falsch zu machen, ist fast immer ärgerlich! Deshalb hier noch eine kleine Checkliste, die man sich hin und wieder einmal anschauen sollte:

- Sind vielleicht scheinbare »Kleinigkeiten« wie z.B. Komma, Punkt, Semikolon vergessen worden?
- Sind alle Blöcke einer Programm-Einheit (z.B. hinter `if`, `while`, `do`, `try`, `catch`, in Methoden) mit geschweiften Klammern versehen?
- Sind Bedingungen geklammert, haben Methoden ihre nachfolgenden Klammern – auch wenn die Parameterlisten leer sind?
- Ist jede Anweisung mit einem Semikolon abgeschlossen?

- Können Bedingungen z.B. hinter `if` oder `while` überhaupt erfüllt werden?
- Sind alle Variablen, Objekte, Methoden (richtig) vereinbart?
- Haben Variablen und Parameter, die weiterverarbeitet werden sollen, schon einen (sinnvollen) Wert?
- Passt bei Zuweisungen der Typ links und rechts vom Zuweisungsoperator (=)? Stimmen bei der Übergabe von Methodenparametern Typ und Anzahl überein?
- Wurde vielleicht in einer Bedingung der Zuweisungsoperator (=) mit dem Gleichheitsoperator (==) verwechselt?

DEM FEHLER AUF DER SPUR

Weil allzu viele Fehler so hinterlistig sind, sich nicht gleich zu zeigen, müssen sie erst einmal aufgespürt werden. In Eclipse gibt es deshalb einige Hilfsmittel, die dir bei der Suche nach Fehlern helfen können.

Alle zusammen gehören zum so genannten **Debugger** (gesprochen: Dibagger). Das bedeutet zu Deutsch so viel wie »Entwanzer«. Damit ist hier kein Desinfektionsmittel gemeint, sondern ein Zusatzprogramm, das dir dabei hilft, Fehler zu finden.

Der Name kommt daher, dass unter Programmierern meist nicht von Fehlern, sondern von **Bugs** (gesprochen: Baggs) die Rede ist. Und um so einen Bug (englisch für »Wanze, Ungeziefer«) auszumerzen, dafür gibt's den Debugger.

Der kann ein Programm zum Beispiel in einzelnen Schritten ablaufen lassen oder dafür sorgen, dass es nur bis zu einer bestimmten Stelle ausgeführt wird. Mehr darüber erfährst du über das HELP-Menü von Eclipse.

DEBUG-MODUS

So kannst du ein Programm z.B. über das RUN-Menü nicht nur normal ablaufen lassen, sondern über die DEBUG-Einträge auf Fehler oder Unklarheiten kontrollieren, die während eines Programmlaufes auftreten könnten.

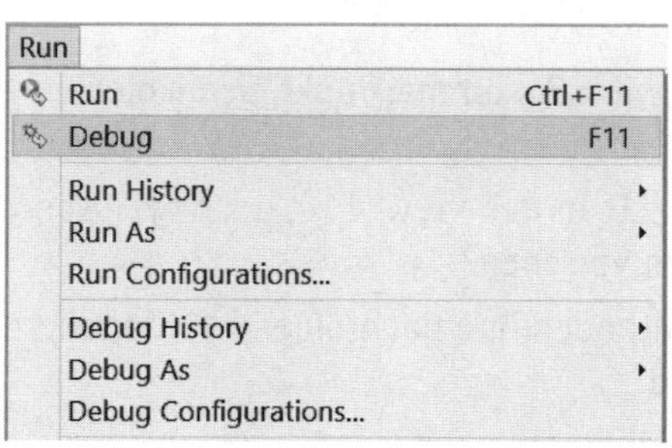

Zuvor solltest du aber über das WINDOW-Menü zur DEBUG-Ansicht wechseln. Dazu klickst du auf die Einträge OPEN PERSPECTIVE und DEBUG.

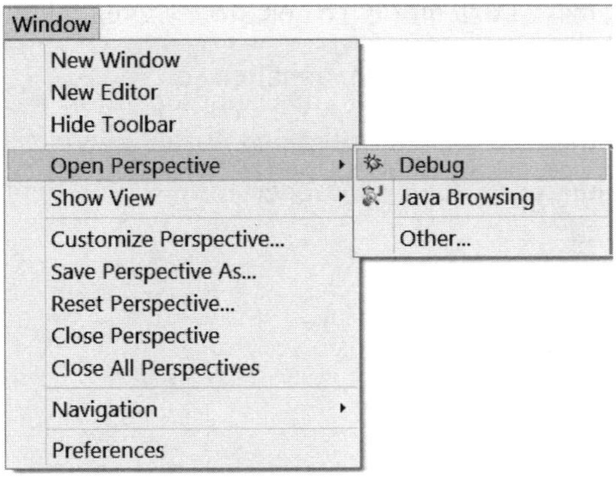

Über dasselbe Menü kannst du auch weitere Fenster hinzuziehen. Eine Auswahl findest du über WINDOW und SHOW VIEW.

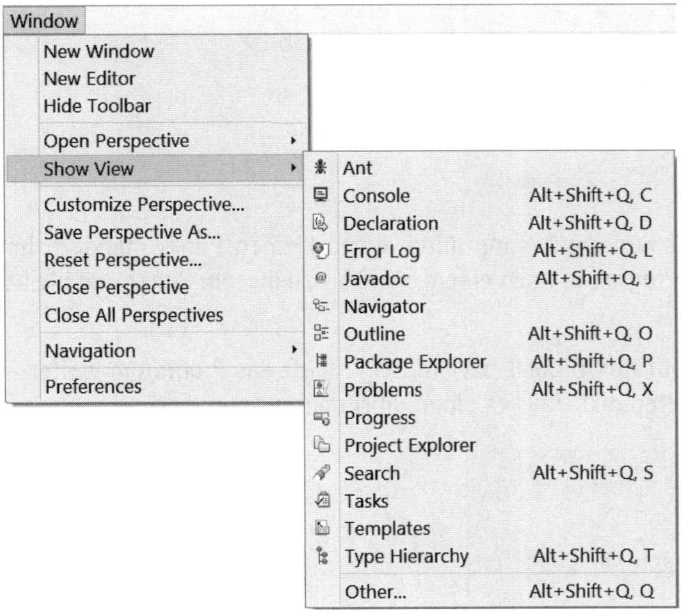

Jedes dieser Fenster wie auch das des Editors lässt sich mit der Maus in seiner Größe ändern oder über die Symbole oben rechts komplett vergrößern oder auch schließen.

HALTEPUNKTE SETZEN

Es kann auch nötig sein, ein Programm an genau einer bestimmten Stelle anzuhalten, um zu sehen, was bis dahin passiert ist. Dazu gibt es so genannte Haltepunkte:

- Setze den Textcursor in die Zeile, in der das Programm anhalten soll.
- Klicke auf RUN und TOGGLE BREAKPOINT.

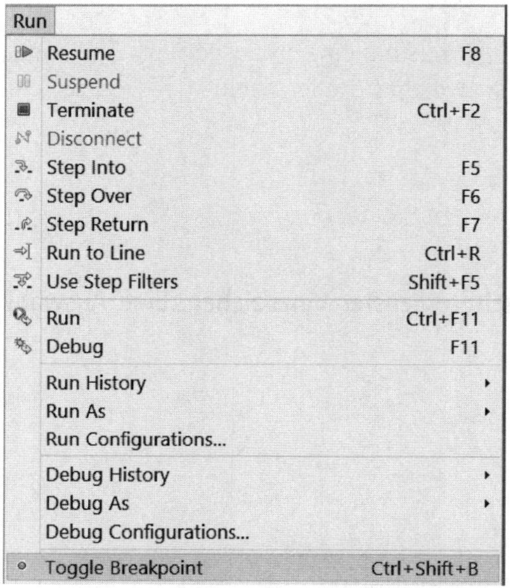

Die betreffende Zeile ist nun am Anfang durch einen kleinen Punkt markiert. Im DEBUG-Modus läuft das Programm nach einem Start bis zu diesem Punkt und bleibt dann stehen.

- Mit erneutem Klick auf RUN/RESUME bzw. mit [F8] läuft das Programm weiter – bis zum nächsten Haltepunkt (falls es einen gibt) oder bis zum Ende.

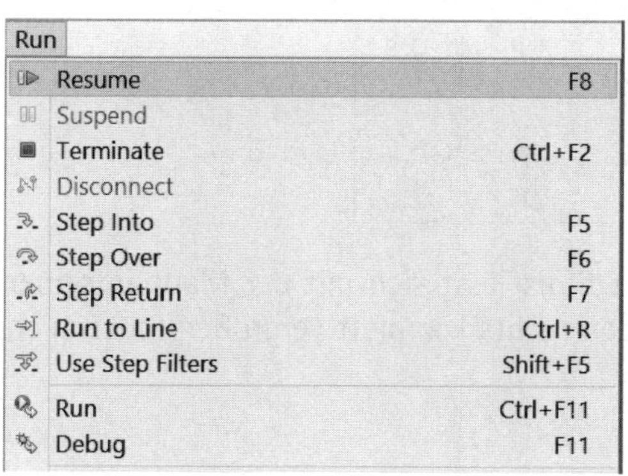

- Ausschalten kannst du Haltepunkte, indem du den Textcursor darauf setzt und erneut auf RUN und TOGGLE BREAKPOINT klickst.

EIN PROGRAMM IN EINZELSCHRITTEN LAUFEN LASSEN

Um genau beobachten zu können, was ein Programm macht, kann es nützlich sein, dass jede Anweisung einzeln ausgeführt wird. Im DEBUG-Modus kannst du den Programmlauf Schritt für Schritt mit einem Tastendruck steuern:

- Drücke die Taste [F5]. Dann wird jede Anweisung einzeln ausgeführt. So kannst du beobachten, was das Programm an welcher Stelle macht. ([F5] entspricht dem Menüpunkt RUN/STEP INTO.)
- Weil die Taste [F6] auch selbst vereinbarte Methoden wie eine einzelne Anweisung betrachtet, wird die Methode in einem Schritt ausgeführt. ([F6] entspricht dem Menüpunkt RUN/STEP OVER.)

STICHWORTVERZEICHNIS

I

J

K

L

M

mitp
Hans-Georg Schumann
7. Auflage
Computer
FÜR KIDS

mitp
Thomas Kobert
WWW
HTML und CSS
FÜR KIDS

HANS-GEORG SCHUMANN
C++
FÜR KIDS
GRUNDLAGEN FÜR SPIELEPROGRAMMIERER
mitp

mitp
Hans-Georg Schumann
Android-Apps entwickeln
FÜR KIDS

mitp
Hans-Georg Schumann
Spiele programmieren mit Unity
FÜR KIDS

mitp
Brigitte Hagedorn
Audiobearbeitung mit Audacity®
FÜR KIDS

mitp
Florian Schäffer
Elektronik
FÜR KIDS

mitp
Erik Schernich
2. Auflage
Arduino
FÜR KIDS

mitp